4차 산업혁명 시대의

정보통신

김석태 윤종락 정연호 홍준표 공저

도서출판 CS인터비전

머리말

컴퓨터의 발명을 계기로 시작된 정보화의 조류는 그 후 반도체기술과 통신기술의 발달에 따라 어디가 끝인지를 모를 정도로 발전을 거듭하고 있다. 오늘날에는 '언제, 어디서나, 어떤' 정보라도 어떤 대상과도 정보를 주고받는 사물인터넷(Internet of Things) 기술과 인공지능, 빅데이터 등이 결합되는 4차 산업혁명이라는 용어를 신문이나 TV 등에서 흔히 접하고 있을 정도이다. 그렇다면 4차 산업혁명의 시대가 가능하도록 받혀주는 핵심기술은 무엇일까? 당연히 ICT(Information Communication Technology)와 지능정보기술일 것이다. 지금까진 인터넷에 연결된 기기들이 정보를 주고받으려면 인간의 '조작'이 개입돼야 했다. 4차 산업혁명의 시대가 열리면 인터넷에 연결된 기기는 사람의 도움 없이 서로 알아서 정보를 주고받으며 대화를 나눌 수 있게 될 것이다.

4차 산업혁명의 기본이 되는 정보통신산업은 특히 국내 경제가 IMF, 외환위기 라는 어려운 시기에 있었을 때도 우리의 경제를 지탱해 주었고 앞으로도 선진국 진입을 위한 주요 전략 산업이라는 사실에 이견이 없을 것이다. 더욱이 ICT 기술과 지능정보기술은 경제, 사회, 문화에 융합되어 우리의 생활 전반에까지 밀접하게 관련이 되어 있는 것이 사실이다.

그런데 놀라운 것은 이와 같은 중요한 ICT 기술과 지능정보기술에 대해 의외로 일반인들의 이해와 기초 지식이 부족하며 4차 산업기술은 "누가 어떻게 구축해, 어떻게 이용되고 있는가?"하는 점에 대해서도 잘 알지 못하고 있다.

21세기 4차 산업사회를 살아가려면 누구나 자기가 맡은 업무에 대한 지식에 정통하여야 함은 물론, 컴퓨터를 중심으로 한 '지능정보처리 기술'과 인터넷이나 통신시스템 등의'ICT기술'의 지식을 갖추고 미래 사회의 흐름에 유연히 대처할 수 있는 사람이 되지 않으면 안 된다.

본서는 저자들이 대학에서'정보통신과 뉴미디어'교과목을 다년간 강의한 결과를 묶어 새롭게 정리한 내용이다. 4차 산업혁명의 시대에 정보통신에 관한 일반적인 지식을 필요한 사람의 교양서로 혹은 정보통신 관련 학과 학생들의 기초 기술을 배우는

머리말

교재로 적합하도록 하였다. 뿐만 아니라 정보통신 관련 분야에서 종사하고 있는 엔지니어들의 참고도서로서도 유익할 것이다.

본서는 총 6장으로 구성되었으며 제 1장은 서론으로 4차 산업혁명 사회에 대해 논하고 제 2장은 정보통신의 개요로 정보통신, 정보, 신호, 채널의 의미 그리고 정보전송 기술에 대해 설명하였다. 제 3장은 정보통신시스템으로 광통신, 이동통신, 위성통신시스템에 대해 설명하고 이어 제 4장에서는 네트워크 기술의 개요와 인터넷 기술에 대해 논하였다. 제 5장은 정보통신 보안에 대해 사항별로 정리하고 있고, 제 6장은 미래의 정보통신기술에 대해 설명하고 있다.

2018년 2월 20일

저자 일동

차례

차례

차례

차례

차례

차례

정보통신과 미래사회

1
CHAPTER

1.1 미래사회

1.2 정보통신의 변천

1.3 4차 산업혁명 시대

1.1 미래사회

20세기를 이제 막 마무리하고 21세기에 들어선 현재 인류사회를 바라보는 시각은 다양하지만 한 가지 공통된 것이 하나 있다. 그것은 바로 고도화된 정보사회라는 것이다. 고도 정보사회는 컴퓨터의 보급, 기간 정보통신시설의 구축, 그리고 최근 가히 폭발적으로 팽창한 정보 관련 산업에 기인한 것이다.

인류 사회의 미래를 꿰뚫어 보고 있는 많은 석학들은 지금을 극적인 변혁, 극적인 변화 시대라고 규정한다. 그 변화는 이제 막 시작했고 또 아직 진행 중이므로 그 성격을 완전히 단정지어버리는 것은 어려움이 있다. 하지만, 그 변화가 누구에게나 가시적일 정도로 급격한 변화라는 사실에는 모두가 같은 의견이다. A. 토인비나 W. 로본 같은 미래학자들은 오늘날과 같은 변혁을 정보혁명이라 하였고, 이를 농업혁명과 산업혁명에 이은 제3의 혁명이라 부르면서 사회현상 전반을 설명하고 있다. 또 한편에서는 정보혁명이 너무나 복잡하고, 기술혁신이 연속적이고 점진적으로 일어나고, 우리의 삶의 방식을 근본적으로 바꾸고 있기에 다른 이름으로 새롭게 분류하는 흐름이 나타나고 있다.

산업혁명의 흐름을 살펴보면, 1차 산업혁명은 18세기 증기기관의 발명으로 생산의 체제가 공장산업 체제로 변화되고 증기기관차를 이용한 원활한 이동으로 연결성이 강화된 '기계 혁명'의 시기이고, 2차 산업혁명은 전기 동력을 에너지원으로 활용한 소품종 대량 생산체제가 이루어진 '에너지 혁명' 시기이다. 또한 3차 산업혁명은 정보통신기술의 발달로 정보화 및 자동화로 인해 사람, 환경, 기계 등의 연결성이 강화된 '디지털기술 혁명'의 시기이며, 4차 산업혁명은 디지털기술의 혁명에 더해 인공지능과 초연결사회로 생물학, 물리학뿐만이 아니라 그 밖의 여러 학문분야와 다양한 산업이 결합되어 범위와 속도 및 파급효과 측면에서 이전의 1, 2, 3차 산업혁명과는 비견할 수 없는 '융합과 창조 혁명'의 시대로 설명되고 있다. 모든 것이 연결되고 보다 지능적인 사회로의 진화가 4차 산업혁명의 핵심이다.

4차 산업혁명이라는 용어는 2016년 '다보스 세계경제포럼(World Economic Forum, WEF)'에서 처음 등장하였다. 하지만 그 이전인 2010년 독일의 하이테크 전략 2020의 10대 프로젝트 중 하나인 '인더스트리 4.0'에서 제조업과 정보통신기술이 융합되는 단계를 의미한 것이 시초가 되었다. 그 후, 2014년 독일 하노버에서 열린 지멘스의 자동화된 자동차 생산라인을 인더스트리 4.0으로 명명하며 사회 전반으로 개념이 확장되었다.

1. 제 1차 산업혁명	제 2차 산업혁명	제 3차 산업혁명	제 4차 산업혁명
18세기	19~20세기	20세기 후반	2015년 ~
증기기관 기반의 기계화 혁명	전기 에너지 기반의 대량생산 혁명	컴퓨터와 인터넷기반의 지식정보 혁명	IoT/CPS/인공지능 기반의 만물초지능 혁명
증기기관을 활용하여 영국의 섬유공업이 거대산업화	공장에 전력이 보급되어 컨베이어를 사용한 대량생산보급	인터넷과 스마트폰 혁명으로 미국주도의 글로벌 IT기업 부상	사람, 사물, 공간을 초연결·초지능화 하여 산업구조 사회 시스템 혁신

그림 1.1 사회의 변혁

아직까지 구체적인 모습이 나타나진 않았지만 현재의 4차 산업혁명은 디지털 혁명이라는 3차 산업혁명 과정의 기반 위에서 창조되고 있다고 평가된다. 4차 산업혁명의 특징은 정보통신기술의 기반에서 의학, 공학, 인문학, 예술 등 모든 분야를 연결하는 융합이 특징이다. 전문가들은 이 융합으로부터 새로운 창조가 이뤄질 것으로 예상한다. 사회의 변혁을 그림 1.1에 나타낸다.

이러한 4차 산업혁명의 시대에 사회의 모습은 지금까지의 사회모습과는 매우 다른 모습을 가지게 된다. 4차 산업혁명의 사회에서는 각종 업무의 효율성과 편리성이 제공되고 더욱 높은 고도의 전문성과 창의성이 요구된다. 좁게는 개인과 가정생활로부터 넓게는 국가의 정치, 경제, 행정 등에 이르기까지 모든 생활양식이 크게 변화된다.

개인과 가정에서는 개성화가 진전되고, 가치관의 변화가 나타난다. 이러한 변화에 대응해 필요할 때 필요한 정보를 수집하고 발신할 수 있는 정보통신서비스가 제공되고 풍부한 여가, 취미활동이나 평생학습 환경이 제공된다. 또한 개성을 존중하는 삶의 환경으로 바뀌게 된다. 생산자가 아닌 고객 결정 중심으로 서비스가 제공되는 체제로 변환된다.

그림 1.2 초연결사회

기업과 산업에서는 글로벌화, 소프트화, 서비스화, 초연결화 현상이 나타난다. 이러한 변화에 대응해 기업과 산업의 정보화가 진전되고 쾌적한 사무환경의 제공을 위한 각종 DB, 정보네트워크, 위성사무실, 정보기기간의 연결이 시도된다. 인공지능, 3D프린팅, 자동차의 자율 주행기능, IoT, 바이오 테크놀로지 등이 4차 혁명으로 태어나게 될 주요 기술의 예다. 그림 1.2에 초연결사회의 개념을 나타낸다.

지역과 사회에서는 도시화의 진전, 심각한 환경문제, 심각한 고령화문제가 나타난다. 이러한 지역과 사회의 변화에 대응해 정보통신기술과의 융합을 통한 행정서비스의 제공, 지역사회의 안정성의 확보, 환경의 보호, 고령자의 지원, 자원의 절약이 시도된다. 정보통신기술로 제공되는 각종의 서비스의 기능은 이러한 사회문제의 해결에 공헌하게 될 것이다. 한편 이러한 4차 산업혁명의 사회에 예상되는 역기능으로는 사생활의 침해, 컴퓨터범죄의 만연, 정보의 불균질 사회의 출현, 거품 정보사회의 출현, 새로운 스트레스의 가중 등을 들 수가 있다.

그림 1.3　4차 정보혁명 사회의 모습

4차 산업혁명의 사회에서는 정보통신에 대한 기대와 과제로는 첫째, 우리의 사고와 행동양식의 일대 전환이 필요하다. 둘째, 미래에는 독립된 분야의 산업이 존재하지 않고 상호보완을 통한 새로운 융합 산업이 중요산업이 되므로 그에 따른 대비와 문제를 기술혁신으로 해결하겠다는 의지가 필요하다. 셋째, 정보의 생산자 역할을 지향하고 서비스 개발에 동참하며 발표되는 각종 최신 4차 산업 정책에 주목해야 한다는 것을 들 수 있다. 4차 산업혁명 사회의 모습을 그림 1.3에 나타낸다.

4차 산업혁명시대에서 벌어지는 가정의 한 모습에서 미래 사회의 모습을 볼 수가 있다.

- 컴퓨터의 역사는 사실 아주 단순하다.
- 처음에, 컴퓨터는 없었다.
- 그러자 컴퓨터가 생겼다.
- 그리고 다시 컴퓨터는 없어졌다.

둘째와 셋째 단계 사이에 컴퓨터는 그냥 사라져 버렸다. 그러나 완전히 없어진 것은 아니었다. 우선 컴퓨터는 전면에서 사라져 배경 속으로 들어갔다. 그리고는 실제로 배경

그림 1.4 가정의 현재와 미래

속에 묻혀 버렸다. 현재와 미래의 사회의 모습을 보이고 그림 1.4에 있다. 현재의 각종 제어기기(컴퓨터)가 융합되고 연결되어 있으나 배경 속으로 사라져버린 것을 볼 수 있다.

1.2 정보통신의 변천

1.2.1 생명체의 기본적 사항으로서의 통신

통신은 인간뿐만이 아니라 모든 생명체의 기본적인 기능이라고 할 수 있다. 동물과 곤충들은 생존과 번식 등을 위해 소리나 몸짓, 분비물, 냄새 등으로 서로 의사소통을 수행한다. 심지어는 식물들조차도 의사소통을 수행한다는 증거들이 보고되고 있다. 이것은 통신이 모든 생명체의 원활한 생존을 위해서는 절대적으로 필요한 기능이라는 것을 의미한다.

1.2.2 가청 및 가시거리 통신

통신을 정보의 교류라고 정의한다면 통신은 인류의 발생과 함께 시작되었고 말 할 수 있다. 인간이 사회를 형성하고 생활해 나가기 위해서는 서로 간에 의사를 통하여야 할 필요가 절대적인 요건이 된다. 인류가 최초로 행한 통신은 아마 손짓이나 말, 외침, 또는 북을 이용한 의사전달 정도였을 것이다. 그러나 공동 사회가 점점 커지고 영토가 넓어지면서 원거리통신을 하는 방법이 절실했을 것이다. 원거리 통신 방법으로 등장하는 것이 바로 봉화, 파발마, 비둘기 등의 통신매체를 이용한 통신방법이었다. 정보의 전달을 위한 문자의 발명은 시간과 공간의 차이를 초월하는데 도움을 주었다. 그림 1.5와 같은 문자의 기록을 통하여 수백 년 전의 조상들과도 통신이 가능하게 된 것이다. 인쇄기술의 발달은 통신이 대중매체의 기능을 가지도록 하여 여러 사람들에게 정보를 나누어 줄 수 있게 하였다. 통신에서 이러한 통신은 모두가 가청 및 가시거리통신의 범주라 할수 있다.

그림 1.5 한자 서체, 은대의 갑골문자, 훈민정음

그림 1.6 강원도 어달산 봉수대
(고려 의종 3년 1149년에 서북 병마사 조진약(曺晋)이
왜적의 침입을 막기 위하여 세운 봉화대 자리에 설치된 것.)

1.2.3 전기통신 : 원거리통신

"Hello, Mr. Watson,
Come here, I want to see you"
1876년 3월 10일, 그날 인류는 전화를 갖게 되었다.

과거의 통신과 현대 통신을 구분하는 것은 바로 전기를 이용한 통신이다. 1844년 모르스는 유선으로 연결된 40마일 떨어진 볼티모어와 오하이오 철도역 간에 최초의 전보를 타전하면서 비로소 인류는 전기통신 시대를 열었다. 그리고 30년 후인 1876년 미국 벨이 오늘날가장 대중적인 전기통신 수단으로 자리 잡은 전화기를 발명하였다. 무선통신은 얼마 후 1901년 마르코니가 모르스 부호 무선 송출기를 발명하면서 시작되었다. 제1차 세계 대전 때 전장에서 무선 전신과 전화기가 사용되면서 비약적인 발전을 이루었다. 제2차 세계 대전 때에는 지상의 무선통신이 더욱 발전되어 지상과 항공기를 이용한 통신도 가능하게 되었다.

공간을 향해 전달되는 전파를 이용한 무선전신의 발명은 곧 지구를 동시에 순간적으로 연결하는 지구촌 통신을 가능하게 해 주었을 뿐만 아니라, 곧이어 라디오 텔레비전을 비롯한 매스컴의 출현으로 이어졌고, 20세기 후반의 획기적인 발명품인 휴대용 무선전화의 가능성도 열어 놓았던 것이다.

그림 1.7 벨이 발명한 전화기
FIRST BELL TELEPHONES, PHOTOGRAPHED FROM THE ORIGINAL NSTRUMENTS IN THE PATENT OFFICE AT WASHINGTON

1.2.4 정보통신 : 네트워크+컴퓨터

전기통신의 활용범위를 확장하기 위한 하나의 방법이 네트워크의 확장이다. 현재는 네트워크에는 빛, 마이크로파, 광케이블 등의 매체가 사용되고 있는데 거의 전세계가 이들 통신매체에 의해 연결되고 있다. 전기통신에서 이러한 네트워크의 기술혁신과 함께 큰 변혁을 가져온 것이 컴퓨터의 발달이다. 특히 네트워크 속에 컴퓨터가 들어감으로써 정보전달의 시간적, 지역적, 개인적 격차를 해소하는 방향으로 발달되고 있다는 것이다.

정보통신 시스템은 정보시스템과 통신시스템을 합한 것으로 생각할 수 있다. 데이터 통신 시스템은 미국에서 1958년 군사 목적으로 개발한 반자동 지상관제 SAGE시스템이다. 이 시스템은 센터에 있는 컴퓨터와 항공 레이더망을 연결하고 항공기로부터 전달된 정보를 컴퓨터로 분석한 다음 다시 임무 수행중인 전투기에 명령을 하달하는 시스템을 그림 1.8에 나타낸다.

이 기술은 1961년 상업용 비행기 좌석 예약 시스템 SABRE 개발의 계기가 되었다. 그리고 온라인 정보시스템의 이용과 동시에 통신기능을 이용한 정보 전달이 활발하게 진행되었다. 그 대표적인 예가 1974년 IBM이 발표한 SNA(System Network Architecture)이다. 이것은 컴퓨터간의 접속을 용이하게 하고, 다양하고 복잡해진 사용자의 이용형태에 대처하기 위한 체계화된 네트워크 방식이다.

그 후 정보통신은 급격한 발전을 거듭하여 새로운 매체들이 대거 출현하였고 지금 이 시각에도 새로운 매체들이 만들어지고 있다. 종전의 정보통신은 전신, 전화, 데이터 통신이 각기별개의 통신망을 형성하고 있었으나 오늘날에는 마이크로파 및 광통신 기술을 사용하여 여러 형태의 정보를 종합하여 전송하는 광대역통합 네트워크로 발전하고 있다.

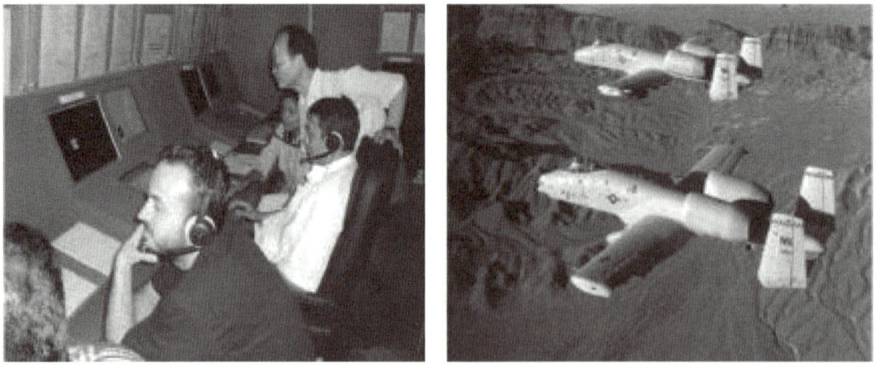

그림 1.8 항공기 관재시스템

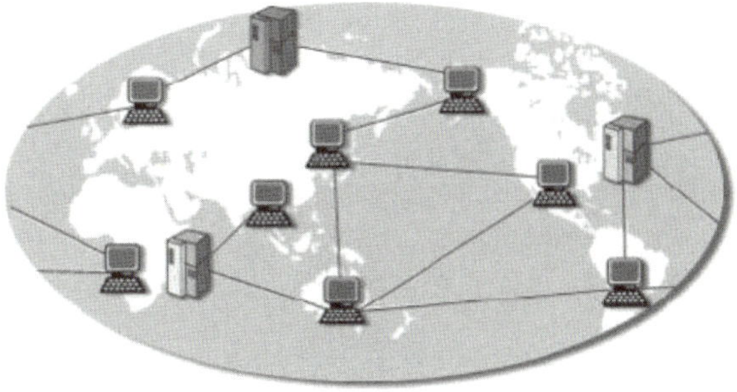

그림 1.9 인터넷의 연결

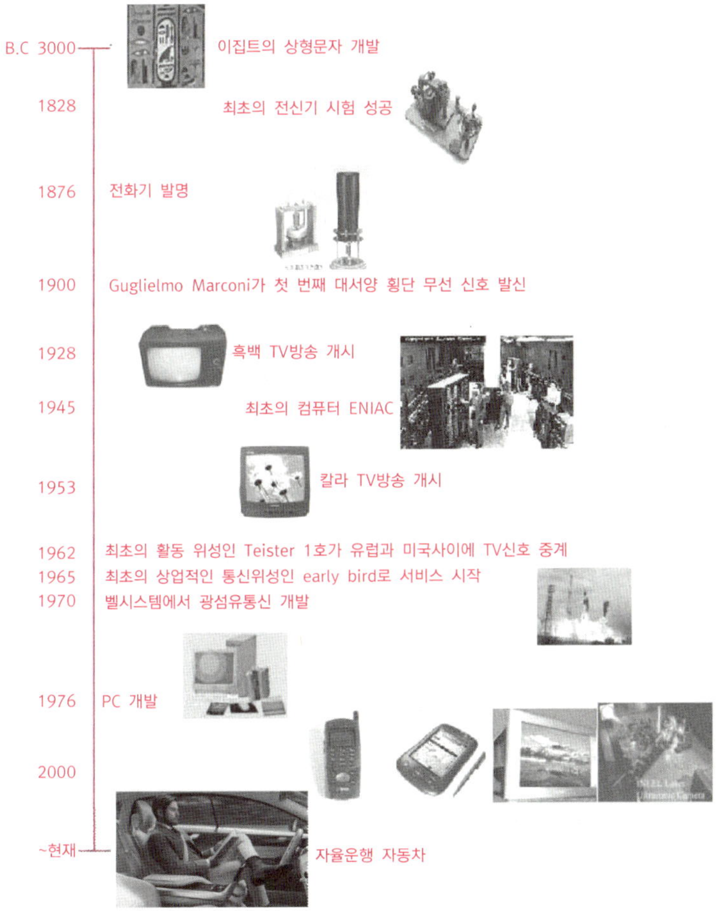

그림 1.10 정보통신의 역사

또한 최근에는 TCP/IP(Transmission Control Protocol/Internet Protocol), IPv4, IPv6 라는 통신규약이 개발되었으며, 그림 1.9와 같이 전 세계를 하나로 연결하는 오늘날의 인터넷으로 발전하고 있다 이제는 정보통신기술이 과거 산업사회에서의 에너지, 교통, 상하수도와 함께 사회기반 시설이 되어, 정보통신기술이 없이는 산업활동은 물론 전반적인 사회생활이 불가능하게 되는 고도화된 정보시대에 깊숙이 들어왔다. 또한 미래 사회의 핵심 분야로 거론되고 있는 BT(Bio technology ; 생명기술), NT(Nano technology ; 초미세기술), ET(Environmenttechnology ; 환경기술) 등과 같은 기술의 등장과 발전도 IT(Information technology ; 정보기술)이 없이는 불가능하다는 것도 자명하게 되었다. 정보통신에서 중요한 시스템을 위주로 하여 발전되어온 역사를 요약 정리하면 그림 1.10과 같다.

1.3 4차 산업혁명 시대

1.3.1 정보통신기술 + 다른 산업과의 융합

얼마 전 우리사회에서는 유비쿼터스(ubiquitous)는 용어가 유행을 했다. 유비쿼터스란 신학적인 용어로 신은'언제나 어디에나 있는'존재한다는 뜻을 가지고 있다. 이 말이 시대의 화두로 떠올랐던 것은 마크 와이저(Mark Weiser,1952~1999) 덕분이다. 마크 와이저는 1988년에 메인프레임, PC에 이어 제3의 컴퓨팅 환경인 '유비쿼터스 컴퓨팅' 환경이 도래할 것이라고 예언했다. 수 백 명의 사람이 한대의 메인프레임 컴퓨터를 사용하는 메인프레임 시대, 한 명이 한 대의 컴퓨터를 사용하는 PC시대를 거쳐 수 백 대의 컴퓨터가 한 명의 사람을 위해 존재하는 유비쿼터스 시대가 될 것이라고 말했다. 그의 예언은 적중해 오늘날은 수 백 대의 컴퓨터가 인간을 위해 봉사하는 시대로 넘어가고 있다. 휴대폰, 노트북, 시계, 냉장고, IPTV, 전기밥통 등이 인간을 위해서 봉사하고 있고, 자동차 안이나 비행기, 엘리베이터, 사무실, 할인점, 슈퍼마켓 안에서도 수많은 컴퓨터가 인간을 위해 존재하는'컴퓨터 편재'의 시대가 도래한 것이다. 눈에 보이는 사무실의 컴퓨터 외에도 보이지 않는 곳에서 컴퓨터로 각종 장비를 조정하고 있으니 사람이 가는 곳마다 컴퓨터가 존재한다는 말이 실감나게 들렸다.

이러한 시대의 흐름에 최근에는 정보통신기술과 타부문과의 융합이라는 개념의 4차 산업혁명이라는 말로 사회변화를 설명하고 있다. 정보통신기술이 타부문과 융합한다는 것은 다양한 의미로 해석이 가능하지만, '융합'을 크게 제품 차원에서의 융합, 서비스 차원에서의 융합, 산업 차원에서의 융합 등으로 구분할 수 있다.

제품 차원에서의 융합은 기존 제품에 정보통신기술이 접목되고 강화됨에 따라 기존 제품의 성능이 비약적으로 확대되거나, 새로운 제품 분야를 형성하는 것을 의미한다. 많은 제품이 마이크로프로세서와 S/W에 의해 제어되고 작동되고 있으며 이에 따라 스스로 운항하는 여객기, 대형 선박, 자동차 등 주변 상황을 능동적으로 파악하고 문제를 스스로 해결하는 지능화가 가능해지고 있다.

서비스 차원에서의 융합을 살펴보면 교육, 의료, 상거래, 물류, 콘텐츠 제공 등 다양한 서비스 산업도 정보통신기술과의 융합을 통하여 새로운 형태의 서비스 산업이 창출되고 있다. 교육 및 의료는 정보통신기술을 활용하여 이용자에 더 나은 서비스의 제공이 가능한 대표적인 분야이다. 교육현장에서의 교육의 질적 제고, 학업성취 향상, 학습방식의 변화 등 전통적인 교육문화에 대변혁이 예측된다. 특히 개인·집단의 유전자 정보, 생체정보 클라우드 서비스 등 의료서비스와의 융합이 활발하게 전개될 것으로 전망된다. 또한 상거래, 물류 서비스 등도 모바일 인터넷의 활성화로 새로운 형태의 상거래가 출현하고, 육상, 해상, 항공을 통한 수출입화물 및 국내화물의 유통과 관련된 물류활동을 효과적으로 지원하게 된다.

산업 차원에서의 융합과 관련해서는 방송과 통신, 미디어 및 엔터테인먼트 등 문화산업에서의 융합이 두드러지고 있다. 이는 별개의 흐름으로 진화해 왔던 통신, 방송 및 컴퓨팅 부문이 점차 정보의 상호 교환, 즉 정보통신기술과의 융합을 통하여 상호 연관성이 높아지는 것이다. 정보통신기술 기반의 융합 현상에서 우리나라 산업의 경쟁력 강화와 관련하여 정보통신정책연구원에서 제시한 특기할 만한 사례로는 제품차원으로는 자율운행 자동차와 웨어러블 디바이스(wearable device), 서비스 차원의 융합으로는 모바일 결제, 산업 차원에서의 융합에서는 새로운 콘텐츠산업 그리고 블록체인과 가상화폐 분야가 대표적이다.

1) 자율운행 자동차(self-driving car)

19세기 말, 자동차는 동력(動力)의 변화를 통해 새로운 산업을 열었다. 대중적 운송수단이 마차(馬車)에서 자동차로 전환된 것이다. 당시 자동차의 이름은 '말(馬)이 없는 차(Horseless carriage)'였다. 120여년이 지난 오늘날 '운전자(driver)'가 없는 자율운행

미국의 최초의 자동차 광고.
(자동차를 이용하면 말을 관리하는데 드는 비용과 관심, 걱정이 사라진다고 광고하고 있다)

'말(馬)없는 차의 시대(Horseless Carriage Days)' 라는 책의 표지. 1964년

그림 1.11 말(馬)이 없는 차

구글카의 첫 번째 일반인 이용자인 95% 시각장애인 스티브 마한(Steve Mahan)씨의 탑승 모습.

아우디의 자율운행 자동차의 산악도로를 주행하는 모습

그림 1.12 운전자(driver)가 없는 차

자동차(Driverless car, Autonomous car)가 시도되고 있다. 산업혁명은 개인용 운송수단에서 말(馬)을 내연기관으로 대체했으며, 이제 정보기술 혁명은 운전자를 컴퓨터로 대체하고 있다.

2) 웨어러블 디바이스(Wearable device)

글로벌 정보통신 기업들을 중심으로 포스트-스마트폰 시대를 주도하기 위한 노력의 일환으로 웨어러블 디바이스에 대한 관심이 높아지고 있다. 웨어러블 디바이스란 일반

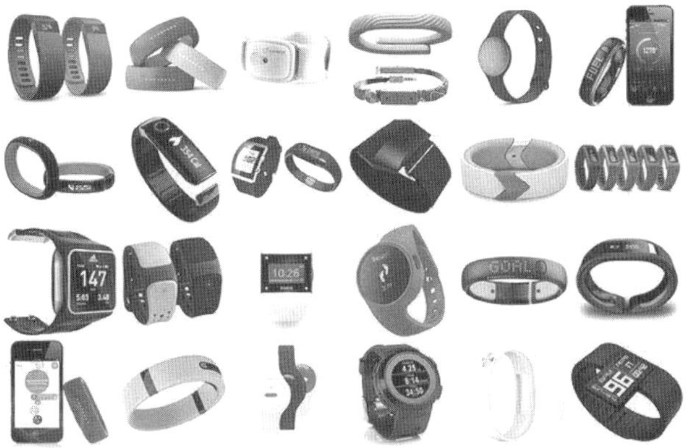

그림 1.13 각종 웨어러블 디바이스

그림 1.14 구글 글래스

적으로 "신체에 부착하여 컴퓨팅 행위를 할 수 있는 모든 전자기기를 지칭하며, 일부 컴퓨팅 기능을 수행할 수 있는 어플리케이션까지 포함"하고 있다. 또한 사용자가 이동 또는 활동 중에도 자유롭게 사용할 수 있도록 신체나 의복에 착용 가능하도록 작고 가볍게 개발되어 신체의 가장 가까운 곳에서 사용자와 소통가능한 차세대 전자기기를 의미한다. 예를 들면 시계에 통신과 컴퓨팅 기능이 결합된 스마트 시계는 스마트폰과의 연동을 통해 전화 발신자 표시나 문자, 일정, SNS와 이메일 등을 간편하게 확인할 수 있게 해준다. 이와 함께 뮤직 플레이어, 문자보내기, 전화걸기 등의 기능을 스마트 시계에서 처리할 수 있다. 애플의 애플워치(Apple Watch), 소니의 스마트워치(Sony Smart Watch), 삼성전자의 갤럭시 기어 등이 대표적이다.

스마트 글라스 (Google Glass)도 웨어러블 디바이스의 주요 아이템으로 자리매김할 가능성이 높다. 스마트 글라스는 안경을 모니터 삼아서 인터넷 서핑을 할 수 있을 뿐만이 아니라 네비게이션 기능도 갖추고 있어서 위치정보 서비스도 가능하며, 음악 감상, 메모, 영화감상과 일반적인 통화도 가능하다. 화면에 손가락을 대지 않고 목소리나

머리를 기울려 조정이 가능하며, 외국어 번역 기능까지 가능하다. 그림 1.14에서 왼쪽의 그림은 구글 글라스를 착용하고 있는 모습인데, 구글은 구글 글라스가 생활의 편의기기일 뿐 아니라 패션 아이템으로서의 역할을 할 수 있음을 강조하고 있다.

그림 1.14의 오른쪽 그림은 구글 글라스를 착용한 사람이 앞에 있는 친구 폴(Paul)과 대화할 때 보여지는 화면을 나타내 주고 있다. 구글 글라스는 카메라 센서를 통해 폴의 얼굴을 인식하고, 폴에게 20달러를 갚아야 한다는 것, 멋진 스카프에 대해 물어보라는 권유, 가장 최근 폴과의 대화 내용 등을 구글 글라스 착용자에게 보여 주고 있다. 현재 구글 글라스의 경우, 개인 일상생활에서의 활용에 중점을 두고 있지만, 향후 애플, 삼성전자 등에서 증강현실(AR)과 결합한 제품으로 의료, 제조업, 서비스업 등 산업용으로 우리에게 다가올 것이다.

3) 모바일 결제

스마트폰과 태블릿이 대중화되면서 온라인과 오프라인에서 이들 디바이스를 통해 결제하는 모바일 결제(Mobile Payment) 서비스도 정보통신기술과 융합되어 우리 일상생활에 큰 변화를 가져오는 부문 중의 하나다. 모바일 결재란 신용카드, 교통카드, 가상계좌송금서비스, 전자화폐, 바코드형 쿠폰, 멤버십, 상품권 등 온라인/오프라인에서 휴대폰을 통한 지불결제를 통칭하는 것이다.

모바일 결제는 현재 NFC(Near Field Communication) 기술 방식과 비 NFS 방식으로 나눠져 진화하고 있다. NFC는 13.56 MHz의 주파수 대역을 사용하는 비접촉식 근거리 무선통신 규격으로 10cm 이내 거리에서 낮은 전력으로 무선통신을 할 수 있다. NFC는 주로 이동단말기에서 사용되는데 카드 에뮬레이션, 리더모드, P2P모드 등 3가지 방식으로 작동한다. 카드 에뮬레이션방식은 휴대폰으로 교통카드, 문 열쇠 등으로 동작 할 수 있으며 , 리더모드에서는 미술관 , 박물관 등에서 작품에 휴대폰을 가까이 가져가면 해당 작품의 소개로 연결하기, 스마트카드 결제 단말기로 이용가능하며, P2P 모드에서는 휴대폰간 명함 교환 등이 가능해진다. 우리가 흔히 사용하는 선/후불 교통카드나 사원증, 신용카드 등이 NFC 서비스라고 보면 된다.

한편 비 NFC 방식으로는 스퀘어(Square)21)라는 미국 벤처 기업이 제공하고 있는 스퀘어(Square) 서비스를 들 수 있다. 스퀘어는 위성항법장치(GPS)기술가 엡기반결제(In-app purchase)방식을 접목했다. 회원으로 가입할 때 사진, 프로필, 신용정보 등을 등록한다. 이 때문에 고객이 주문을 하면 실시간으로 이름, 주문, 결재 내역 정보가 전

삼성페이 스퀘어(Sqaure)

그림 1.15 삼성페이(SAMSUNG PAY)과 스퀘어(Sqaure)

송된다. 즉 스마트폰과 엡만 있으면 주문, 결재, 할인까지 가능해 진다. 또 스퀘어가 주목받는 이유는 전용 리더기를 스마트폰에 연결해 POS (Point Of Sales)로 활용하는 방식을 도입해 직관적인 거래가 이뤄지도록 했기 때문이다. '판매시점 정보관리 시스템'으로 불리는 POS는 상품 거래 내역을 한눈에 파악할 수 있도록 판매 정보를 수집하고 관리하는 시스템이다. 과거에는 결제 단말, 카드 및 바코드 인식기 등 장비를 갖춰야 했지만 스퀘어는 스마트폰에 관련 기능을 담았기 때문에 사업자 입장에서 별도의 구축비용이 들지 않는다. 그림 1.15에 삼성페이와 스퀘어를 나타낸다.

삼성페이는 기존 NFC와 함께 마그네틱전송기술(MST) 방식을 도입, 기존 신용카드 단말기에서도 사용이 가능하다.

- **NFC** : NFC칩이 내장된 스마트폰 등을 카드가맹점에 설치된 결제단말기에 접촉하면 무선으로 결제가 이뤄지는 방식이다. 단, 가맹점 결제단말기가 NFC 기술을 지원하는 단말기여야 한다.
- **MST** : 오프라인에서 신용·체크카드를 단말기에 긁을 때 생기는 자기장의 원리를 기기에 내장해 굳이 카드를 긁지 않고 결제단말기의 마그네틱 리더에 접촉해 결제가 이뤄지는 방식이다.

4) 새로운 콘텐츠산업

최근 인터넷을 기반으로 콘텐츠(C) - 플랫폼(P) - 네트워크(N) - 기기(D)를 연계시키는 글로벌 기업의 콘텐츠 비즈니스 모델이 성공하고 있다. 이것은 정보통신기술, 방송미디어, 엔터테인먼트 분야 독자적으로 발전하는 것이 아니라, 각종 콘텐츠가 인터넷을 기반으로 하는 플랫폼과 네트워크, 그리고 디바이스가 하나로 묶여서 기획되고 생산되고 소비되는 산업으로 발전한다는 것이다. 예를 들어 그림 1.16과 같은 싸이의 말춤과

그림 1.16 싸이의 말 춤과의 연계 산업

음악이 세계 음악시장에 진출할 수 있었던 것은 C-P-N-D가 연계된 정보통신 생태계에서 콘텐츠의 가치가 어떻게 달라질 수 있는가를 보여주는 좋은 사례다. 싸이라는 콘텐츠(C)가 세계의 음악시장에서 소비되고 인기를 얻을 수 있는 배경에는 유튜브(P)와 인터넷(N)을 통해 스마트 단말(D)의 간편한 이용으로 누구나 쉽게 보고 듣고 할 수 있었기에 고부가가치의 산업으로 자리 잡을 수 있었다.

5) 블록체인과 가상화폐

블록체인(Block Chain)이란 이름이 의미하듯이 저장된 데이터를 블록 단위로 나누어 분산 저장하고, 그 블록들을 서로 연결하는 것이라고 할 수 있다. 단순하게 데이터를 분산 저장하는데 국한 되어 있는 것이 아니라, 해당 데이터를 일정 시간단위로 비교 분석을 하는 기술적 메커니즘도 포함하고 있다. 블록체인기술은 금융 뿐 아니라 법률, 의료, 부동산 등 거래기록의 감독이 필요한 분야에는 활용될 수 있다. 최근에는 블록체인기술을 이용한 가상화폐로 비트코인, 이더리움과 같은 이름의 전자화폐가 만들어져 실재 화폐를 대체하는 지경에 이르고 있다.

블록체인 기술을 이용한 송금 서비스를 그림 1.17에 나타낸다.

(1) 송금하기 위해서는 보내는 사람의 계좌번호, 받는 사람의 계좌번호, 송금액 등이 필요하다. 이 과정을 모두 기록하고 보내는 사람, 받는 사람의 통장에 모든 거래내역을 남기는 것을 트랜젝션이라 한다.

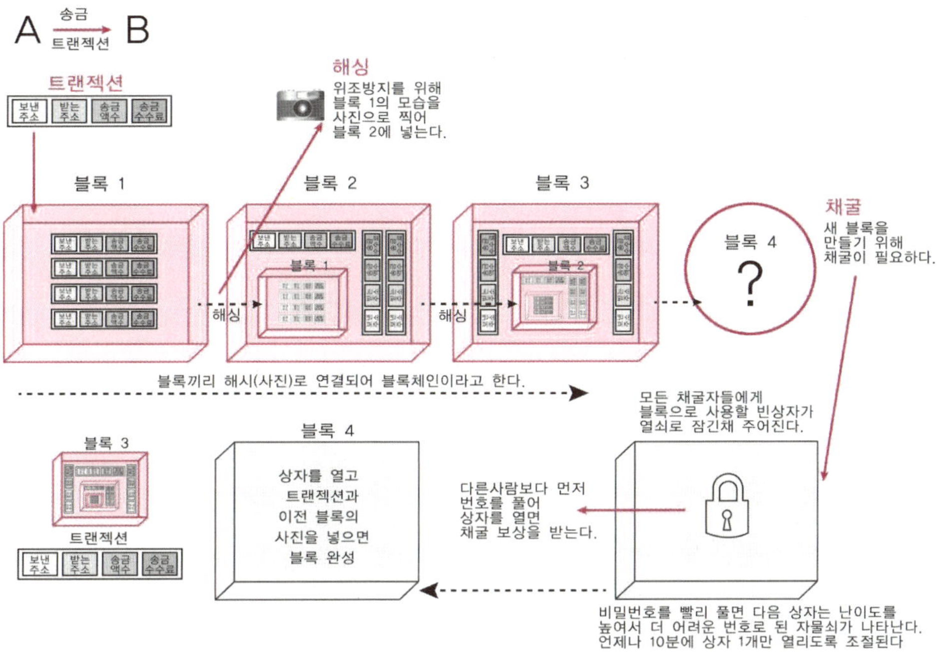

그림 1.17 블록체인을 이용한 송금서비스

(2) 트랜젝션 자료를 여러 개 모아서 한 상자에 보관한다. 이를 블록이라 한다.

(3) 1번 블록 이 가득차면 해시를 만드는데 해시란 블록의 상태를 특수한 번호로 변환하여 기록하는 것이다. 이것은 상자를 그대로 둔 상태에서 사진을 찍어서 그것을 보관하는 것과 유사하다. 해시를 만드는 이유는 해킹을 방지하기 위함이다. 즉 누군가가 블록의 내용을 조금만 바꾸어도 해시가 변경되며 블록 2에 사진과 1번 블록의 사진을 비교하면 위조여부를 확인 할 수 있다.
2번 블록에 1번 블록 사진과 트랜젝션 데이터가 기록되고 나면 3번 블록에 2번 블록의 사진이 또 기록된다. 결국 1번 블록을 변경(해킹)하면 2번 이후의 모든 블록들의 사진을 변경해야만 완벽하게 위조 할 수 있게 되므로 원천적으로 위조가 어려워진다.

(4) 채굴(mining)이라는 것은 새로운 상자속에 트랜젝션 데이터를 기록하고 해시데이터를 기록하는 것이다. 채굴이 이루어져 블록의 내용을 기록할 때마다 보상이 주어진다. 처음에는 채굴이 쉬우나 점점 갈수록 채굴이 힘들어지는 구조이다. 채굴은 블록의 비밀번호를 먼저 찾아낸 사람에게만 트랜젝션이랑 해시데이터를 넣을 수 있

고 상금을 받을 수 있다. 매 10분마다 이런 과정이 반복된다. 채굴을 위해서는 정말 우수한 컴퓨터를 몇 달간 돌려야지 가능 하다는게 현실이다.

6) 4차 산업혁명 속에서 개인 생존전략

우리는 4차 산업혁명이라는 거대한 흐름에 어떻게 대비해야 할까? 우리는 이미 지식정보혁명에 발맞추어 우리는 컴퓨터와 인터넷이라는 정보화의 바람을 체득했었고 나름의 성과도 올렸다. 그 과정에서 산업계는 고도화된 지적능력을 개인에게 지속적으로 요구했었다. 이러한 시대에 생존하기 위해서는 사회, 기업은 물론 우리 개개인에 이르기까지 모든 사람들의 사고와 행동이 변화의 흐름을 읽고 시대요구에 맞춰져야 할 것이다.

4차 산업혁명의 시대에는 현재 우리가 하고 있는 일자리의 절반정도가 로봇으로 대체로 가능하다. 공유경제의 개념등장으로 차량과 숙박업소 감소 및 종사자들의 일자리도 사라질 수 있다. 또 자율운행 자동차의 등장으로 택시와 버스운전사의 일자리도 없어질 가능성이 있다. 핀테크로 은행원들의 대면업무가 적어지고, 빅데이터 무인진단법으로 의사들의 숫자도 줄어들 것이다.

그러나 한편에서는 인간을 단순 노동에서 해방해 부가가치가 높은 업무나 여가 활용이 가능해질 수 있다. 가령 자동운전 자동차는 교통사고 감소와 이동 시간을 절약할 뿐 아니라 기후변화 방지에도 기여할 수 있다. 또 스마트공장은 내가 원하는 상품을 즉시 만들어 보내줄 것이다. 노약자들은 간호 돌봄 로봇으로 도움을 받을 수 있다. 지능을 갖춘 기계는 생산성을 높여 부(富)를 창출하고 새로운 일자리를 만들어 낼 것이다.

제4차 혁명의 시대 산업에서의 승자가 되기 위한 핵심은 아이디어의 창출이다. 디지털기술이 주도하는 시대에 가장 가치 있는 일은 아이디어를 창출하고 혁신할 수 있는 사람들이다. 이른바 융합 지능으로 개인의 소양을 고도화 시켜야 할 수 있어야 할 것이며, 비지니스적 측면으로는 융합지능을 발달시켜 소프트파워를 일으켜 세워야 할 것이다. 이제 앞으로 다가올 변화의 물결을 잘 이겨내면 그 누구도 가지지 못했던 기회의 문이 활짝 열릴 수도 있다. 결국 이러한 흐름에 도태되지 않기 위해서는 우리는 새로운 변화에 적극 대처해야한다.

정보통신 개요

2

CHAPTER

2.1 정보통신

2.2 정보

2.3 신호

2.4 채널

2.5 정보통신 전송 기술

2.1 정보통신

정보통신이란 용어는 일상적으로 사용되고 있지만 수렵채집시대의 사냥을 위한 사슴 존재 유무를 음성 신호로 알리는 행위도 정보통신이라 할 수 있다. 1장에서 기술한 바와 같이 오늘날의 첨단 정보통신 기술은 다른 산업 기술과의 융합으로 새로운 가치를 창조하는 4차 산업혁명의 기반 기술이지만 정보통신기술은 시대 변천과 함께 발전되어 왔다. 본 절에서는 사슴 사냥을 위한 음성정보통신을 예로 들어 정보통신의 구성요소들의 개념과 정의를 이해할 수 있도록 한다.

2.1.1 정보통신 구성요소

"수렵채집시대에 사슴 출현을 감시하는 감시자는 사슴이 출현하면 사냥을 위해 동료에게 사슴 존재를 음성 신호로 알린다."는 음성정보통신이다. 이러한 음성정보통신을 정보통신 구성요소의 기술적 측면에서 정보, 신호, 채널, 정보통신, 정보통신시스템 및 정보통신 전송기술로 구분하여 각각의 개념과 정의를 소개하면 다음과 같다.

1) 정보: 다양한 시각 영상 자료(나무, 사슴, 곰, 구름, 풀숲 등)를 관찰하는 중에 뇌에 저장되어 있는 사슴 시각 영상과 일치하는 영상이 발견되면 사슴을 동료 인간에게 전달할 정보로 선택한다. 정보란 "다양한 자료에서 추출한 원하는 의미 있는 자료"로 정의된다.

2) 신호: 뇌의 명령으로 원하는 정보인 사슴이 음성으로 발성될 수 있도록 입의 모양을 변형시켜 사슴 음성을 발성한다. 신호란 수신자가 수신할 수 있는 형태의 "정보의 물리적 표현"이다.

3) 채널: 음성신호는 공기를 매체로 멀리 떨어진 동료 인간에게 전달되며 채널은 "송신자와 수신자 사이의 물리적 전송통로 혹은 전송매체"를 의미한다. 전송통로를 전송 매체라고도 하며 다양한 전송 매체가 있다.

4) 정보통신: 송신자가 보낸 사슴 정보 음성을 수신자는 귀로 수신하여 뇌에 저장된 사슴 음성 정보와 비교하여 사슴으로 인식한다. 정보통신은 "송신자와 수신자 사이에서 정보를 주고받는 행위"를 뜻한다.

5) 정보통신 시스템: 사슴 정보의 뇌 인식 및 추출, 사슴 음성 발성, 사슴 음성 전파, 수신 및 사슴 음성 뇌 인식으로 정보통신이 이루어지는 것과 같이 정보

통신 시스템은 “정보통신을 하기 위한 구성요소간의 유기적 관계 혹은 장치”로 정의된다.

6) 정보통신 전송기술: 성대나 입의 모양을 조작하여 음성 신호의 크기나 주파수를 변하게 하여 정보전달이 잘 되도록 하는 기술로 “신호를 수신자나 채널의 특성에 알맞게 변형하여 수신자가 잘 인식 할 수 있도록 하는 기술”이다. 이는 좁은 의미의 전송기술로 변복조기술, 부호화/복호화 기술 및 다중화 기술이다.

   그러나 오늘날의 정보통신 시스템은 정보통신기술과 컴퓨터통신기술이 결합된 첨단 정보통신으로 넓은 의미의 전송 기술은 네트워크 기술(컴퓨터 네트워크, 교환 네트워크, 인터넷 프로토콜), 정보통신 보안기술 및 미래 정보통신기술(첨단 이동통신, 클라우드 컴퓨팅, 빅 데이터, 사물 인터넷)을 포함하며 전송기술은 컴퓨터의 고속 데이터 처리 기능, 신경 회로망 및 인공 지능 기술 등을 기반으로 한다.

◈ 보충학습

- "정보통신"과 오늘날 일상적으로 광범하게 사용하는 "데이터 통신"이나 "컴퓨터 통신"이라는 용어는 개념이나 기술적인 측면에서 어떻게 구분되는가? 기술한 바와 같이 정보는 "데이터(자료)로 부터 추출한 의미 있는 자료"로 정의되며 따라서 정보통신은 송신자가 의미 있는 자료(정보)를 수신자에게 전송한다는 의미이다. 오늘날 빅데이터 기술이나 인터넷 탐색에서와 같이 송신자가 특정의 정보를 송신자에게 전송하는 것이 아니고 방대한 데이터를 불특정 다수 수신자에게 전송하고 수신자가 데이터를 가공 처리하여 자신의 정보를 추출한다면 "정보통신"보다는 "데이터 통신"이라 정의하는 것이 보다 적합한 오늘날의 통신의 의미가 될 것이다.
- 채널을 “물리적인 전송 통로” 또는 “전송 매체”로 정의하였다. 서울-부산 간의 통행과 비교하면 항공, 철로 혹은 육로에 대응된다. 채널의 또 다른 의미는 “특정 정보가 전달되는 통로” 혹은 “특정 정보의 주파수 대역”으로 정의할 수 있는데 AM/FM 방송의 각 방송국 주파수 채널에서 뜻하는 의미이다. 이는 서울-부산 간 4차선 고속도로에서 1차선은 버스, 2차선은 승용차 등으로 1개 고속도로(전송 매체)를 다수의 차선(채널 다중화)으로 나누어 다양한 차종(다수 정보)을 효율적으로 통행(전송)하도록 하는 것이다. 채널 다중화에 대해서는 2.5.2절에서 상세히 다룬다.

- 3장에서 다루는 레이더는 전파를 발사하여 물체 정보(크기나 방향)를 추출하는 시스템으로 송수신자 상호간에 정보를 전달하는 시스템이 아니다. 그러나 넓은 의미의 정보통신 시스템은 정보를 추출하는 시스템도 포함한다.

2.1.2 정보통신 시스템 모델

문명이 발달한 오늘날의 정보통신은 다양한 정보(언어정보, 시각정보, 오디오 정보 등)를 대상으로 하며 다양한 정보통신 시스템이 있다. 정보통신 기술의 학술적 체계를 구축한 샤논(Shanon)의 정보통신 시스템 모델은 그림 2.1(a)와 같이 송신부, 전송 매체 및 수신부로 구성되고 각각의 구성요소는 그림 2.1(b)와 같다.

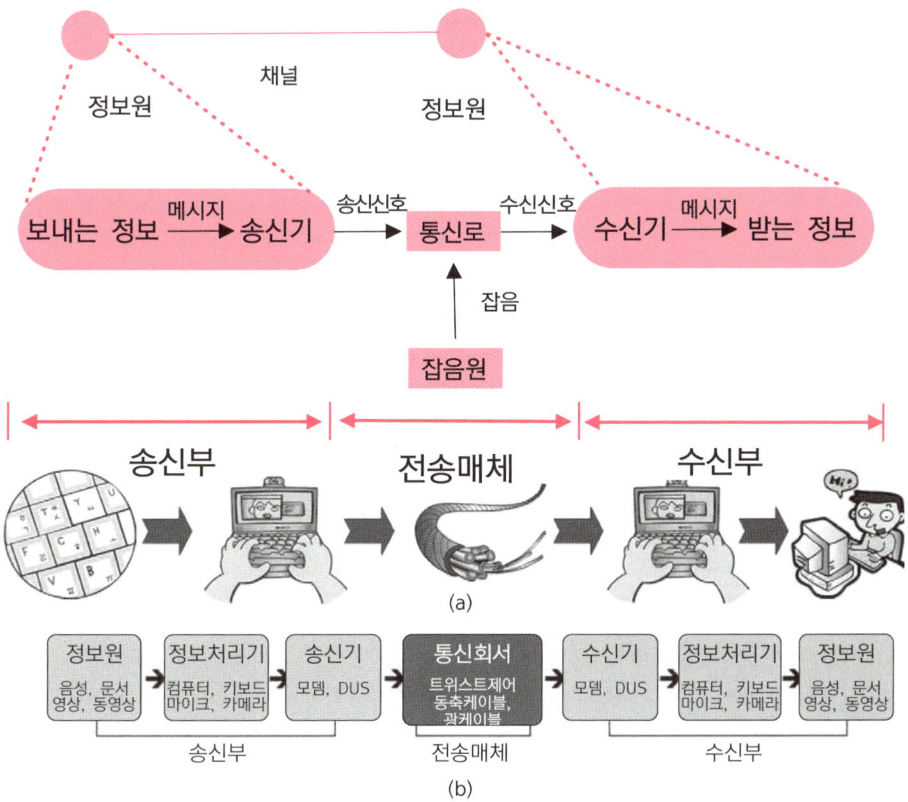

그림 2.1 (a) 정보통신 시스템 모델 및 (b) 구성요소

그림 2.1(b)에서 송신부는 정보원, 정보처리기, 송신기로 구성되며, 정보원의 정보는 정보처리기(컴퓨터, 키보드, 마이크 등)로 가공 처리되어 송신기의 송신신호가 된다. 전송매체는 공간이나 동축케이블 등 무선 및 유선 전송매체로 구성되며 매체 종류에 따라 각기 다른 방식의 전송 기술을 적용한 송신신호가 전송 매체를 통해 수신기에 수신되며 수신기에서 수신된 신호는 정보처리기로 처리되어 원래의 정보로 변환된다.

사슴 존재를 음성신호로 보내는 음성통신시스템을 그림 2.1과 비교하면 송신부는 정보(사슴), 정보처리기(성대 진동과 구강 변형에 의한 사슴 음성 발생) 및 송신기(입), 구성되고 전송 매체인 통신 통로는 공기와 잡음, 수신부는 수신기(귀), 정보처리기(뇌의 음성 인식 처리) 및 정보(사슴)으로 구성됨을 이해할 수 있다.

2.1.3 정보통신 시스템 분류

그림 2.1의 송신부, 전송 매체 및 수신부 각각의 세부 구성요소는 대단히 다양하고 구성 장치, 전송 매체, 정보 종류에 다양한 통신 시스템이 있다.

표 2.1과 같이 송수신 신호처리 방식에 따라 아날로그 및 디지털 통신시스템으로 분류되고 전자는 AM 혹은 FM 방송과 같이 마이크 음성이 전파 신호로 변환(변조)되어 송신된 후 수신부에서 전파 신호가 음성 신호로 변환(복조)되는 시스템으로 전체 시스템의 장치들이 아날로그 장치로 구성되는 시스템이고 후자는 인터넷 방송과 같이 마이크 음성이 디지털 정보로 변환된 후 다양한 디지털 신호처리 과정을 거쳐 유무선 채널을 거쳐 송수신되는 장치로 송수신부가 디지털 처리장치들로 구성되는 시스템이다.

정보의 종류에 따라 음성정보 시스템, 화상정보 시스템 및 멀티미디어 시스템, 전송 매체의 특성에 따라 유선 통신 시스템과 무선 통신 시스템 및 송수신기의 이동성/위치에 따라 육상(고정) 시스템, 이동통신 시스템 및 위성통신 시스템 등으로 분류된다.

정보 신호의 송수신 처리가 실시간으로 이루어지는 시스템을 실시간처리 시스템으로 정의하기도 하며 통신거리에 따라 근거리 및 원거리 통신시스템으로 분류하는 등 다양한 기준으로 분류된다. 3장에서는 대표적인 정보통신 시스템으로 광통신 시스템, 이동통신 시스템, 마이크로웨이브 통신, 레이더 시스템 및 위성통신 시스템을 상세히 다룬다.

표 2.1 통신 시스템 분류

분류 기준	시스템 분류	시스템 이름
신호처리	아날로그 시스템	AM/FM 방송 등
	디지털 시스템	인터넷 방송, 휴대폰 등
정보원	음성정보 시스템	전화기 등
	영상정보 시스템	영상회의 등
	멀티미디어 시스템	멀티미디어 TV 등
전송 매체	유선 통신 시스템	유선 전화나 광통신 등
	무선 통신 시스템	전파 통신, 위성통신 등
이동성 /위치	육상(고정) 시스템	송신부와 수신부의 이동 및 위치에 따른 분류
	이동통신 시스템	
	위성통신 시스템	
처리 시간	실시간 시스템	실황 방송
	배치(batch)처리 시스템	녹화 방송

2.2 정보

2.2.1 정보의 정의

기술한 바와 같이 "정보란 다양한 자료에서 추출한 원하는 의미 있는 자료"로 정의하였다. 사전적으로는 "관찰이나 측정을 통해 수집된 데이터(자료)를 실제 문제에 도움이 될 수 있도록 해석하고 정리한 지식"으로 정의된다. 즉, 현실 세계로부터 발생되는 여러 데이터들을 가공 처리하여 특정 목적에 부합되는 의미 있는 내용을 정보라고 할 수 있다.

수렵인의 시각 영상 데이터(나무, 사슴, 곰, 구름, 풀숲 등)에서 사냥 대상의 사슴 정보를 추출하는 과정도 이와 동일한 내용임을 이해할 수 있을 것이다. 우리가 일상생활에서 자주 만나는 정보는 주관적이고 추상적인 개념으로서 정보 수요자의 필요와 목적에 따라 수집된 자료의 정보가 결정되며 위의 영상 데이터에서 채식주의 수렵인에게는 풀숲이 정보가 될 것이다.

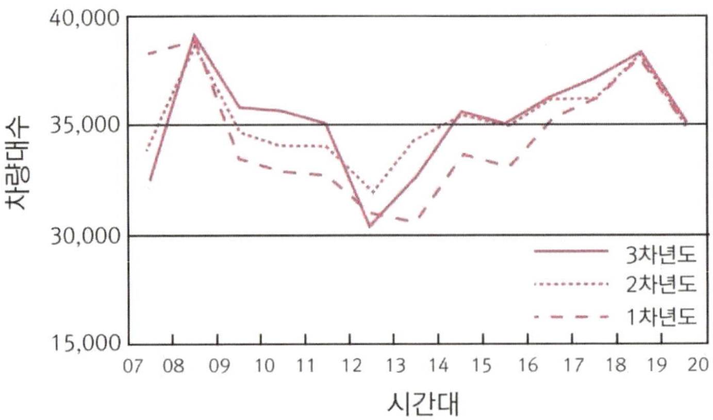

그림 2.2 시간대별 교통량

그림 2.2는 어느 대도시 시내의 시간대별 교통량을 조사한 자료이며 이 자료로부터 추출한 정보는 "12시에서 1시 사이에 시내 교통량이 적으므로 이 시간대에 도심으로 진입하는 것이 가장 유리하다"이다.

◈ 보충학습 : 정보량

항상 사슴이 출몰하는 상황에서 동료 인간에게 사슴 정보를 전달하는 것이 정보의 가치가 있을까? 아니면 예기치 않게 사슴이 출몰한 경우 사슴 정보를 전달하는 것이 가치가 있을까? 정보이론에서는 정보량의 개념을"놀라움(surprise)"혹은 "불확실성(uncertainty)"과 연관시켜 정의하고 있다. 즉, 불확실성이 높을수록(혹은 확률이 낮을수록) 정보량은 증가하게 된다.

2.2.2 정보의 종류

인간의 경우 오감(촉각, 오디오, 시각, 후각, 미각)에 따라 요구하는 정보가 다르므로 정보의 종류는 정보통신의 송수신부에서 요구하는 정보 내용에 따라 다양한 종류가 있다. 특히 인간은 주로 오디오 및 시각에 의해 많은 정보를 교류하는데 그 종류는 그림 2.3과 같다.

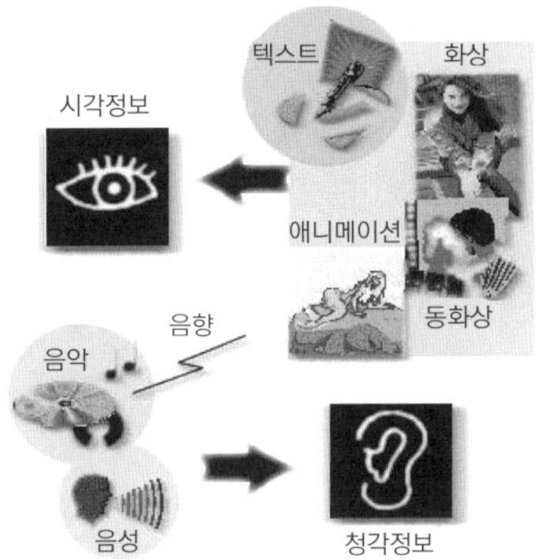

그림 2.3 정보의 종류

오디오 정보에는 음성(voice), 음악(music), 음향(sound) 등이 있으며, 사람이 귀로 들을 수 있는 가청 주파수의 범위에서 음파 신호 형태의 시간적으로 변화하는 정보이다. 오디오 정보라고도 한다. 시각 정보에는 문자(text), 기호(symbol)와 같은 텍스트 정보, 영상(image) 및 그래픽 (graphic)과 같은 정지영상, 영화, 비디오 및 애니메이션(animation)과 같은 동영상 등이 있다. 여기서 오디오 및 시각 정보에 대해 구체적으로 살펴보자.

이들 오디오 정보나 시각 정보는 오늘날의 고도로 발전된 디지털 정보처리 기술의 발달로 디지털 정보로 변환되어 저장, 처리, 혹은 전송된다. 아날로그 정보와 디지털 정보에 대해서는 2.2.3절에서 기술한다.

1) 오디오 정보

오디오 정보는 앞서 설명한 바와 같이 사람의 음성이나 음악, 음향 등을 말한다. 오디오 정보의 전달은 성대의 진동이 입을 통하여 오디오 정보가 음파 신호로 바뀐 후 주위 공기를 진동시키고 이를 수신자의 귀의 고막이 감지하고 인식함으로써 이루어진다. 일반적으로 소리는 여러 주파수와 진폭을 갖는 정현 신호(sinusoidal signal)들로 이루어지는데, 소리의 크기는 정현 신호의 진폭의 크기에 비례하고 소리의 높이는 주파수에 비례한다. 따라서 진폭이 클수록 큰 소리로 들리게 되고 주파수가 높을수록 고음으로 들리고 된다.

인간의 귀는 대략 20 Hz에서 20,000 Hz까지의 주파수 범위를 들을 수 있으며, 일상적인 대화의 주파수 범위는 이보다 훨씬 낮다. 전화 통화에서 사용되는 음성 주파수 대역은 300~3,400 Hz이며, 고품질의 오디오 정보가 저장되어 있는 CD는 주파수 대역이 훨씬 더 넓어 16~15,000 Hz의 범위를 갖는다.

2) 텍스트 정보

텍스트 정보는 문자 및 기호를 포함하는 문서를 가리키는 정보이다. 영문자 A, B, C 등과 같이 문자들 사이에 연속적으로 변하는 인자가 전혀 없이 이산적으로 정보 내용이 표현된다. 텍스트 정보는 일상생활에서는 독특한 형태의 시각적 기호로써 표현되지만, 정보통신에서는 2진 부호로써 디지털 정보로 표현되고 신호로 바뀌어 전달된다.

3) 정지영상 정보

정지영상 정보는 시간에 따라 변하지 않는 영상 정보로서, 그림, 사진, 그래픽 등의 형태로 제공된다. 일반적으로 2차원 형태인 정지영상은 다양한 색깔로 표시되는 수많은 디지털 정보(화소: pixel)들의 2차원 배열로 이루어져 있다. 이러한 정지영상 정보는 화소의 수가 많고, 각 화소에서 표시될 수 있는 색의 가지 수가 많을수록 영상을 섬세하게 표현할 수 있으며, 정보통신의 관점에서 볼 때 정보량이 많아진다. 정보통신에서의 정지영상 정보는 팩스 서비스나 인터넷 웹 브라우저에서 볼 수 있는 이미지 파일 전송, X-ray 사진과 같은 의료용 사진의 전송 등이 해당된다.

4) 동영상 정보

동영상 정보는 시간에 따라 그 내용이 변하는 영상정보로서, TV방송이나 영상전화, CCTV 화면과 같은 정보를 말한다. TV화면은 하나의 정지된 화면인 프레임(frame)들이 1/30초 간격으로 나타난다. 즉, 동영상은 정지된 화면들이 빠르게 전송되는 것이라 할 수 있다. 영화, 애니메이션 등도 이에 해당한다.

또한 동영상은 빠르게 나타나는 프레임들로 구성되어 있기 때문에 방대한 양의 데이터를 가지고 있다. 따라서 동영상에서 가장 큰 문제점은 이렇게 방대한 양의 데이터를 어떻게 빠르게 처리하느냐 하는 것이다. 그 이유는 동영상은 데이터의 양이 훨씬 크기 때문에 디스크에 저장되어 있거나 네트워크를 통하여 받아들이는 데이터를 이용하여 실시간 동영상으로 상영해야하기 때문이다.

◆ 보충학습

잔상: 신호가 없어져도 잠깐 동안 디스플레이 장치의 화면에 영상이 남아 있거나 화면의 영상이 없어져도 시각에는 남아 있는 현상. 이러한 디스플레이 장치의 잔상과 눈의 잔상을 이용하여, 하나의 정지 영상의 잔상이 사라지기 전에 다음 정지 영상을 표시하면 연속된 화면으로 느끼게 되므로 조금씩 변화하는 정지 영상을 빠르게 표시하여 움직이는 동영상처럼 보이게 할 수 있다. 실제 동영상도 정지영상이 고속으로 처리되는 것으로 눈의 잔상 시간이 약 1/30초 이므로 1/30초 간격으로 정지영상 프레임이 전송되는 것이다.

5) 멀티미디어 정보

미디어(media)란 "매체" 또는 "수단"을 의미하는 말로써, 미디어로는 앞서 설명한 오디오 정보, 텍스트, 정지영상 및 동영상 등이 있다. 멀티(multi)는 "다수"를 의미하는 말이다. 따라서 멀티미디어 정보는 오디오, 문자, 영상, 음성 등과 같은 정보가 혼합된 정보이므로 "다중 정보 매체"라는 의미이다. 이러한 다중 정보 매체의 전송채널은 다수의 채널을 통하여 송수신자간에 통신을 하므로 정보 전달력이 뛰어난 장점이 있다. 그러나 방대한 양의 정보를 전송하기 위해서는 정보의 저장, 처리, 전달 매체 등의 많은 통신자원이 요구되는 단점이 있다. 아울러 정보의 효율적 전달 및 이해를 위해서는 정보 수요자에게 가장 적합한 형태의 미디어로 전달하는 것이 중요하다. 현재 제공되는 영상정보들은 해상도와 화면 재생 속도에 제한이 있고 2차원 평면 정보만을 제공하고 있으므로 사실감이 떨어진다. 최근 보는 각도에 따라 다르게 보이는 3차원 입체영상 기술이 빠르게 발전하고 있다.

또한 지금까지 시각 정보와 오디오 정보만을 제공해 왔지만, 최근에는 기존에 제공되지 못했던 후각 정보나 촉각 정보와 같은 새로운 형태의 정보도 제공하려는 시도가 이루어지고 있다. 현재 촉각 정보는 원격수술과 같은 실험적인 분야에서 아주 제한적으로 이용되고 있으며, 향기 정보와 같은 후각 정보 서비스도 외국에서 시범적으로 제공되고 있고 앞으로는 더욱 다양한 분야에서 더욱 사실감 있고 다양한 정보가 제공될 수 있을 것이다.

2.2.3 아날로그 정보와 디지털 정보

정보의 종류는 그 정보 내용의 변화 형태에 따라 크게 아날로그 정보와 디지털 정보로도 나눌 수 있다. “아날로그(analog)”는 “analogous(비슷하다)”에서 파생된 것으로서 실제 물리적 현상과 비슷한 “연속적(continuous)”이라는 의미를 갖는다. 반면에 “디지털(digital)”은 “digit(손가락)”에서 유래된 것으로 이산적(discrete)이라는 의미를 갖는다.

즉, 아날로그 정보는 정보 내용의 변화가 연속적인 것을 말하고, 텍스트 정보를 제외한 2.2.1절에서 기술한 음성, 카메라의 필름에 기록되는 영상, 레코드 음반이나 테이프에 저장되는 음악 등이 해당된다. 디지털정보는 정보 내용의 변화가 이산적인 것을 말하며 반도체와 컴퓨터 기술의 발전으로 오늘날의 멀티미디어 정보통신 시스템에서 텍스트를 포함하여 아날로그 형태의 정보들은 대부분 디지털 정보로 바꾸어서 저장하거나 전송된다.

디지털 정보는 흔히 비트(bit: binary digit)라는 단위를 사용하여 나타낸다. 비트는 0 혹은 1의 이진 값 자릿수를 갖고, 1개의 비트는 2 가지의 정보를 표현할 수 있다. 예를 들어 영어 텍스트는 대문자(26), 소문자(26), 숫자(10), 특수기호 및 정보통신용 제어문자 등 전부 128가지로 구성된다. 이때 각각을 서로 다른 2진 디지털 정보로 표현하기 위해서는 7개(2^7=128)의 비트가 필요하다. 실제로는 오류 검출을 위한 1비트가 추가되어 8비트가 된다. 텍스트의 디지털 정보는 미국의 표준화 기구인 ANSI(American National Standards Institute)에서 제시한 ASCII(American Standard Code for Information Interchange) 코드에 따른다. ASCII 코드는 표 2.2와 같다. IT라는 단어를 짝수 패리티로 전송한다면 [10010011][10101001]가 된다.

음성이나 영상의 2진 디지털 정보 변환은 샘플링(sampling)과 양자화(quantization)라는 과정을 거쳐 디지털 정보로 변환되며 음성 신호의 표현에 7비트, 영상 표현에 8비트를 사용한다면 음성의 신호 크기는 128구간으로 구분된다는 의미이고 영상의 각 화소는 256가지의 서로 다른 색상으로 표현된다는 의미이다. 샘플링과 양자화에 대해서는 2.5.1절에서 다룬다.

보충학습

- 자동차 번호판이 10진수 4개로 표시된다. 서로 다른 번호판 종류는 10^4 이다.
- 양팔과 한쪽 발의 동작(굽히기와 뻗기)으로 8종류의 동물을 나타낼 수 있다.
- 패리티 비트: 수신자가 수신한 2진 정보에 오류가 있는지를 확인할 수 있도록

송신자가 부가하는 비트. 짝수 패리티: 2진 정보 비트와 패리티 비트의 1의 총 개수가 짝수가 되도록 하여 전송하고 수신자는 1의 총 개수가 홀수가 되면 송신 정보를 폐기하는 부호화 기술로 정확한 전송을 위한 다양한 부호화 기술이 있다.

표 2.2 ASCII 코드표

$b_7b_6b_5$		000	001	010	011	100	101	110	111
b_4 b_3 b_2 b_1		0	1	2	3	4	5	6	7
0000	0	NUL	DEL	SP	0	@	P	·	p
0001	1	SOH	DC1	!	1	A	Q	a	q
0010	2	STX	DC2	“	2	B	R	b	r
0011	3	ETX	DC3	#	3	C	S	c	s
0100	4	EOT	DC4	$	4	D	T	d	t
0101	5	NQ	NAK	%	5	E	U	e	u
0110	6	ACK	SYN	&	6	F	V	f	v
0111	7	BEL	ETB	·	7	G	W	g	w
1000	8	BS	CAN	(	8	H	X	h	x
1001	9	HT	EM	)	9	I	Y	i	y
1010	A	LF	SUB	*	:	J	Z	j	z
1011	B	VT	ESC	+	;	K	[	k	{
1100	C	FF	PS	,	〈	L	₩	l	|
1101	D	CR	GS	-	=	M	}	m	]
1110	E	SO	RS	.	〉	N	^	n	~
1111	F	SI	US	/	?	O	_	o	DEL

2.3 신호

정보통신에서 자주 접하게 되는 용어 중의 하나가 바로 신호(signal)이다. 2.1절에서 정의한 바와 같이 신호는 "정보의 물리적 표현"이다. 뇌의 추상적인 정보(사슴)가 수신자에게 전달되기 위해서는 물리적 현상(음성, 팔 동작 혹은 불빛 등)으로 적절하게 표현되어 실재로 전달되어야 하는데, 그렇게 정보가 물리적 현상으로 표현된 것이 신호이며 이러한 신호가 직접 이동하여 수신자에게 전달됨으로써 통신이 이루어지는 것이다. 초인종의 벨소리는 누군가 왔다는 정보를 표현하는 신호이고 도로에 있는 신호등의 빨간 불빛은 정지해야 한다는 정보를 표현하는 신호로 이러한 소리나 불빛이 공간을 가로질러 전파되어 수신자에게 전달되고, 수신자의 감각기관이 이 신호를 감지하고 인지함으로써 통신이 이루어진다. 정보를 표현할 수 있고 상대방에게 직접 전달될 수 있는 신호에는 어떤 종류들이 있을까?

정보의 내용이 다양하듯이 그 물리적 현상인 신호 또한 여러 형태가 될 수 있다. 먼저 일상생활에서 인간이 접하는 신호는 감각 기관별로 분류해 볼 수 있다. 귀가 감지할 수 있는 소리와 눈이 감지할 수 있는 빛은 소리의 높낮이나 크기 및 빛의 색깔이나 밝기로 표현할 수 있고, 전송 매체를 통해 직접 전파되는 성질이 있는 신호이다. 또한 인간의 혀와 코가 감지할 수 있는 분자나 원자와 같은 물질 자체도 맛이나 냄새의 형태의 정보이며, 자체적으로 멀리 있는 수신자에게 전파되지 않지만 퍼뜨려지거나 분사되는 신호라 할 수 있다. 그리고 인간의 피부가 감지할 수 있는 거시적인 물체나 힘도 물체의 표면 형태나 힘의 강약으로 정보를 표현할 수 있고 인위적으로 접촉시키는 방식으로 이동될 수 있으므로 신호가 될 수 있다. 맹인들을 위한 점자나 고속도로의 과속방지 요철이 그 대표적인 예이다. 이와 같이 다양한 신호는 어떻게 표현되며 분석되고 해석되는가? 정보통신을 하기 위해 정보는 어떻게 신호로 변환되고 전송되는가? 정보통신 시스템 각 구성 장치가 신호에 가하는 역할은 무엇인가? 본 절에서는 신호에 대한 기초 개념을 기술한다.

2.3.1 물리적 현상과 전기적 신호

다양한 "정보의 물리적 표현"인 신호는 전기적 신호로 변환되어 표시될 수 있고 정보통신에서는 다루는 모든 정보는 전기적 신호로 변환되어 처리된다.

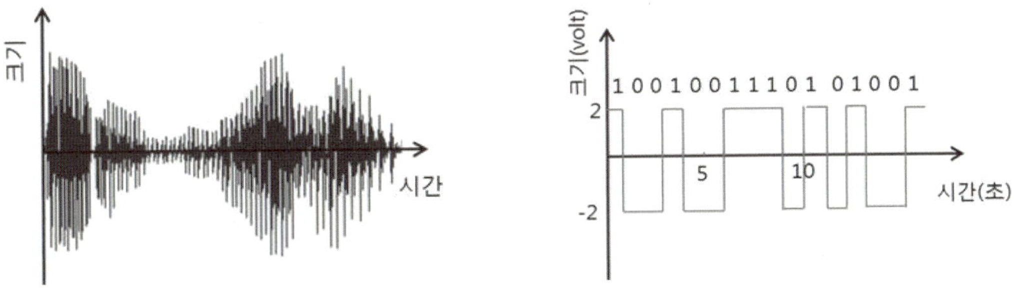

(a) (b)

그림 2.4 (a) 음성의 전기적 신호("아름답다"), (b) 텍스트 정보의 전기적 신호 ("IT"-1001001110101001)

원거리의 송수신자간 음성통신 시스템은 우선 송신자 마이크로폰의 진동막이 음성신호를 전기적 신호로 변환하고 전송 매체를 통과한 전기적 신호는 스피커에 의해 음성신호로 다시 변환되어 수신이 이루어진다. 오디오 및 영상은 각각 압력변화와 명암 혹은 색상변화 신호이며 각각은 압전소자와 광전소자에 의해 전기적 신호로 변환된다.

그림 2.4 (a)는 음성신호가 마이크로폰에 의해 변환된 "아름답다"의 전기적 신호의 예이다. 정지 영상을 수평축 방향으로 광전 소자로 스캔한 전기적 신호도 유사한 특성을 보인다. 그림 2.4(b)는 IT라는 디지털 정보 [10010011][10101001]를 1인 경우 2 volt, 0인 경우 -2 volt로 물리적 크기로 변환하고 각 비트의 시간 간격을 1s로 한 경우의 전기적 신호이다.

2.3.2 시간 파형 신호와 주파수 스펙트럼 신호

"물리적 현상이 시간에 따라 빠르게 변화 한다"와 "물리적 현상이 주파수가 높다"는 같은 의미이다. 전자는 시간파형을 해석한 결과이고 후자는 주파수 스펙트럼을 해석한 결과이다. 신호의 주파수가 높다는 말은 시간 파형 신호를 관찰했을 때 첨두치 사이의 간격이 좁아서 신호가 상대적으로 조밀하게 빨리 변한다. 주파수가 낮다는 말은 그 반대 현상이다. 다양한 물리적 현상의 전기적 신호는 시간 파형과 주파수 스펙트럼으로 신호의 특성이 주어진다.

시간 파형 신호는 실제 관찰할 수 있으며 이해하기 쉬운 장점이 있지만 신호 전송 측면(구성 장치의 설계, 전송 매체에 의한 손실 등)에서는 주파수 스펙트럼 신호 특징이 더 중요하다. 시간 파형 신호는 시간 영역 신호 혹은 시간 신호로 표현되기도 하며 주파수 스펙트럼 신호는 주파수 영역 신호 혹은 스펙트럼으로 표현되기도 한다.

1) 정현파

가장 기본적인 시간 파형 신호는 신호의 크기가 시간에 따라 정현으로 변화하는 정현 신호(sinusoidal signal)로 정현파라고도 한다. 이 신호를 수식으로 표현하면 다음식과 같다.

$$v(t) = Acos(wt+\phi) = Acos(2\pi ft+\phi) \tag{2.1}$$

여기서 A는 신호의 진폭(amplitude) 혹은 정현파의 최대값(peak value)으로 정의된다. ω는 각속도 또는 각 주파수(angular frequency)라고 하며, 1초에 각도가 증가하는 비율로 정의되고 단위는 [radian/s]이다. ϕ는 초기 위상각이라고 하며 f는 1초에 반복되는 사이클 수로 정의되는 주파수이며, 단위는 [cycle/s] 또는 간단히 헤르츠[Hz]로 나타낸다.

임의의 시각 t에서 정현파의 값은 진폭, 각 주파수(혹은 주파수), 초기 위상각의 3가지 매개변수만 알면 완전히 알 수 있다. 식(2.1)에서 각 변수의 관계로부터 다음식이 주어진다.

$$w = 2\pi f = 2\pi(\frac{1}{T}) \tag{2.2}$$

여기서 T는 정현파의 주기이다. 그림 2.5는 서로 다른 세 가지 정현파이다.

그림 2.5(a)와 그림 2.5(b)는 주파수가 서로 다르고 그림 2.5(b)와 그림 2.5(c)는 위상이 서로 다르다. 그림에서 보는 바와 같이 정현파의 파형은 3가지 매개변수 중 1가지만 다르면 다른 파형이 된다. 진폭은 신호의 최대값을 결정하고, 초기 위상각은 동일한 신호가 상대적으로 얼마나 앞서거나 뒤쳐졌는지를 나타내며, 주파수는 신호가 얼마나 빠르게 변하는지를 보인다.

주파수 스펙트럼이란 주파수에 따라 신호가 갖는 크기나 위상을 표시한 것으로 그림 2.5(c)의 정현파의 크기 및 위상 스펙트럼은 그림 2.6과 같다.

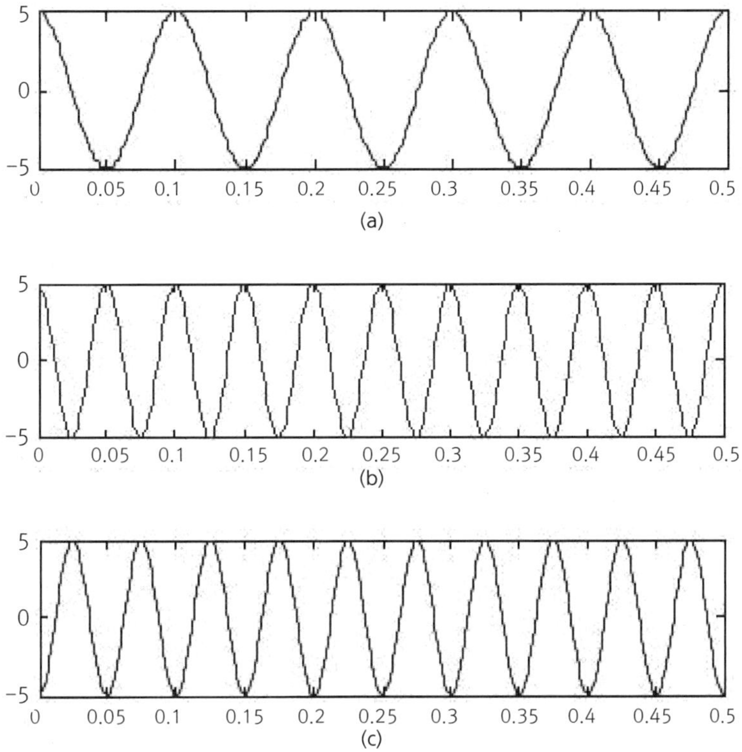

그림 2.5 정현파의 시간 파형;
(a) $5\cos(2\pi 10t)$, (b) $5\cos(2\pi 20t)$, (c) $5\cos(2\pi 20t+180^0)$

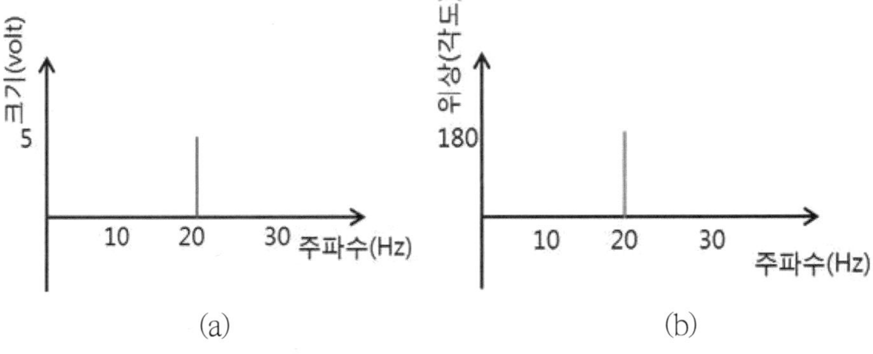

그림 2-6 정현파 $5\cos(2\pi 20t+180^0)$의 스펙트럼; (a) 크기 스펙트럼, (b) 위상 스펙트럼

2) 주기적 신호와 비주기적 신호

우리가 사용하는 전원 신호(220 volt/60Hz)는 단일 주파수의 정현파 신호이지만 정보통신에서 다루는 대부분의 신호는 정현파 신호가 아니고 그림 2.7과 같은 신호들이다. 그림 2.7(a)와 그림 2.7(b)는 주기적 신호이고 그림 2.7(c)와 그림 2.7(d)는 비주기적 신호이다. 정현파는 주기적 신호의 특수한 형태이다.

이들 주기적인 신호와 비주기적인 신호 각각의 주파수 스펙트럼은 그림 2.8과 같다. 그림에서 보는 바와 같이 주기적인 신호의 크기 스펙트럼은 기본 주기에 의해 결정되는 기본주파수와 그 배수 주파수(고조파) 정현파 스펙트럼이 합쳐진 이산 스펙트럼이고 비주기적인 신호는 연속 스펙트럼이다.

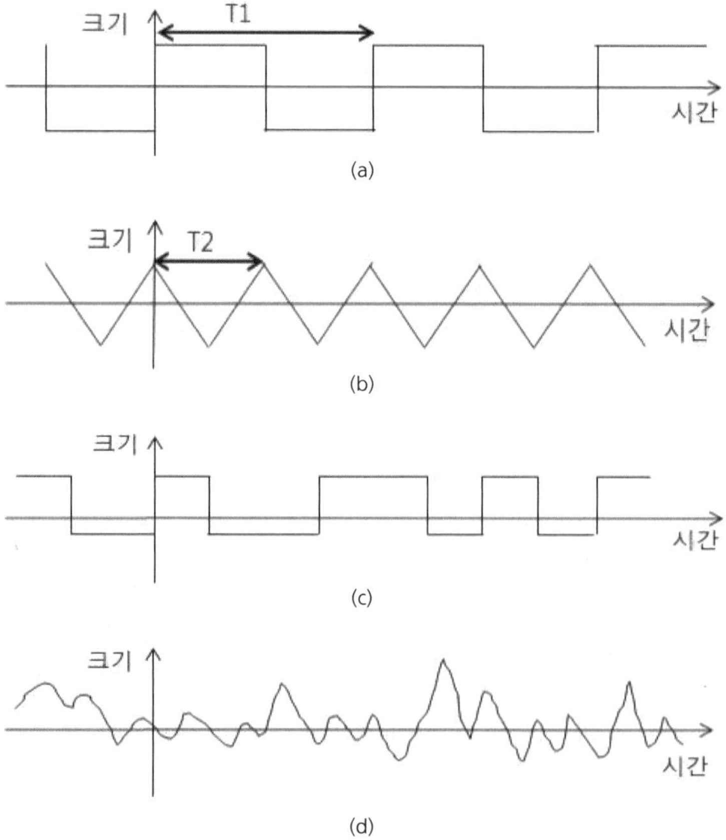

그림 2.7 (a), (b): 주기적 신호, (c), (d): 비주기적 신호

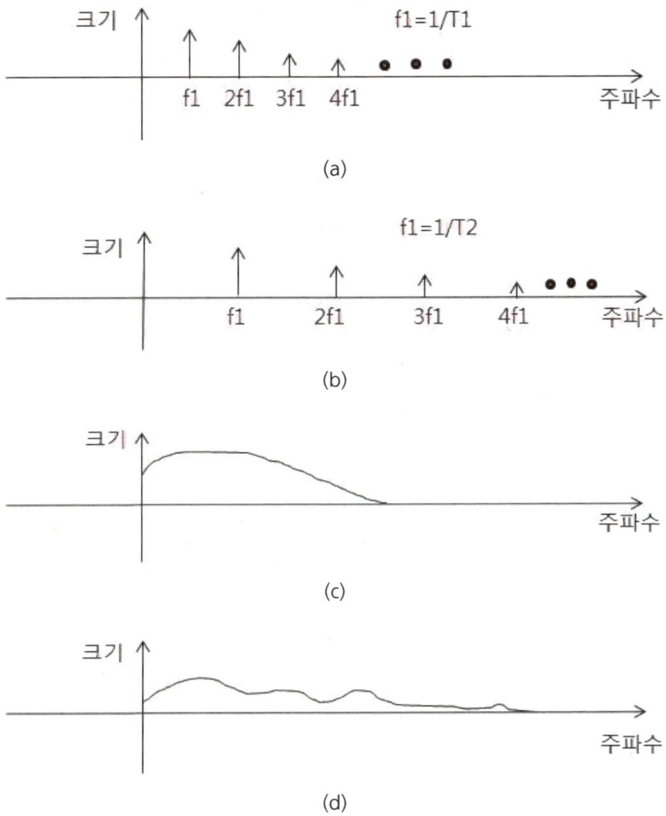

그림 2.8 주기적 신호와 비주기적 신호의 주파수 스펙트럼

시간 파형 신호로부터 주파수 스펙트럼을 구하는 관계식은 19세기의 프랑스 수학자인 푸리에(Fourier)가 제시하였고 다음 절에서 소개한다.

2.3.3 푸리에 정리와 신호의 분석과 합성

푸리에 정리 관계식은 푸리에 급수 전개와 푸리에 변환 2가지가 있고 전자는 주기적인 신호의 스펙트럼을 구하는데 적용하고 후자는 비주적인 신호의 스펙트럼을 구하는데 적용한다. 상세한 관계식은 2학년의 전공과목에서 다루므로 여기서는 기본 개념을 소개한다.

예를 들어 설명해 보자. 그림 2.9(a)는 주기가 0.2초이고 주파수가 5 Hz인 주기적인 파형이다. 푸리에는 이 파형은 주파수가 5 Hz(기본주파수로 정의)의 배수가 되는 정현파의 합으로 이루어져 있다는 것을 푸리에 급수 전개식으로 제시하였다. 그림 2.9(b)은 이러한 관계를 보이는 것으로 기본주파수의 배수가 되는 정현파의 개수를 증가시키면 실제의 파형과 가까워진다.

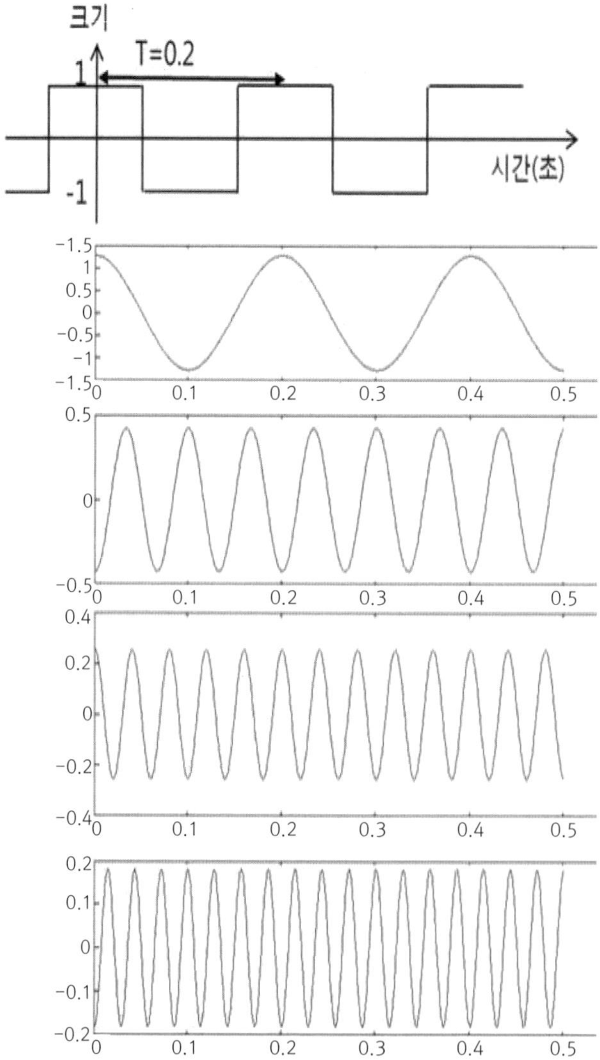

그림 2.9 (a) 주기 신호를 구성하는 기본 주파수 정현파 및 배수 주파수 정현파

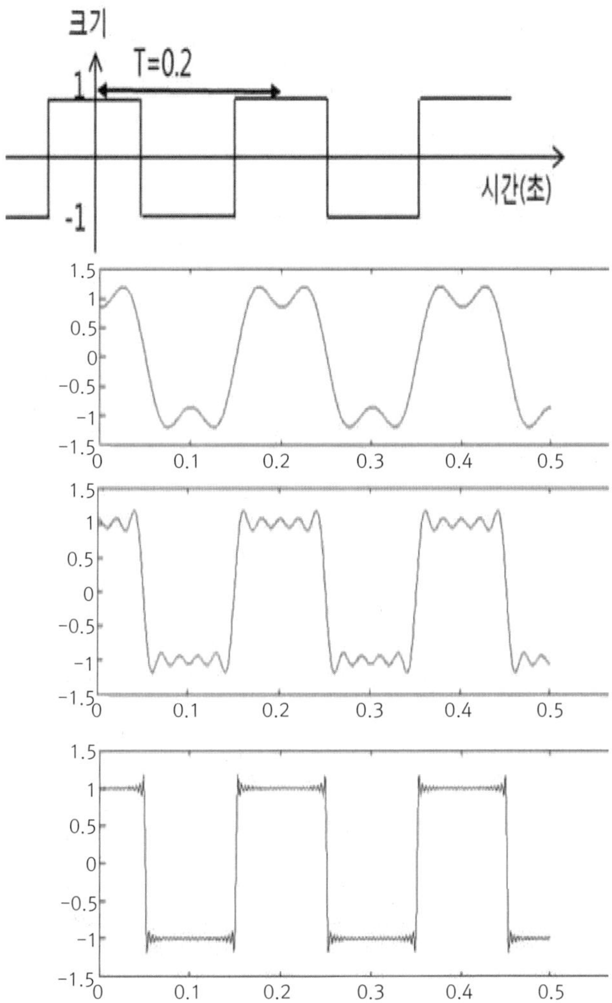

그림 2.9 (b) 주기 신호를 구성하는 정현파들의 합성에 의한 주기 신호 합성

푸리에 급수 전개식은 주기적인 파형으로부터 기본주파수의 배수가 되는 정현파의 진폭과 위상을 분석하는 즉 주파수 스펙트럼을 구하는 식이다. 이러한 푸리에 급수 전개식을 비주기적인 신호에 확장하여 적용한 것이 푸리에 변환식이다. 그림 2.8의 주기 및 비주기 신호의 주파수 스펙트럼은 주기적 신호에는 푸리에 급수 전개, 비주기 신호에는 푸리에 변환식을 적용하여 구한 것이다.

여기서 음성 신호 처리에 많이 사용되고 있는 용어인 "분석"과"합성"에 대해 알아보자. 시간영역의 신호를 주파수 영역의 신호로 변환하는 처리과정을 분석(analysis)이라고 한다. 다시 말해 시간 영역의 신호가 어떤 주파수 성분들을 포함하고 있는지를 분석한다는 의미이다. 반대로 주파수 영역의 신호를 시간 영역의 신호로 변환하는 것을 합성(synthesis)이라고 한다. 푸리에 급수 전개와 푸리에 변환은 분석이고 그 역과정은 합성이다.

◆ 보충학습

햇빛이나 전구의 빛을 분광기(프리즘)에 통과시키면 그림 2.10과 같이 각 성분 빛의 파장 또는 진동수에 의한 굴절률 차이에 의해 각 성분 빛이 분해되며 이를 스펙트럼이라 한다. 빛의 속도를 파장으로 나누면 주파수가 되므로 그림 2.6(a)와 같은 주파수 스펙트럼으로 표시할 수 있으므로 시간 파형 신호의 주파수 스펙트럼과 같은 특성을 보일 것이다. 푸리에 정리는 시간 파형 신호를 주파수 스펙트럼으로 변환하는 분광기 역할과 같다고 할 수 있다. 분리된 주파수 스펙트럼을 합성하면 원래의 빛을 얻을 수 있다.

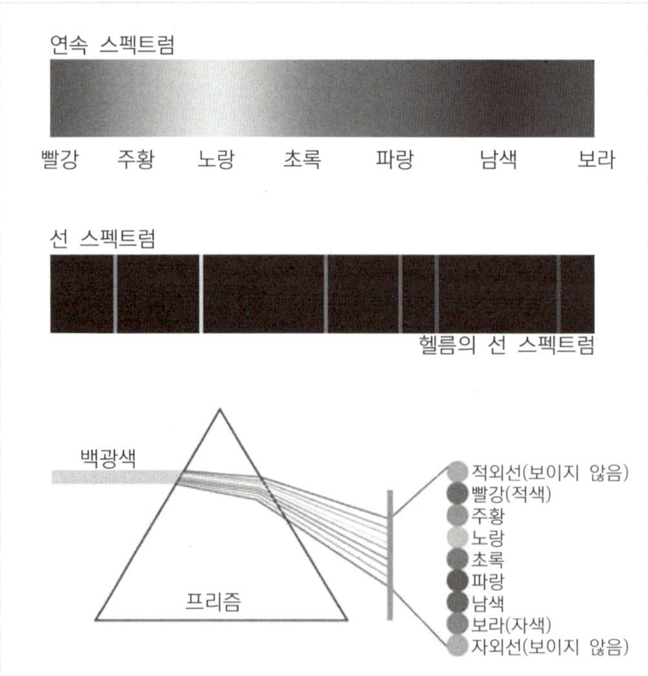

그림 2.10 빛의 스펙트럼

2.3.4 신호 대역폭

정보통신 시스템의 설계에 있어서 가장 중요한 요소가 대역폭이다. 최적의 성능과 품질을 제공하는 시스템 설계를 위해서는 신호 대역폭과 채널 대역폭 및 정보통신 시스템의 각종 장치의 대역폭들 간의 관계를 이해해야 한다. 대역폭들 간의 관계를 비교해석하면 "다양한 차종의 차량 폭은 서로 다르고 도로의 폭은 5m이다. 통과할 수 있는 차량은 5 m 이고 차량 운전자 자신은 차량 폭을 모른다. 차량을 통과하게 하는 통과 시스템을 설계한다."고 가정하면 신호 대역폭은 대상으로 하는 차종의 최대 폭이며 채널 대역폭은 도로 폭이고 장치 대역폭은 차량 진입 전에 차량 폭이 5m이상인 차량을 제한하는 장치의 폭이다. 따라서 통과하는 차량은 차량 최대 폭과 도로 폭의 상대적인 관계와 장치의 폭에 의해 결정된다.

신호 대역폭(bandwidth)이란 신호가 갖는 스펙트럼의 범위를 말한다. 즉 신호대역폭은 그 신호에 들어 있는 가장 높은 주파수와 가장 낮은 주파수의 차이로 계산된다. 예를 들어 최소 주파수 성분이 90 kHz이고 최대 주파수 성분이 100 kHz이면 대역폭은 10 kHz가 된다. 그러나 그림 2.8(a), ((b)와 같이 대역폭이 무한대가 될 수도 있다. 따라서 일반적으로 대역폭의 정의는 "대부분의 신호 에너지가 분포하는 주파수 범위"라는 기준으로 정하고 상한 주파수와 하한 주파수는 스펙트럼의 전력 기준으로 최대치의 1/2 크기를 갖는 주파수로 정의한다. 그림 2.11은 청감을 고려한 음성신호의 평균적인 신호 대역폭이다. 그림에서 보는 바와 같이 음성신호의 대역은 300 ~ 3,400 Hz이고, 일반적으로 음성통신 시스템에서는 음성신호 대역폭을 4 kHz로 설정한다. 음성 인식 장치에서는 대역폭을 4 kHz 이상으로 할 수도 있고 고품질의 음반 신호는 소프라노 음성이나 악기음 등이 있어 이보다 대역폭이 훨씬 더 넓어 15 kHz 정도가 된다. 신호 대역폭은 통신시스템의 전력소모, 전송 속도, 채널 다중화 및 시스템의 복잡도 등과 직접적으로 관계된다.

TV와 같은 동영상 정보에 대한 신호의 스펙트럼은 오디오 정보와는 달리 저주파 신호 성분이 많으면서 대역폭은 대략 4 MHz 정도이다. 여기에 현실감, 박진감, 입체감 등과

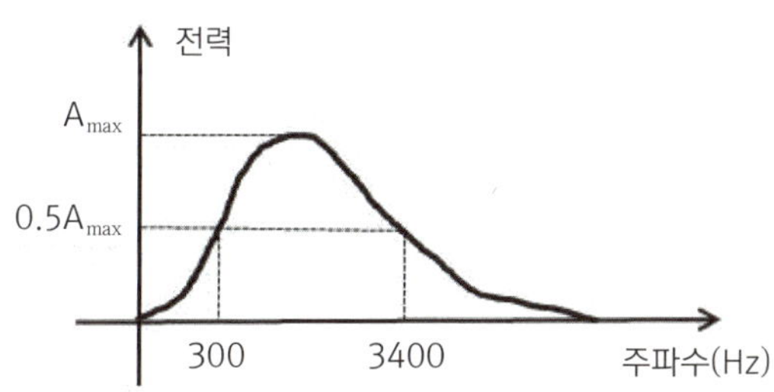

그림 2.11 음성신호의 대역폭

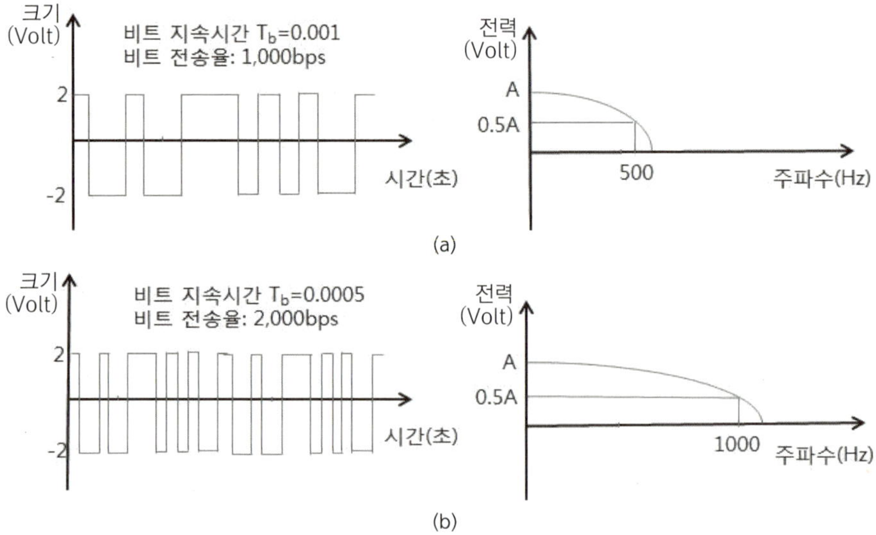

그림 2.12 디지털 정보의 전송속도와 신호 대역폭과의 관계

같이 인간의 정서적 정보까지 포함되는 고품위 TV의 신호는 대역폭이 30 MHz 정도이며, 감각기의 수용 능력 한계까지의 정보를 포함하면 1 GHz 정도의 대역폭을 갖는 것으로 알려져 있다.

아날로그 신호(물리적 현상)가 아닌 2.2.3절에서 소개한 디지털 정보가 물리적 크기로 변환된 신호의 대역폭은 디지털 정보의 전송 속도에 의해 결정된다. 그림 2.12는 ASC코드로 동일한 텍스트를 전송하는 경우의 신호의 대역폭과 전송속도와의 관계를 보인다. 그림에서 (a)와 (b)는 각각 1000 bps(bit per second)와 2000 bps로 영문자를 전송하는 신호의 시간 파형 및 크기 스펙트럼이다. 주파수 대역은 전송속도의 약 1/2이며 전송속도가 빠를수록 시간 파형 신호의 변화가 빨라 대역폭이 커진다.

2.3.5 신호 전송 속도

디지털 정보 신호의 전송 속도는 중요한 의미를 갖는다. 디지털 정보 신호가 발생되어 송신기를 통해 전송 매체로 전송되는 데 있어서 두 가지 전송속도가 있다. 하나는 변조 신호 속도로 정보의 단위 시간당(1초) 전송속도이며 다른 하나는 정보가 2진 데이터(비트)로 변환된 데이터(비트) 의 단위 시간당(1초) 전송속도이다.

1) 변조 신호 속도(정보 전송속도, 심벌율, 변조율)

변조 신호 속도(정보 전송속도)는 1초 동안에 정보를 전송하는 횟수로 정의한다. 전송회선 상에서 한 개의 변조 신호 상태가 지속되는 시간의 역수로서 단위는 보(baud)를 사용하고 변조율(modulation rate) 혹은 심벌율(symbol rate, symbol per second)이라고도 부른다. 하나의 변조 신호 상태가 지속되는 시간을 T라고 하면 변조 신호 속도 B는 다음 식과 같다.

$$B = \frac{1}{T}(\text{baud, sps}) \tag{2.3}$$

예를 들어 ASCII코드로 변환된 영어 텍스트를 고려하면, 영어 텍스트 한 글자가 0.02초에 전송된다면 변조 신호 속도는 B=1/0.02 = 50 baud 가 되고 1초에 50 글자를 전송한다는 의미이다.

2) 2진 데이터 전송 속도

2진 데이터 전송 속도는 비트율(bit rate) 혹은 데이터 율(data rate)을 말하며 1초 동안에 전송할 수 있는 비트 수로 정의한다. 단위는 bps(bit per second)를 사용한다. 위의 예에서 ASCII 코드의 경우 패리티 비트를 포함하면 한 글자는 8 bit이므로 한 개 비트 전송시간은 0.0025초(0.02/8)이고 데이터 전송 속도는 400 bps가 된다. 즉 2진 데이터 전송 속도는 변조 신호에 실려 전달되는 2진 비트 전송 속도를 말한다. 따라서 변조 신호가 하나의 비트를 나타내는 경우에는 변조 속도와 동일하지만, 하나의 변조 상태가 여러 비트를 나타내는 경우에는 변조 속도와 2진 데이터 전송 속도는 서로 달라진다. 비트 지속 시간을 T_b라 하고 수식으로 정리 하면 2진 데이터 전송 속도 D와 변조 신호 속도 B와의 관계는 다음 식과 같다.

$$D = \frac{1}{T_b} = \frac{1}{(T/\log_2 N)} = \frac{1}{T}\log_2 N = B\log_2 N \quad (\text{bps}) \tag{2.4}$$

여기서 N은 변조 신호 상태의 수이며, 하나의 변조 신호 상태는 $\log_2 N$개의 비트로 된다. 즉, 동일한 변조 신호 속도에서 몇 가지 상태로 변조하느냐에 따라 또는 하나의 변조 신호로 몇 개의 비트를 전송하느냐에 따라 2진 데이터 전송 속도는 달라진다.

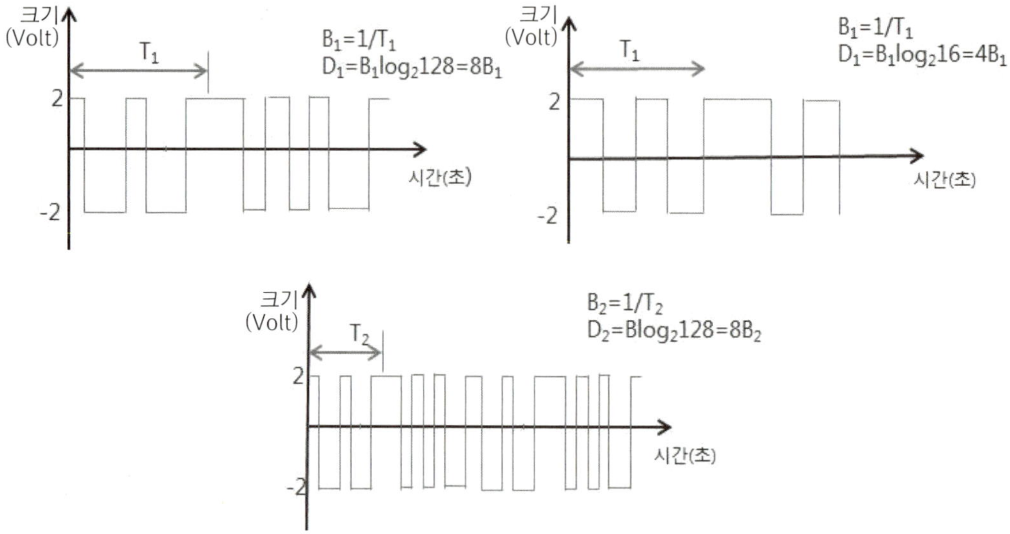

그림 2.13 변조 신호 상태 수에 따른 전송속도

그림 2.13은 변조 신호 속도(B), 변조 신호 상태 수(N) 및 데이터 전송 속도(D)와의 관계를 그림으로 해석한 결과이다. 변조신호 속도와 변조 신호 상태 수를 증가시키면 데이터 전송속도가 증가하지만 그림 2.12에서 보이는 바와 같이 신호 대역폭도 증가하므로 대역폭이 넓은 전송 매체가 요구된다.

다음절에서 설명하는 전송 매체의 대역폭에는 한계가 있으므로 펄스의 폭을 무한히 좁게 만들 수는 없다. 또한 변조상태의 수가 많아지면 일반적으로 신호 대 잡음비(SNR: Signal-to-Noise Ratio)가 나빠지며 보다 정밀한 수신기가 필요하므로 무한히 변조 상태의 수를 많이 할 수도 없다.

◆ 보충학습

비트율이 20 kbps인 디지털 통신 시스템에서 변조율이 5 kbaud라고 하면 몇 개의 비트가 하나의 심볼에 해당하며 변조된 심볼의 지속시간 및 변조상태수는 얼마인가?

2.4 채널

송신기와 수신기 사이의 물리적인 전송 통로를 전송 매체 혹은 채널이라고 하며 송신기의 정보 신호를 정확히 수신자에게 전달하기 위해서는 전송 매체의 채널 대역폭이 넓어야 하고 채널 잡음이 적어야한다. 채널 대역폭은 전송 거리에 따른 확산 손실과 주파수에 따른 흡수 손실에 의해 결정되며 채널 잡음은 열잡음, 누화잡음 및 충격잡음 등에 의해 결정된다. 이들의 특성에 대해서는 전공 과정에서 상세히 다룬다.

2.4.1 채널 대역폭

채널 대역폭은 전달할 수 있는 정보 신호의 가장 높은 주파수와 가장 낮은 주파수의 차이이다. 따라서 채널 대역폭이 좁을 때는 신호의 높은 주파수 성분들이 전송되지 못하므로 신호에 왜곡 현상이 생겨 전송 오류를 초래하게 된다. 전송 매체의 대역폭이 클 때는 신호를 잘 전송하지만, 좁을 때는 신호의 높은 주파수 성분들이 전송되지 못하므로 신호에 왜곡 현상이 생기거나 전송오류를 초래하게 된다. 동굴에서 음성 신호가 반향음으로 왜곡되어 잘 전달되지 못하는 이유도 동굴의 채널대역폭이 음성신호의 대역폭 보다 좁기 때문이다. 따라서 정확한 신호의 전송을 위해서는 신호의 대역과 전송 매체의 대역이 맞아야 할 뿐만 아니라, 전송 매체의 대역폭이 신호의 대역폭보다 더 커야 한다. 그림 2.14는 전송 매체 대역폭에 따른 신호의 왜곡 현상이다.

2.4.2 전송 매체의 종류

그림 2.15와 같이 전송 매체는 유선매체와 무선매체로 분류된다. 무선매체는 공간(전파), 공기/물(음파)를 이용한 전송 매체이며, 유선매체는 트위스트 페어, 동축케이블, 광케이블 등의 물리적인 전송선로가 존재하는 매체이다.

1) 무선 매체

무선매체를 이용한 무선통신시스템은 공간, 공기 혹은 물을 전송 매체로 하는 것으로 가장 대표적인 전파 통신 시스템은 송신부에서 정보 신호를 전자파에 실어서 전송

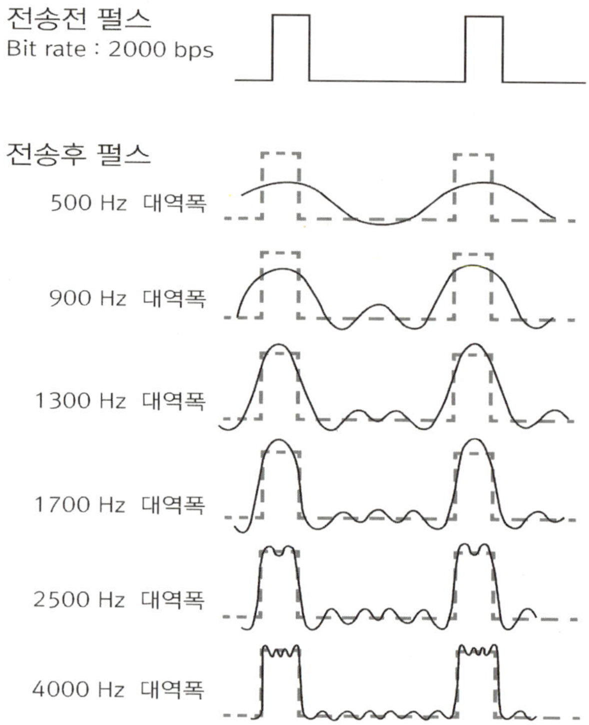

그림 2.14 전송 매체 대역폭에 따른 왜곡현상

하고, 수신부에서는 공간을 거쳐 전송되어온 전자파를 수신하여 원래의 신호를 검출하는 방식의 통신이다. 전자기 물리학의 초창기 실험가들은 무선 전신 장치를 만드는 것을 꿈꾸었다. 최초의 무선 전신 송신기들은 20세기 초 사용 가능하게 되었다. 그 후 진폭 변조, 즉 AM (amplitude modulation)기술로 음성이나 음악이 무선으로 전송 가능하게 되었고 GPS, 이동 통신 시스템, 무선 마우스, 양방향 라디오 등 다양한 전파 통신 시스템이 사용되고 있다.

표 2.3 은 전파의 주파수 대역이다. 표에서 보는 바와 같이 보는 바와 같이 수십 Hz에서 수백 GHz 까지의 주파수 범위가 ELF, VF, EHF 대역 등으로 통신 용도에 따라 구분되어 있다. 이는 전파의 특성에 따른 전파거리, 직진성 및 송신 안테나의 크기나 지향성을 결정하는 국제 규범의 주파수 대역이다. 이러한 주파수 범위를 구분하는 주파수 대역과 전송 채널의 대역폭은 다른 의미로 예를 들면 VHF 대역(30~300 MHz)에서 동작하는 통신시스템의 채널 대역폭은 5 kHz~5 MHz범위를 갖는다.

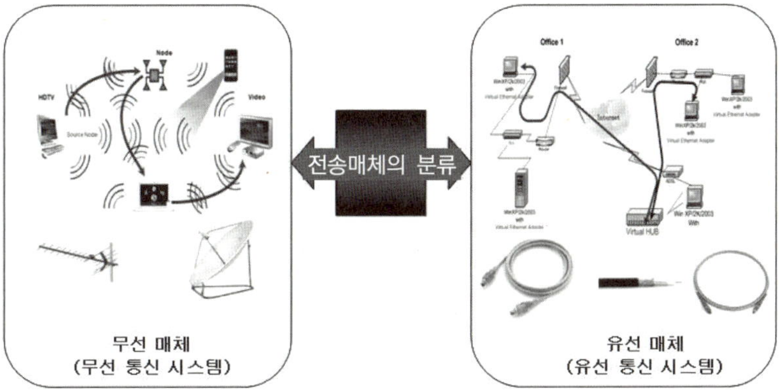

그림 2.15 전송 매체의 분류

표 2.3 전파의 주파수 대역

대역	주파수 범위	자유공간에서의 파장 범위	전파 특성	일반적 용도
ELF(extremely low frequency)	30~300 Hz	10,000~1000 km	GW(Ground Wave)	전력선 통신: 홈제어 시스템
VF(voice frequency)	300~3000 0Hz	1000~100 km	GW	아날로그 가입자 선로용 전화 시스템
VLF(vary low frequency)	3~30 KHz	100~10 km	GW: 주야간 낮은 감쇠: 높은 대기 잡음 레벨	장거리 항법: 해저통신
LF(low frequency)	30~300 KHz	10~1 km	GW: VLF보다 약간 낮은 신뢰도: 주간 흡수	장거리 항법: 해상통신 무선표지
MF(medium frequency)	300~3000 KHz	1000~100 m	GW, 야간 SW: 야간 낮은 감쇠, 주간 높은 감쇠: 대기 잡음	해상 전파: 방향탐지: AM 방송
HF(high frequency)	3~30 MHz	100~10 m	SW: 시간, 계절, 주파수에 따라 가변 품질	아마추어 전파: 국제 방송: 군통신: 장거리 항공 및 선박 통신
VHF(vary high frequency)	30~300 MHz	10~1 m	LOS(Line of Sight): 기온 역전으로 인한 분산: 우주 잡음	VHF TV: FM 방송 및 양방향 전파: AM 항공통신: 항공기 항법보조
UHF(ultra high frequency)	300~3000 MHz	100~10 cm	LOS: 우주 잡음	UHF TV: 셀룰러 통신: 레이더, 마이크로파 링크: 개인 통신 시스템
SHF (super high frequency)	3~30 GHz	10~1 cm	LOS: 10 GHz 이상에서 강우 감쇠: 산소와 수증기로 인한 대기 감쇠	위성 통신: 레이더: 지상 마이크로파 링크: 무선 가입자 선로(local loop)
EHF(extremely high frequency)	30~300 GHz	10~1 mm	LOS: 산소와 수증기로 인한 대기 감쇠	실험적: 무선 가입자 선로 (local loop)
적외선	300 GHz~ 400 THz	1 mm~770 nm	LOS	적외선 LAN: 가전응용
가시광선	400THz~900 THz	770 nm~330 nm	LOS	광통신

2.4 채널

표 2.3에서 보는 바와 같이 각각의 전파 통신 시스템은 사용목적과 효율성을 위해 사용가능한 주파수 범위가 존재하고, 국제전기 통신연합(ITU)의 국제전기통신협약 부속 전파규칙(RR)에서 주파수 범위를 규정하고 있다. 국내는 전파관리국이 주파수대 및 대역폭, 전파 형식, 최대 송신 전력, 용도 등 전파 규정 업무를 관장하고 있다.

2) 유선 매체

❖ 트위스트 페어(Twisted Pair Wire)

일반적으로 트위스트 페어는 그림 2.16과 같이 두 줄의 전선이 서로 꼬아져 있는 형태이며 여러 쌍의 전선이 하나의 다발로 묶여서 케이블을 형성한다. 이렇게 꼬인 이유는 인접한 반도체 및 전선, 모터, 릴레이, 변압기와 같은 다른 장치들로부터의 상호간섭을 감소시켜 전기적 잡음을 제거하기 위함이다. 다른 전송 매체에 비해 가격이 저렴하고 설치가 간편하지만, 전송거리와 속도에 한계가 있고 전기적 신호의 간섭이나 잡음에 민감하다. 신호의 감쇠로 인해 장거리 디지털 정보 신호 전송을 위해서는 약 2~3 km 간격으로 중계기가 필요하며 아날로그 전송을 위해서는 약 5~6 km의 간격으로 증폭기가 필요하다. 트위스트 페어 케이블의 종류로는 UTP(Unshielded Twisted Pair)와 STP(Shielded Twisted Pair)가 있다. UTP는 하나의 외부 피복에 4쌍의 전선을 엮어 놓은 것으로 이더넷(Etherent)형 LAN이나 전화선에서 많이 사용되며, STP는 하나의 외부 피복에 각 쌍들마다 은박지로 싼 형태로서 간섭 신호의 효과를 감소시킬 수 있으며 토큰링(Token Ring)형의 LAN에 많이 사용된다. 트위스트 페어의 대역폭은 전선의 굵어지면 넓어지나 일반적으로 0~4 KHz이다.

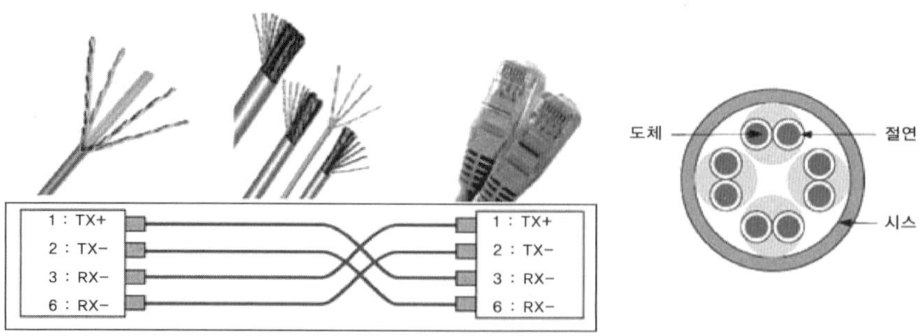

그림 2.16 트위스트 페어(Twisted Pair Wire)

❖ 동축 케이블

동축 케이블은 그림 2.17과 같이 외부의 전류로부터 중앙 전도체를 보호하기 위해 그물 모양의 구리 망이 둘러싸고 있다. 이더넷(ethernet) 표준에는 모두 동축 케이블이 포함되어 있으나 이들은 서로 다른 형식의 케이블을 요구하고 있다.

동축 케이블은 근거리 통신 네트워크(LAN), 원거리 전화네트워크, 케이블 TV 등 여러 용도의 전송 매체로서 사용된다.

동축 케이블은 구조적 특성으로 인해 외부 전자파에 대한 차폐성이 좋고, 간섭 현상이 적다. 트위스트 페어보다 뛰어난 주파수 특성으로 인하여 고속 데이터 전송이 가능하다. 트위스트페어와 비교하여 대용량 매체로서 많은 데이터를 한 번에 전송할 수 있으며, 주파수에 따른 신호의 감쇠나 전송 지연의 변화가 작은 것이 장점이다. 아날로그 전송을 위해서는 수 km마다 증폭기가 필요하며 디지털 전송을 위해서는 약 1 km마다 중계기가 필요하다. 종류로는 직경이 9.5 mm로 다중화 방식에 많이 사용되는 표준 동축케이블과 직경이 4.4 mm로 장거리 광대역 전송용으로 많이 사용되며 경제성이 매우 높은 세심 동축케이블이 있다. 직경이 커지면 대역폭이 넓어지나 일반적으로 대역폭은 0~500 MHz이다.

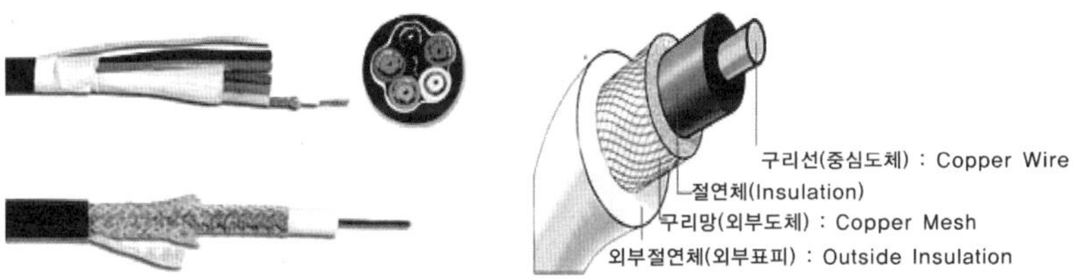

그림 2.17 동축 케이블

❖ 광섬유

빛 신호를 전달하는 전송 매체인 광섬유는 굴절률이 높은 중심부인 코어(core)를 굴절률이 낮은 클래딩(cladding)이 둘러싸고 있는 구조이다. 코어 속으로 주입된 빛은 코어와 클래딩 사이의 경계면에서 내부 전반사를 겪기 때문에 밖으로 새 나가지 않고 광섬유를 따라 계속 진행할 수 있다. 광섬유 케이블은 그림 2.18과 같이 빛을 전송하는 광섬유와 광섬유를 보호하기 위한 여러 겹의 코팅과 보강재들로 이루어져 있다. 각 광섬유 심선은 한쪽 방향으로만 신호를 전달하므로 하나의 케이블은 분리된 피복 안에 2개의 심선을 가지고 있다. 광섬유는 수 GHz 이상의 높은 대역폭을 가지므로 고속의 데이터 전송이 가능하고, 전자기 간섭으로부터 자유롭다. 신호의 감쇠가 적기 때문에 빛의 펄스는 힘을 잃지 않고 수 킬로미터를 갈 수 있다. 따라서 데이터를 먼 거리로 보낼 때 다른 전송 매체보다 상대적으로 리피터 간격이 넓다. 또한 다른 매체에 비해 부피가 작고 및 가볍다. 사용된 유리의 순도가 높을수록 데이터 손실이 줄어들지만 가격이 비싸며 설치 시 고도의 기술이 요구되는 단점도 있다.

광섬유는 인터넷의 백본(Backbone)을 연결하는데 많이 사용되고 있으며 근거리 및 원거리 통신네트워크를 비롯한 다양한 분야에 이용된다. 광섬유의 종류로는 크게 단일 모드 광섬유와 다중모드 광섬유로 나눌 수 있다. 단일모드 광섬유는 광섬유 내부에서 진행할 수 있는 빛의 경로가 1가지만 있는 광섬유로서, 코어의 직경이 매우 좁아 대단히 정밀한 조작이 요구되지만, 대역폭이 매우 넓기 때문에 대부분의 장거리 및 초고속 통신네트워크에 사용된다. 다중모드 광섬유는 광섬유 내부에서 진행할 수 있는 빛의 경로가 여러 가지인 광섬유이다. 여러 모드들 간의 진행속도 차이로 인한 대역폭 제약이 있지만, 코어 직경이 단일모드 광섬유에 비해 크기 때문에 조작이 비교적 용이하고 저렴하다. 주로 단거리 통신 네트워크에 사용된다. 광섬유의 대역폭 역시 광섬유 직경에 비례하고 최대주파는 180~370 THz까지 이다.

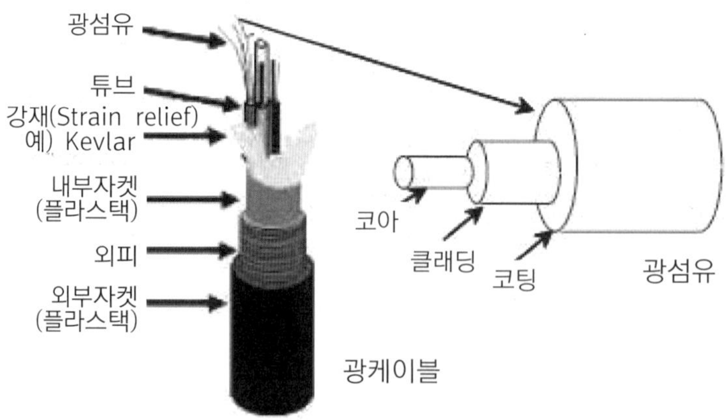

그림 2.18 광섬유와 케이블

2.5 정보통신 전송 기술

2.1.1절에서 기술한 바와 같이 신호를 수신자나 채널의 특성에 알맞게 변형하여 수신자가 잘 인식 할 수 있도록 하는 좁은 의미의 전송 기술은 변복조기술, 부호화/복호화 기술 및 다중화 기술 등이며 이에 부가하여 넓은 의미의 전송기술은 네트워크 기술(컴퓨터 네트워크, 교환 네트워크, 인터넷 프로토콜), 정보통신 보안기술 및 미래 정보통신기술(첨단 이동통신, 클라우드 컴퓨팅, 빅 데이터, 사물 인터넷) 등이다. 본 절에서는 채널 특성과 관계되는 좁은 의미의 전송 기술 중에서 변복조와 다중화 기술에 대해 알아본다.

2.5.1 변복조

변조(modulation)란 보내고자 하는 정보 신호의 특징이 반송파(carrier)의 진폭, 주파수 또는 위상에 나타나도록 하는 것을 뜻하며 이러한 신호를 변조 신호(modulated signal) 혹은 변조파라 하고 변조파를 전송 매체로 송신한다. 복조(demodulation)란 수신한 변조파로부터 정보 신호를 추출하는 변조의 역과정이다. 변조와 복조를 통칭하여 변복조(modem)라 한다. 이러한 과정은 그림 2.19와 같이 소포를 목적지까지 포장하여 보내는 작업과 유사하다. 일반적으로 소포(정보)를 보내기 위해서는 사용하고자 하는 운송 수단(반송파)에 맞추어 포장해야 한다. 이때의 포장 작업을 바로 신호의 변조라 생각할 수 있다.

일반적인 AM라디오 방송에서 사용되는 변조방식은 AM방식이다. 그림 2.20과 같이 음성정보를 변환기(마이크)에 입력하면 음성정보 신호가 발생되고 이 음성신호는 발진기에

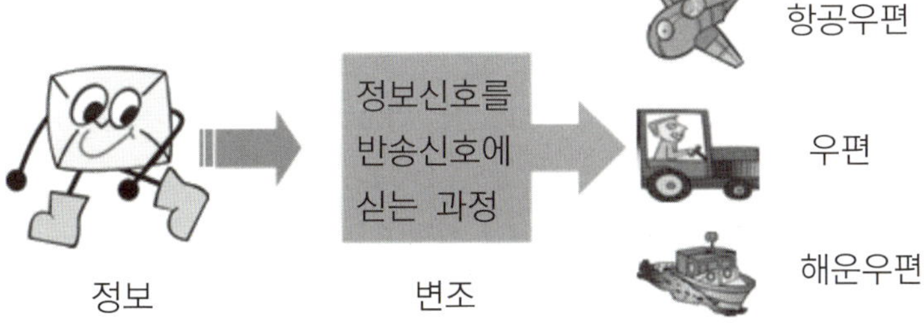

그림 2.19 우편을 통한 변조과정의 예

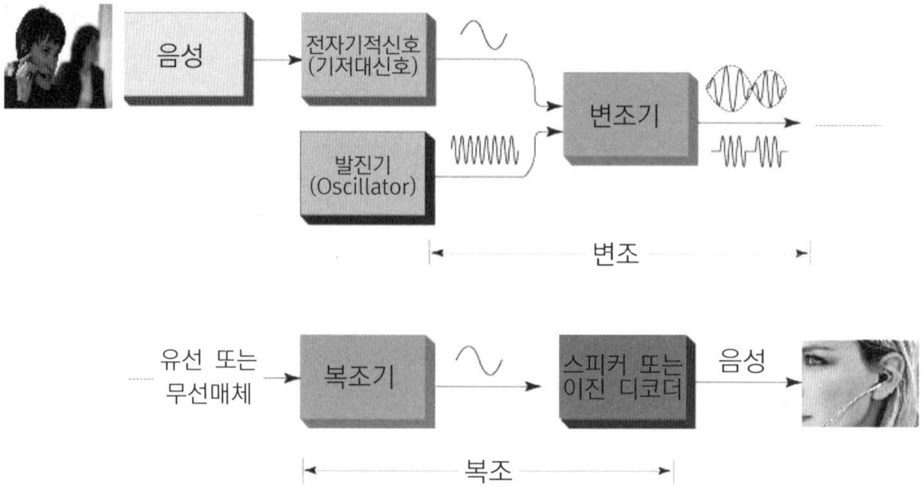

그림 2.20 정보 신호에 대한 변조과정 (AM라디오)

서 발생한 반송파로 변조되어 안테나를 통해 출력된다. 공간으로 전파된 변조 신호는 수신 안테나로 수신되고 복조기에 의해 원래 음성정보 신호가 추출되어 스피커를 통해 음성정보를 청취하게 된다. 즉 라디오 방송 진행자의 목소리는 각 방송국의 반송파 신호를 통해 변조되어 전파되고, 청취자의 경우 라디오 방송을 듣기 위해 라디오의 채널을 선택하게 되는데, 이때 청취하고자 하는 방송의 반송파를 선택하게 되고 스피커를 통해 라디오 방송을 듣게 되는 것이다.

1) 변조를 왜 하는가?

통신 시스템에서 변조의 근본적인 목적은 주어진 전송 매체를 통하여 정보 신호를 적절하게 보내기 위하여 전송 매체의 특성과 수신자의 특성에 맞게 정보 신호를 변형하는 것이다 신호를 변조하는 이유와 장점 및 응용 분야는 다음과 같다.

❖ 송신기의 성능 최적화

전기적 신호를 송신하기 위해서는 안테나 등의 송신기의 성능을 고려해야 한다. 전파 통신의 경우 최적 안테나의 크기는 파장의 1/2 ~ 1/4 정도이다. 그림 2.21은 4 kHz의 음성신호를 전파 신호로 변환하여 전송하는 경우와 이 신호를 반송

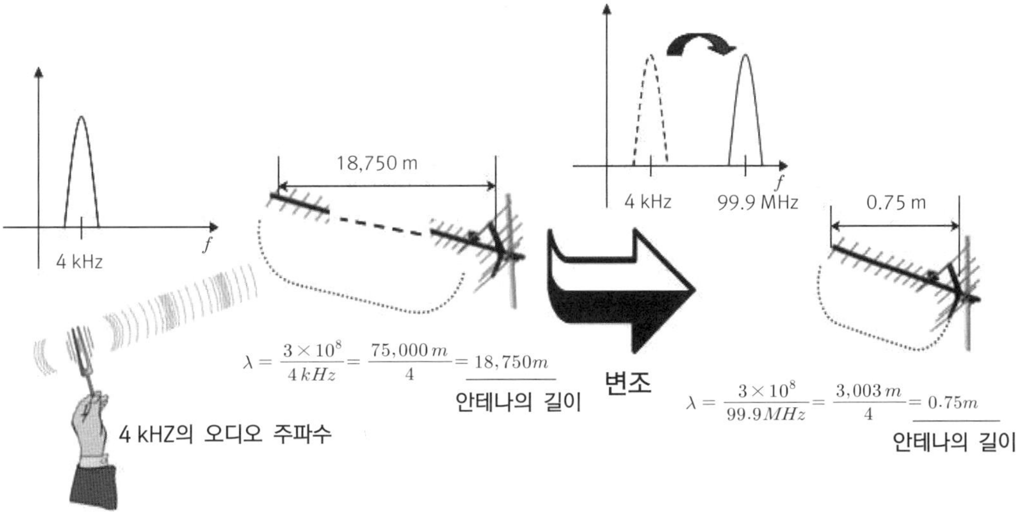

그림 2.21 음정정보 신호와 변조 신호의 주파수에 따른 안테나 길이

파 99.9 MHz로 변조하여 변조신호를 전송하는 경우의 안테나 길이를 분석한 결과로 변조의 필요성을 보인다. 즉, 4 kHz 전파신호의 경우 안테나 길이는 18,750 m로 비현실적이며 99.9 MHz의 반송파로 변조하면 안테나의 길이는 0.75 m로 줄어들게 된다.

❖ 전송 매체와 통신시스템 장치들의 주파수 특성 최적화

통신 시스템의 성능은 표 2.3에서 보는 바와 같이 구성 장치들의 주파수 특성에 좌우된다. 따라서 통신시스템의 요구 성능을 만족하기 위해서는 전송 매체와 시스템이 요구하는 주파수 대역으로 정보 신호가 변조되어야 한다.

❖ 잡음 및 간섭 억제

시스템에서 잡음과 간섭을 완전히 없애는 것은 불가능하지만 변조로서 그 영향을 억제할 수 있다. 예를 들어 FM 변조를 하면 잡음에 강하고 간섭의 영향을 적게 받는 특성이 있다.

❖ 주파수 할당과 채널 다중화

라디오나 TV 수상기를 가진 사람들은 모든 방송국이 동일한 전송 매체로 같은 프로그램을 방송할지라도 여러 방송국 중 하나를 선택한다. 특정 방송국의 선택이 가능한데, 이유는 각 방송국이 서로 다르게 할당된 반송주파수로 변조된 신호를 전송하기 때문이다. 즉 동일한 전송매체가 여러 채널로 다중화 되어 있기 때문이다. 두 개 이상의 방송국이 동일한 전송 매체를 통해 같은 주파수 범위의 변조 신호를 송신하면 간섭에 의해 원하는 방송을 수신할 수 없게 된다.

2) 변조 방식

아날로그 정보와 디지털 정보에 따른 대표적인 변조 방식은 표 2.4와 같이 4가지로 분류할 수 있다. 표에서 보는 바와 같이 아날로그 연속파 변조와 디지털 연속파 변조는 각각 아날로그 정보(음성 등)와 디지털 정보(ASCII 코드 등)를 반송신호를 이용하여 변조하는 것이 고 아날로그 펄스파 및 디지털 펄스파 변조는 아날로그 정보를 주기적으로 샘플링하여 샘플링 값의 크기를 방형 펄스 진폭이나 코드로 변환하는 변조 방식이다.

첫 번째의 아날로그 연속파 변조는 AM 혹은 FM 방송에 적용하는 방식으로 아날로그 방송 통신 시스템의 전형적인 변조방식이며 두 번째와 네 번째 방식이 오늘날의 컴퓨터를 이용하여 텍스트나 아날로그 정보를 전송하는데 적용하는 변조 방식이다.

표 2.4 변조 방식

변조 방식	정보	반송 신호	변조 신호	변조방식
아날로그 연속파 변조	아날로그 예) 음성, 오디오	정현파	반송파의 진폭 변화	진폭 변조(AM)
			반송파의 주파수 변화	주파수 변조(FM)
			반송파의 위상변화	위상 변조(PM)
디지털 연속파 변조	디지털 예) ASCII 코드	정현파 펄스	정현파 펄스 진폭 변화	진폭 변이 키잉(ASK)
			정현파 펄스 주파수 변화	주파수 변이 키잉(FSK)
			정현파 펄스 위상 변화	위상 변이 키잉(PSK)
아날로그 펄스파 변조	아날로그 신호 샘플 예) 음성, 영상	방형 펄스	방형 펄스 진폭 변화	펄스 진폭 변조(PAM)
디지털 펄스파 변조	아날로그 신호 샘플 예) 음성, 영상	방형 펄스	각 샘플 값 코드 변화	펄스 코드 변조(PCM)

3) 아날로그 연속파 변조

아날로그 연속파 변조는 반송파의 형태가 연속적 신호, 즉 고주파수의 삼각함수파(사인파, 코사인파)이고, 반송파에 실리는 정보 신호가 아날로그 형태를 가질 때를 말한다. 변조파를 수식으로 표현하면 식 (2.5)과 같다.

$$x_c(t) = A(t)\cos(2\pi f_c t + \phi(t)) \tag{2.5}$$

여기서, $A(t)$는 반송파의 진폭, f_c는 반송파의 주파수,$\phi(t)$는 반송파의 위상을 나타낸다.

❖ 진폭 변조 (AM: Amplitude Modulation)

진폭 변조(amplitude modulation)는 흔히 AM 변조라고 하고, 이 변조 방식을 이용한 라디오 방송을 AM 방송이라고 하며, 우리에게 가장 친숙한 변조 방식이다. 정보 신호를 $x(t)$, 전송해주는 반송파(carrier) 신호를 $x_c(t)$ 라고 하면, 진폭 변조된 신호는 식 (2.5)에서 반송파 신호의 위상 $\phi(t) = \phi_o$로 일정하게 두고 진폭 $A(t) = x(t)$로 하여 진폭을 정보 신호에 따라 변화하도록 만드는 방식이다.

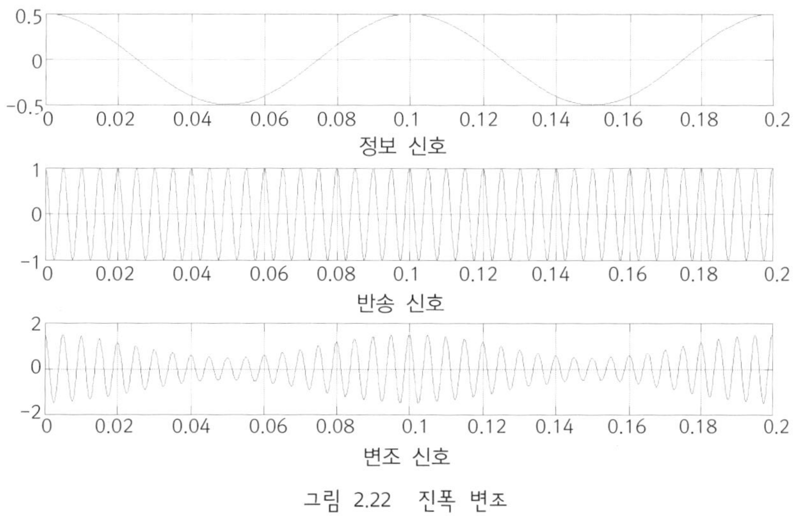

그림 2.22 진폭 변조

이를 선형 변조(linear modulation)라고도 한다. 진폭 변조 방식에는 AM(Amplitude Modulation), DSB(Double-Sideband Modulation), SSB(Single-Sideband Modulation), VSB(Vestigial-Sideband Modulation) 등의 4가지가 있다. 그 중에서 라디오 방송에 이용되는 AM 변조 방식은 그림 2.22와 같다. 그림에서 보는 바와 같이 변조 신호의 진폭 변화가 정보신호의 진폭에 따라 변한다. 오디오 정보 신호 $x(t)$가 입력되면, 반송파의 진폭 $A(t)$가 $x(t)$로 변환되어 변조되는 방식이다. AM 변조 방식은 비교적 간단하지만, 잡음에 약한 특성이 있다. AM 변조된 신호의 대역폭은 정보 신호 대역폭 W의 2배로 된다.

❖ 주파수 변조 (FM: Frequency Modulation)

주파수 변조 방식은 반송파의 주파수를 정보 신호 $x(t)$에 비례하도록 변화시키는 방식이다. 위상각의 미분이 주파수에 해당하므로, 식 (2.5)에서 반송파의 진폭 $A(t)=A_o$로 일정하게 두고, 위상 $\phi(t)$의 미분을 정보 신호에 비례하도록 변화시키는 방식이다.

FM 신호의 대역폭은 AM 변조 때와는 달리 정보 신호 $x(t)$ 진폭에 따라 주파수의 변화 Δf가 생긴다. 라디오 방송에 이용되는 FM 변조 방식은 그림 2.23과 같다. 그림에서 보는 바와 같이 반송 신호의 주파수가 정보 신호의 진폭에 따라 변한다. FM 신호의 스펙트럼은 주파수가 -∞에서 +∞의 전 구간에 걸쳐 있다. 그 중에서 무시할 수 없는 스펙트럼의 크기를 갖는 구간까지의 범위를 선택하여 전송 대역폭으로 설정한다. 일반적으로 FM 신호의 근사적인 전송 대역폭은 $2(f_\Delta + W)$ 또는 $2(f_\Delta + 2W)$의 범위를 이용하고 있다. 여기서 f_Δ는 $\phi(t)$의 미분과 정보 신호의 비례 계수이다. AM 변조 방식보다 대역폭은 매우 커지지만, 음질이 우수하여 고품질의 음악방송용으로 이용되고 있다. 음질에 서 FM 방송이 AM보다 좋은 이유는 방송에 사용하는 정보 신호의 대역폭이 FM 방송의 경우, 사람의 가청 주파수 범위를 모두 포함하기 때문이며, 오케스트라의 연주 방송도 원음에 가깝게 표현할 수 있게 된다. 정보 신호 대역폭 W를 기준으로 비교하더라도 FM 방송의 경우는 f_Δ가 W의 5배가 되므로 전송 대역폭이 AM 방송에 비해 6배 이상의 대역폭을 차지한다. 대역폭이 넓어지는 만큼 잡음에 대한 영향이 줄어들게 되어 FM 방송이 AM 방송에 비하여 방송 품질이 우수하게 되는 이유이다.

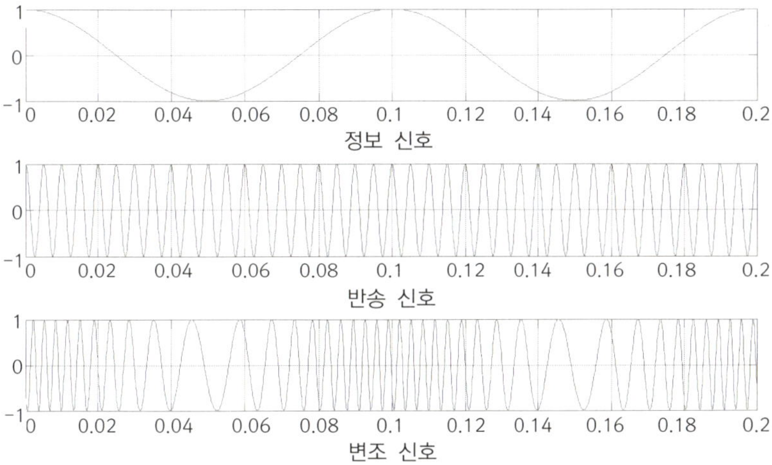

그림 2.23 주파수 변조

❖ 위상 변조 (PM: Phase Modulation)

위상 변조 방식은 식 (2.5)에서 $\phi(t)$ 를 정보 신호 $x(t)$에 직접 비례하도록 변화시키고 진폭은 일정하게 유지하는 변조 방식이다. 즉, $\phi(t) = \phi_{\Delta} x(t)$로 표시할 수 있다. 여기서 ϕ_{Δ}는 상수로서 위상 변조도이다. PM은 정보 신호의 크기에 따라 위상이 비례하는데, 위상을 미분하면 주파수가 되므로 결국 정보 신호의 미분 값(기울기)에 비례하여 주파수가 변화하게 된다. 신호 파형은 그림 2.23과 유사하고 위상변조 방식도 FM 방식과 비슷하게 대역폭이 매우 크고 잡음의 영향이 매우 작지만, 수신 장치의 비용이 높아 상업적으로는 이용되지 않는다.

표 2.5는 AM과 FM의 정보 신호, 변조 신호 및 방송 채널 주파수 대역을 요약한 내용이다.

표 2.5 AM과 FM의 정보 신호, 변조 신호 및 방송 채널의 각 주파수 대역

	AM 방송	FM 방송
정보 신호 대역폭(W)	4 KHz	15 KHz
변조 신호 대역폭(BT)	8 kHz(2W)	180 kHz[$2(f_{\Delta} + W)$] ※방송 규정상 $f_{\Delta} = 75$ kHz
방송 채널 주파수 대역	10 KHz	200 KHz

4) 디지털 연속파 변조

디지털 연속파 변조 방식은 반송파의 형태가 연속적 신호, 즉 고주파수의 정현파(사인파, 코사인파)이고, 반송파에 실리는 정보 신호가 디지털 형태를 가질 때를 말한다. 아날로그 변조에서 사용한 진폭 변조, 주파수 변조 및 위상 변조 방식을 기본으로 하여 많은 변형된 방식들이 있다. 기본적인 디지털 변조 방식으로는 진폭편이 변조(ASK: Amplitude Shift Keying), 주파수편이 변조 (FSK: Frequency Shift Keying), 위상편이 변조(PSK: Phase Shift Keying)가 있다. 이 3가지 변조 방식을 기본으로 하여 변형한 각종 변조 방식들이 있다.

❖ 진폭 편이 변조

진폭 편이 변조 방식은 디지털신호의 0과 1의 값에 따라 반송파의 진폭을 변화시키는 방식으로"0"과 "1"의 신호에 따라 미리 약속된 2가지 진폭의 정현파를 수신부에 전송하고, 수신부에서는 약속된 원래의"0"또는"1"로 복원시켜주는 2비트 전송방식이다. 그림 2.24는 ASK방식의 변조 신호를 보여주고 있고 디지털 정보가 0일 때 정현파 펄스 진폭을 0, 1 일 때 진폭을 A로 변조한 것이다. ASK 방식은 동기검파 시 정합 여파기를 사용하며, 대역폭은 변조 과정에서 두 배가 되므로 대역폭 효율이 1 bps/Hz이다. 구현은 간단하나 오류 확률이 높아 저속의 디지털 신호 전송(1200 bps급)에 사용된다.

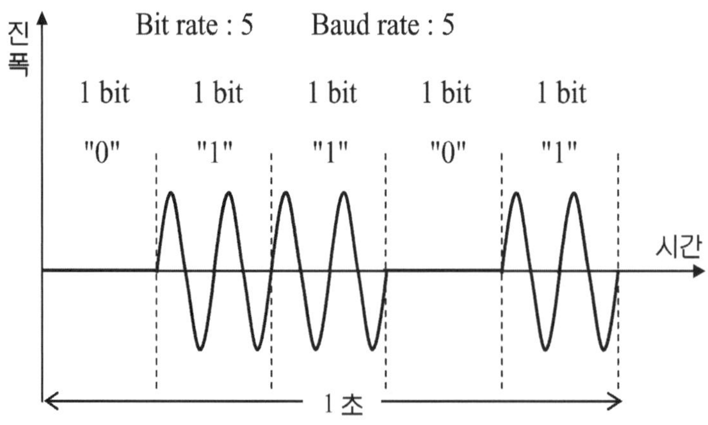

그림 2.24 진폭 편이 변조

❖ 주파수 편이 변조

주파수 편이 변조방식은 디지털 신호의 0과 1의 값에 따라 반송파의 주파수를 달리하는 방식으로 변조파형은 그림 2.25와 같이 디지털 정보 0과 1이 서로 다른 2가지 주파수로 변조된다. FSK 방식은 FM처럼 ASK 방식에 비해 잡음에 강하고 비교적 간단하지만, 대역폭 효율이 떨어져 고속 전송에는 적합하지 못하다.

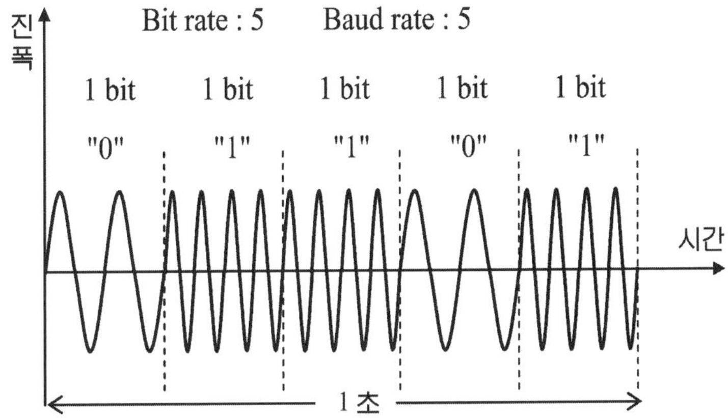

그림 2.25 주파수 편이 변조

❖ 위상편이 변조

위상편이 변조방식은 반송파로 사용하는 정현파의 위상에 데이터를 싣는 방식으로, 일정주파수, 일정진폭의 반송파 위상을 2등분(180° 위상차)하여 각각 다른 위상에 디지털 정보 0 또는 1을 할당하는 방식으로서 그림 2.26과 같다. 반송파의 위상만을 변화시키므로, 비교적 간단하고 ASK나 FSK 방식보다 우수하여 선호되지만, 효율이 낮아 PSK를 개량한 QPSK나 QAM 등의 방식이 주로 이용된다. QPSK는 위상을 4등분 (90° 위상차)하는 방식으로서 한번 변조하여 2비트를 전송할 수 있는 장점이 있고, 16-QAM은 위상을 12등분(30° 위상차)하고 진폭을 4가지로 변조하여 총 16가지로 변조하는 혼합 방식으로서, 한 번 변조하여 4비트를 전송할 수 있기에 더 효율적이다. (2.3.5절의 변조 신호 속도(B), 변조 상태 수(N) 및 데이터 전송 속도(D)와의 관계를 해석한 내용이다.)

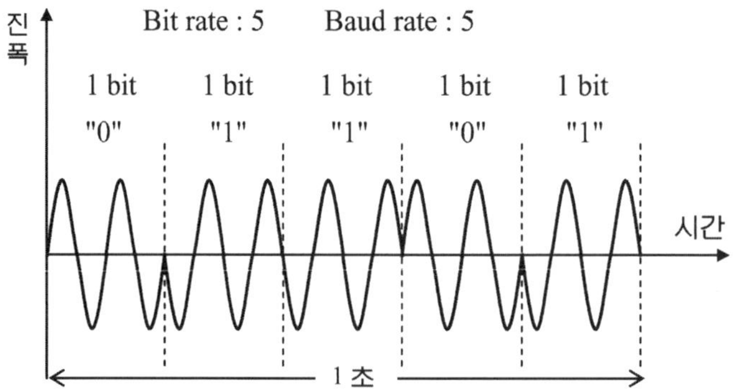

그림 2.26 위상편이 변조

5) 아날로그 펄스파 변조

아날로그 펄스파 변조는 음성이나 영상 정보를 일정한 주기로 샘플(표본화)하여 정보의 각 샘플 값에 비례하는 크기의 방형 펄스를 전송하는 변조 방식이다. 이때 샘플 주기는 샘플링 이론(표본화 이론)에 따라야 수신부에서 원래의 아날로그 정보를 얻을 수 있다. 먼저 샘플링 이론을 살펴보자.

❖ 샘플링 이론

"연속적으로 변화하는 아날로그 정보를 일정 간격마다 샘플링하여 얻은 샘플링 신호를 원래의 정보 신호로 정확하게 다시 복원할 수 있다"는 것이 샘플링 이론(sampling theory)이다. 여기서 샘플링 주파수는 다음의 식(2.6)을 만족해야만 한다.

$$f_s \geq 2f_m \tag{2.6}$$

여기서 f_m은 아날로그 정보 신호에 들어있는 가장 높은 주파수 성분으로 샘플링 주파수는 정보 신호가 갖는 최대 주파수 f_m의 2배 이상이 되어야 한다는 뜻이다. 샘플링 이론에 근거한 적절한 샘플링과 부적절한 샘플링은 그림 2.27과 같으며 그림에서 보는 바와 같이 그림 2.27(a)는 샘플링 이론에 근거하여 샘플링 주파수가 신호 주파수의 4배로 샘플링한 경우로 샘플링 점을 연결할 경우 원래의 신호 형태와 같음을 알 수 있고 그림 2.27(b)의 경우 샘플링 주파수가 신호 주파수의

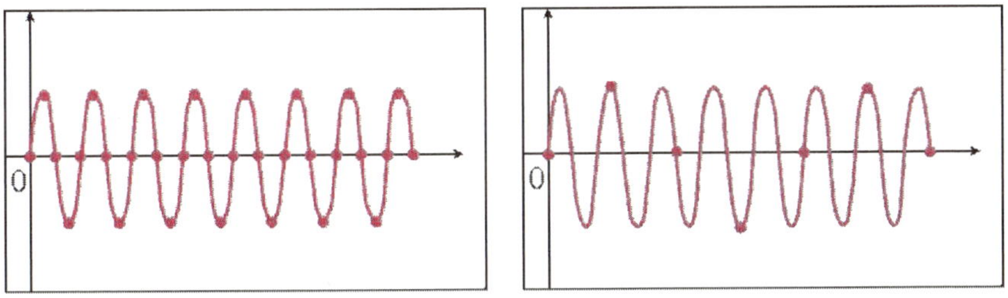

(a) 적절한 샘플링　　　　(b) 부적절한 샘플링

그림 2.27　샘플링 이론

0.8배로 샘플링 된 점들을 연결할 경우 원래의 정보 신호 형태와 다른 형태의 신호로 보임을 알 수 있다.

◆ 보충 학습

에일리어싱(aliasing): 아날로그 신호가 샘플링 이론에 맞지 않게 샘플되어 복구 신호가 왜곡되는 현상. 영화에서 전진하는 마차 바퀴가 정지한 것처럼 보이거나 헬리콥터 로터가 정지한 것처럼 보이거나 역회전 하는 것처럼 보이는 것도 에일리어싱이다.

1/30초 주기로 마차 바퀴를 촬영하고 마차 바퀴가 1/30초에 한 바퀴 회전한다면 마차 바퀴가 촬영되는 위치는 항상 동일하므로 정지한 것처럼 보인다.

아날로그 정보의 샘플링 주파수를 임의로 크게 할 수는 없으므로 샘플링하기 전에 아날로그 정보 신호의 최대주파수 범위를 제한하는 필터를 anti-aliasing filter 라 한다.

❖ 펄스파 변조

아날로그 펄스파 변조 방식은 3가지로 분류할 수 있다. 샘플링 이론에 따라 정보 신호를 샘플링한 값을 그대로 펄스의 크기로 표현한 변조를 펄스 진폭 변조(pulse amplitude modulation: PAM)이라 하고, 샘플링한 값을 펄스의 폭에 대응하여 표현한 변조를 펄스 폭 변조 (pulse duration modulation: PDM 또는 pulse width modulation: PWM)라 하며, 펄스의 위치를 변조한 펄스 위치 변조(pulse position modulation: PPM)이라 하며, 그림 2.28은 PAM변조이다.

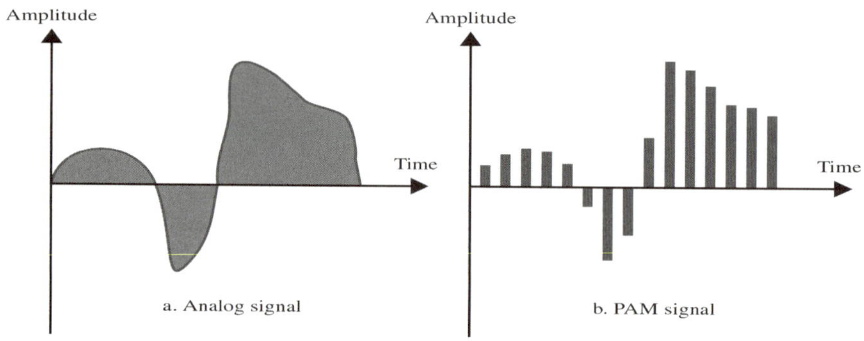

그림 2.28 아날로그 펄스 PAM변조

6) 디지털 펄스파 변조

디지털 펄스 변조 방식은 아날로그 펄스파 변조와 같이 아날로그 정보 신호를 샘플링 이론에 따라 샘플한 후에 각 샘플 값을 8비트 혹은 16비트 등의 코드로 변환하여 방형 펄스로 전송하는 변조 방식이다. 대표적인 방식으로 펄스 부호 변조(PCM: Pulse Code Modulation)와 델타 변조(DM: Delta Modulation)를 들 수 있다. 이 2가지 중에서 가장 널리 사용되는 PCM을 예로 변조의 각 단계를 알아보자.

❖ 펄스부호변조(Pulse code modulation)

PCM은 표본화, 양자화, 부호화 등의 3단계를 통해 아날로그 신호를 디지털 신호로 변환하게 되며, 그림 2.29는 PCM과정의 전체 과정을 보여주고 있다. 먼저 샘플링 단계에서는 샘플링 이론에 따라 아날로그 정보 신호에 들어있는 가장 높은 주파수 성분보다 2배 이상의 속도로 샘플링하여 각 샘플링 점의 정보 신호 크기를 추출한다. 만일 전송하고자 하는 음성 정보가 4 KHz 이내의 주파수로 제한되어 있다면, 샘플링 이론에 따라 초당 8000개(샘플링 주파수 8000 Hz)로 샘플 된다.

PCM의 2번째 과정인 양자화 단계에서는 추출된 샘플링 값들을 미리 정해진 양자화 수준에 따라 근사화하는 과정이다. 측정된 샘플링 값 자체는 그 값들의 크기가 연속이므로 모든 값들을 그대로 2진 디지털 정보로 변환할 수 없다. 따라서 디지털 정보로 표현하고자 하는 크기 값들의 구간 수 즉 양자화 수준의 가지 수를 제한하여 샘플링 값과 가장 가까운 양자화 수준으로 근사시킨다. 이러한 과정에서는 실제로 측정된 샘플 값과 양자화 된 값 사이에 오차가 발생하는데, 이러한 오차를 양자화 오차라고 한다. 양자화 수준의 가지 수를 많게 할수록 양자화 오차를 줄일 수 있다.

3번째 과정은 부호화이다. ASCII 코드 생성에서 영문자의 가지수가 128일 때 7비트로 코드화한다. 여기서는 샘플 값의 구간 수가 가지수가 되며 예를 들어 아날로그 정보의 양의 값을 128, 음의 값을 128 구간으로 하면 각 샘플 값은 8비트로 부호화된다. 즉 2진 부호의 비트 수는 양자화 수준의 가지수에 따라 정해진다. 그림 2.29에서는 3비트 부호로 표현되었다. 이렇게 부호화 과정까지 수행되면 0과 1의 2가지의 크기 값만을 갖는 디지털 펄스 형태의 신호가 얻어지며, 이것이 펄스 반송파에 실려있는 디지털 정보 신호 즉 PCM 신호이다.

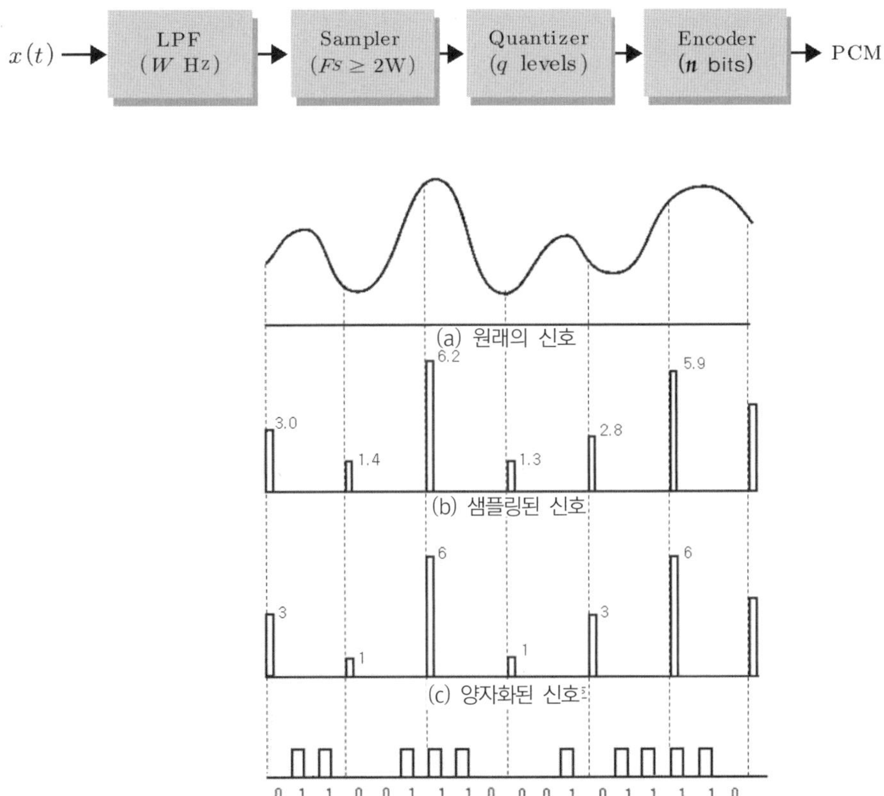

그림 2.29 PCM 과정

2.5.2 채널 다중화

하나의 전송 매체(회선)를 다수의 송수신자가 공유하거나 하나의 전송 매체에 다수의 정보(음성, 영상, 텍스터 등)를 전송하는 경우 상호 간섭을 야기하지 않고 통신이 가능하도록 하는 기술이 채널 다중화 기술이다. 그림 2.30은 대표적인 채널 다중화 방식으로 하나의 회선을 다수의 주파수 대역으로 분할하여 다중화하는 주파수 분할 다중화(FDM: Frequency Division Multiplexing)방식, 하나의 회선을 다수의 아주 짧은 시간 간격으로 분할하여 다중화하는 시분할다중화(TDM: Time Division Multiplexing) 방식, 다른 코드를 사용하여 다중화하는 코드분할다중화(CDM: Code Division Multiplexing) 방식 및 서로 다른 파장을 사용하여 다중화 하는 방식인 파장 분할 다중화(WDM: Wavelength Division Multiplexing) 방식이 있다.

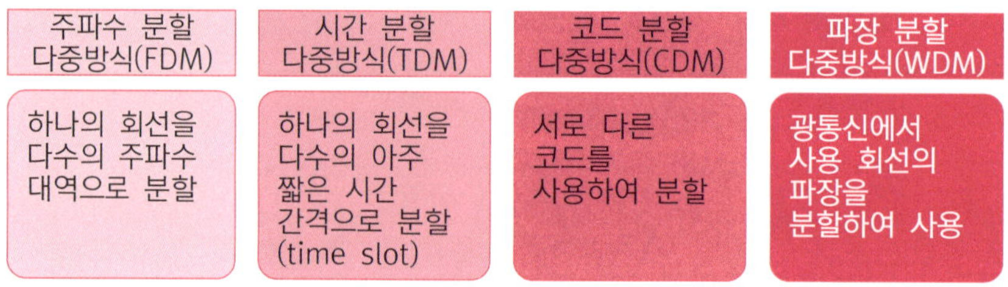

그림 2.30 다중화방식

1) 주파수분할다중화(FDM) 방식

주파수분할다중화(FDM: frequency-division multiplexing)는 복수의 송수신자 혹은 복수의 정보 신호 각각에서로 다른 주파수대역을 할당함으로써 하나의 매체를 통해서 이들 모두의 정보 전송이 가능하다. 변조 장치는 각 송신 장치로부터 생성된 신호를 각기 다른 반송 주파수로 변조시키고, 다중화 장치는 변조된 신호들을 결합시킨다. 이 때 반송파에 의해 변조된 신호들 사이에 충분한 간격(Guard Band) 두어서 상호간의 간섭을 줄인다. 그림 2.31은 주파수 분할 다중화 방식의 개념도로 전송 매체의 대역폭을 도로의 폭이라고 가정하면 폭이 넓은 도로에서 다양한 크기의 차량이 무질서하게 이동한다면 도로의 효율이나 안전이 저하 될 것이다. 따라서 도로를 여러개의 차선으로 분할하고 각 차선마다 주행할 수 있는 차종을 달리하면 도로(전송 매체)의 효율이나 안전이 증가될 것이다. 그림 2.32는 전송매체를 다수의 채널로 나누어 전송하는 FDM 방식으로 방송통신에서 적용하는 다중화 기술이다.

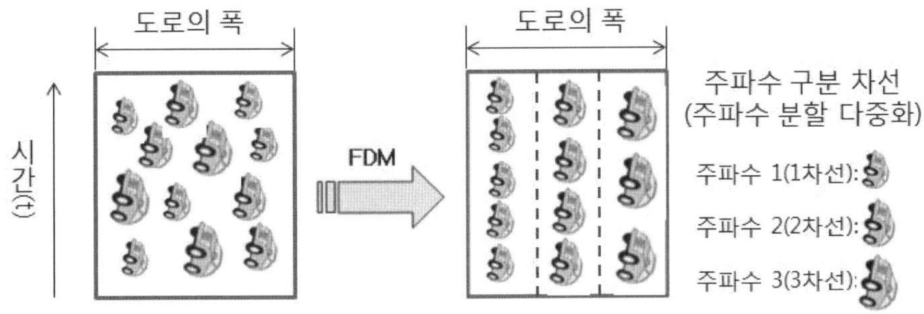

그림 2.31 주파수 분할 다중화 방식의 개념도

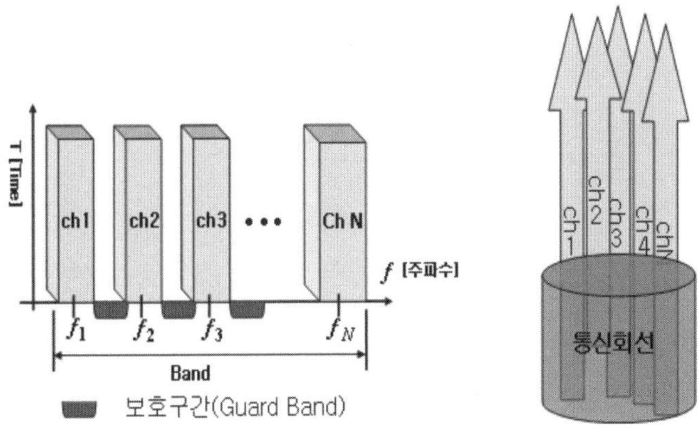

그림 2.32 주파수 분할 다중화 방식

2) 시분할 다중화(TDM) 방식

시분할 다중화(TDM)방식은 복수의 송수신자 혹은 복수의 정보 신호 각각의 전송 매체 사용시간을 달리하는 다중화 방식이다. 각 사용자나 정보들 순서대로 돌아가며 주기적으로 잠깐씩 전체 대역폭을 쓰게 된다. 그림 2.33은 개념도로 TDM의 전송 매체의 대역폭을 도로의 폭이라고 가정하면 시간이 배정된 차량이 전체 도로를 사용하므로 많은 차량이 이동할 수 있지만 순차적으로 도로를 이용하므로 도로를 사용하는 순서를 기다려만 하는 단점이 존재한다. 그림 2.34는 TDM방식의 구성도를 보여준다.

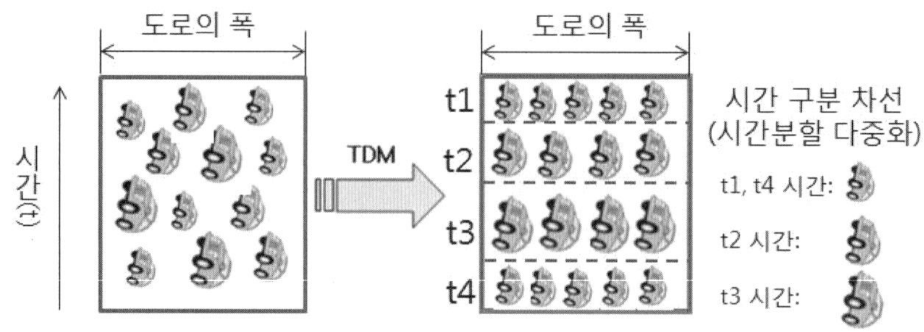

그림 2.33 시분할 다중화 방식의 개념도

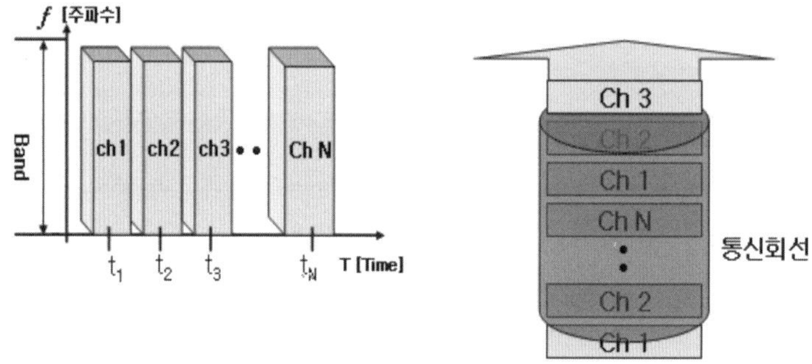

그림 2.34 시분할 다중화 방식

3) 코드 분할 다중화(CDM) 방식

코드 분할 다중화(CDM: Code Division Multiplexing) 방식은 복수의 송수신자 혹은 복수의 정보 신호 각각에 고유의 코드를 할당하여 전송하는 방식으로 디지털 통신 시스템인 CDMA2000 또는 광대역 부호 분할 다중 접속(W-CDMA)에서 사용되는 기술이다. 각 사용자나 정보는 동일 시간에 직접시퀀스 확산 스펙트럼(DS-SS)으로 결합되므로 각 사용자와 정보는 전송 매체 전체 대역(도로전체)를 사용한다. 각 사용자별로 코드를 할당하여 동일한 시간에, 동일한 주파수로 전송하는 것이다. 그림 2.35에서 보는 바와 같이 부여된 코드차량은 도로의 폭과 속도에 상관없이 최종목적지의 코드에 도착하는 방식으로 그림 2.36은 CDM방식의 구성도이다. 사용자 신호와는 상관없이 전송된 신호는 서로 간섭을 일으키지 않으므로 수신측에서는 여러 사용자 신호 가운데 원하는 사용자 신호가 사용한 코드로 정보를 정확하고 안전하게 추출해낼 수 있다.

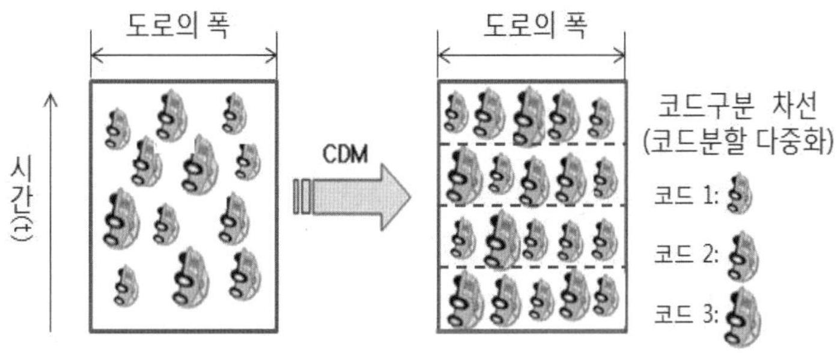

그림 2.35　코드 분할 다중화 방식의 개념도

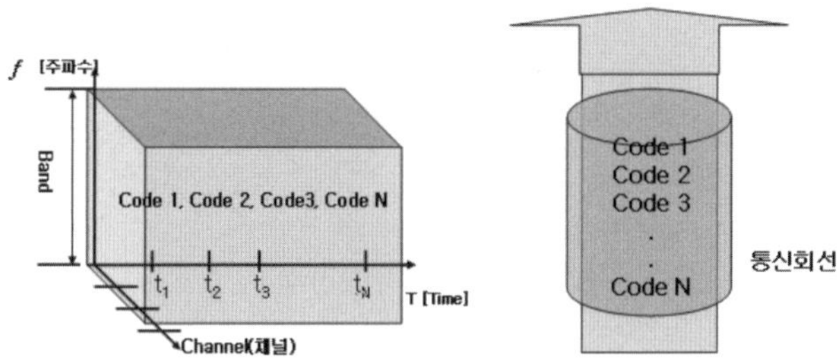

그림 2.36　코드 분할 다중화 방식

4) 파장 분할 다중 방식(WDM)

파장 분할 다중화(WDM: Wavelength Division Multiplexing) 방식은 FDM의 경우와 거의 유사하지만, 하나의 광섬유에 파장이 다른 다수의 광선을 각 송수신자나 정보에 할당하여 전송하는 방식이다. 파장 분할 다중 방식의 기본적인 구성은 FDM방식과 같은 원리로 그림 2.37과 같으며, 파장을 분할하여 채널을 형성한다. 그림 2.38은 파장 분할 다중화 방식의 구성도이다. WDM 기법은 기술적으로 매우 복잡하지만, 아이디어는 매우 간단하다. 빛 원천의 결합과 분리는 프리즘에 의해 쉽게 다룰 수 있다. 프리즘은 임계각과 주파수를 기반으로 해서 광선을 휘게 한다는 기본적인 물리학을 기초로 각각 좁은 대역의 주파수를 가진 여러 입력광선을 넓은 대역폭의 주파수를 가진 하나의 출력광선으로 결합할 수 있다. 광섬유를 이용하는 통신에서 사용하는 파장분할 다중화 방식은 복수의 채널을 동시에 전송하는 방식으로 단일 모드 광섬유에서는 감쇠가 적은 1.3 μm와 1.55 μm 2종류의 장파장을 이용한다. 파이버 투 더 홈(FTTH)에서 파장 분할 다중 방식(WDM)을 이용하여 통신용 채널과 종합유선방송(CATV)용 채널을 한 줄의 광섬유에 집약하는 것이 가능하다.

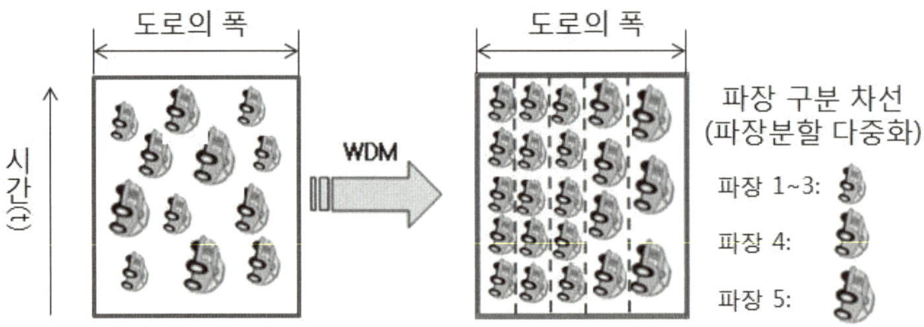

그림 2.37 파장 분할 다중화 방식의 개념도

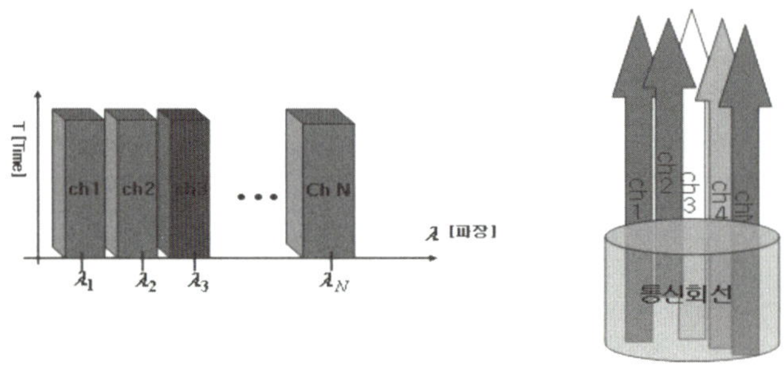

그림 2.38 파장 분할 다중화 방식

표 2.6 다중화 방식의 특징과 응용분야

	FDM	TDM	CDM	WDM
특징	채널의 대역을 일정한 주파수 간격으로 나누어 전송	시간폭(time slot)으로 나누어 전송	별도의 코드를 할당하여 전송	파장이 다른 다수의 광선으로 나누어 전송
장점	동시전송 가능	FDM에 비해 대역효율이 좋음	대역효율이 좋음	고속 전송 대역효율이 가장좋음
단점	대역효율 저하, 전송속도 저하	동시 전송 불가능	코드중복에 의한 통화문제	고가의 장비 설치, 비용증가
응용분야	CATV	컴퓨터네트워크	이동통신	광통신

정보통신 시스템

3
CHAPTER

3.1 정보통신 시스템의 개요
3.2 광통신 시스템
3.3 이동통신 시스템
3.4 제 3세대 이동통신 서비스
3.5 마이크로웨이브 통신
3.6 레이더 시스템
3.7 위성통신 시스템

3.1 정보통신 시스템의 개요

2.1절에서 정보통신 시스템을 "정보통신을 하기 위한 구성요소간의 유기적 관계 혹은 장치"로 정의하였고 표 2.1과 같이 분류 기준에 따라 다양한 시스템으로 분류하였다. 표 2.1에서 보는 바와 같이 AM/FM 방송시스템이 전파를 이용하는 전파통신시스템으로도 분류되는 바와 같이 동일한 시스템이 분류기준에 따라 다르게 분류되며 그림 3.1과 같이 오늘날의 인터넷 시스템은 유선시스템과 무선시스템이 결합된 유무선시스템이다.

본 장에서는 오늘날 일상생활에서 흔히 접하는 대표적인 정보통신 시스템인 광통신 시스템, 이동통신 시스템, 마이크로웨이브 통신시스템, 레이더 시스템 및 위성통신 시스템을 상세히 다룬다.

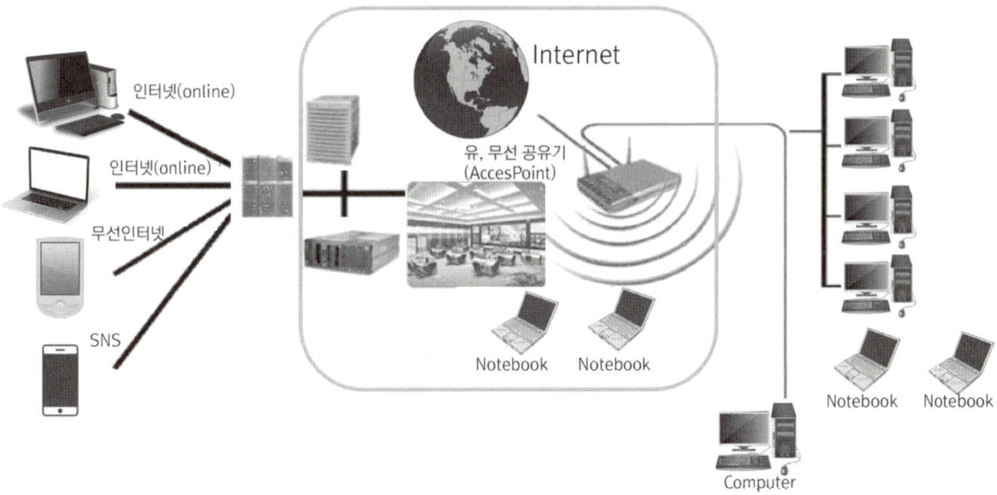

그림 3.1 인터넷 시스템

3.2 광통신 시스템

3.2.1 광통신 시스템의 개요

일반적으로 통신에서는 전선을 통하여 전기신호를 정보 전달 수단으로 사용하지만, 광통신에서는 빛을 이용하여 신호를 전송한다. 이와 같이 빛을 이용하여 원거리 정보를 전달하는 것을 광통신이라 하는데, 옛날에 사용된 봉화, 거울에 의한 신호 및 조명의 점멸에 의한 정보전달과 같은 경우도 넓은 의미의 광통신이라 할 수 있다. 빛을 이용하는 광통신은 빛을 공중에 직접 전파하는 방식과 광섬유를 이용하는 방식으로 분류할 수 있다.

- 공간 전파 방식 : 빛을 공중에 전파하는 방식으로 빛이 대기중에 널리 퍼지게 되어 먼 곳까지 전달되기에는 부적합하고 비, 안개 등에 의해 영향을 받는다. 그리고 비, 안개 등 대기상태에 따라 산란이 크게 일어나기 때문에 정보의 기밀을 유지하기가 어렵다.
- 광섬유 매체 : 광섬유를 이용한 통신이며, 광섬유는 서로 다른 굴절률을 가지는 매질로 구성되어 광신호가 광섬유 안에서 전반사가 일어나면서 신호가 전송되는 방식이다.

초기 광섬유는 손실이 커서 보편화가 이루어지지 않았지만 1979년 저손실 광섬유 개발로 도약기를 맞이하게 되었다. 현재 광통신 기술은 현재 세계 각국의 정보 통신망의 핵심적인 역할을 담당하고 있으며 그 중요성과 활용 범위가 더욱 더 커질 것이다.

광통신 시스템은 광송신부(부호기, 변조기 및 채널 결합기), 광섬유 케이블 및 광수신부(광검출기, 복호기 및 신호 처리기)로 구성되어 있다. 이제 각 구성 요소에 대해 살펴보기로 한다.

1) 광송신부

광송신부의 구성은 전기신호의 변조와 광원의 구동을 위한 변조기, 반송파에 해당되는 광신호 발생기인 광원, 그리고 광을 광섬유에 결합하기 위한 채널 결합기로 구성된다. 광송신부에서는 정보신호를 광신호로 전송하기에 적합한 형태로 먼저 신호를 변조하여 광원을 구동한다. 현재 주로 사용되는 광원으로는 발광다이오드와 레이저 다이오드가 주로 사용된다.

광원의 광 출력은 광섬유에 입사시켜야 하는데, 광섬유의 크기가 매우 작아서 고도의 기술이 요구된다. 광원의 광 출력은 광섬유에 입사시켜야 하는데, 광섬유의 크기가 매우 작아서 고도의 기술이 요구된다.

2) 광섬유 케이블

광섬유 케이블은 2.4.2절에서 구조 및 특성에 대해 이미 기술한 바 있다.

3) 광수신부

광수신부에서는 수신된 광신호를 광검출기에서 검출하여 전기신호로 변환하고 이를 증폭한 후, 송신측에서의 변조된 신호를 복조하는 등의 신호 처리를 통하여 정보신호를 추출하게 된다. 그림 3.2는 일반적인 광통신 시스템을 보여주고 있다.

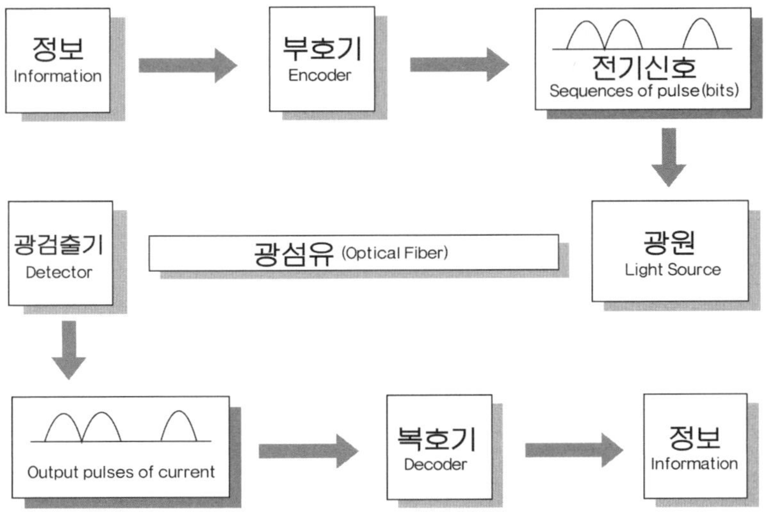

그림 3.2 광시스템 구성도

3.2.2 광통신 시스템의 특징

광통신 시스템은 반송파 주파수가 마이크로파(~수 GHz)보다 수 십만 배 만큼 큰 적외선 영역의 광파(Light Wave)를 반송파로 사용함으로써, 다른 어떤 통신 방법보다도 넓은 대역폭으로 초고속 정보 전송이 가능하다.

1) 작은 전송 손실

광광통신의 전송 특성은 전기통신(10~20 dB/km)보다 상대적으로 저손실(0.5~3 dB/km) 이다. 그림 3.3은 광전송 손실을 보여주고 있으며 파장에 따라 손실률이 낮음을 알 수 있다. 이러한 저손실의 전송 특성은 광대역성 특성과 더불어 고속의 디지털 신호를 수십 km에 중계기 없이 전송할 수 있게 되어 광통신의 시설 비용을 절감할 수 있다.

2) 광대역성

광통신에 이용되는 파장은 0.8 ㎛ (800nm)로부터 1.7 ㎛ (1700 nm)에 이르는 것으로 대역폭은 2×10^{14} Hz 정도가 된다. 이 대역폭은 전화에서 4 KHz의 대역폭이 쓰인다고 가정할 때 약 500억 채널에 해당되며, TV를 사용할 경우 5,000만 채널을 수용할 수 있다. 또한 광통신은 고속 정보 전송으로 서로 다른 서비스를 동시에 전송할 수 있어 해저 통신 등에 사용되고 있다.

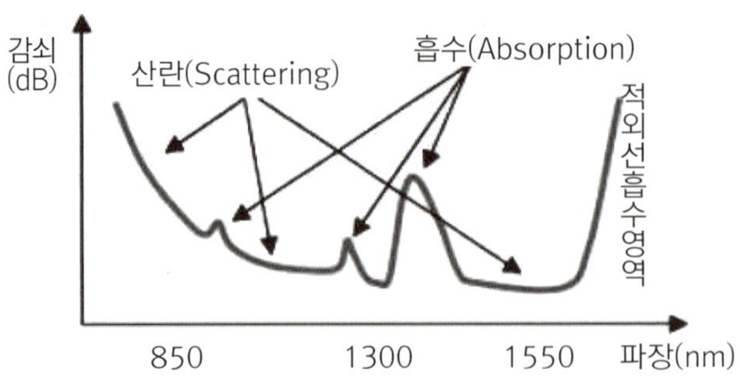

그림 3.3 전송손실 그래프

3) 전송로의 소형화

광섬유는 다른 전송 매체에 비해 직경이 작고 경량이기 때문에 포설상 유리할 뿐만 아니라 여러 가닥의 광섬유를 수용할 수 있기 때문에 광통신의 전송 특성인 짧은 파장을 이용하여 여러 채널을 동시에 전송할 수 있는 대용량 다중 전송로이다.

4) 안정한 전송 품질

광섬유는 도파 구조(guided wave structure)를 가지고 있어서 외부와 결합하거나 노출되는 일이 없기 때문에 상호간 누화가 발생되지 않으며, 유리는 절연체이기 때문에 습기의 영향도 받지 않고, 전자파 유도방해도 받지 않을 뿐더러 전력 케이블 속의 광섬유 심선을 넣어 복합적으로 사용할 수 있다. 또한 고압 송전선, 전철 등의 가까운 곳에서도 낙뢰에 손상 받지 않아서 높은 통신 품질을 확보할 수도 있고, 송수신자 사이의 접지 전위차가 문제되지 않기 때문에 서로 다른 전위차에서도 통신이 가능하여 데이터 링크에 사용할 수 있다.

3.2.3 광가입자 망

기존의 전기통신 서비스는 주로 음성 서비스를 중심으로 발전해 왔으나, 최근에는 영상 전화, 영상 회의, 고속 데이터 통신, 케이블 TV, HDTV 등의 광대역 서비스의 요구가 증대되고 있는 추세이다. 이러한 광대역 서비스의 요구 추세에 따라 고속 장거리 통신에 쓰이던 광섬유를 각 가정까지 포설하여 광가입자 망을 구축하기에 이르렀다. 현재 각 가정에 동선으로 연결된 전화망은 전송속도가 낮고 전송손실이 커서 광대역 서비스를 제공하기에는 적절하지 않으며, 케이블 TV 시스템에 사용되고 있는 동축 케이블은 1 Km 정도의 짧은 거리에서는 550 MHz 정도의 대역폭을 갖지만 거리에 따라 대역폭이 급격하게 감소하고, 연결 모양이 나뭇가지 형태로 되어 있으므로 양방향 통신에 적합하지 않다. 그러나 광섬유는 거의 무한대의 대역폭을 가지며, 손실이 적고, 전자파에 의한 간섭을 차단할 수 있어 고품질의 서비스를 제공할 수 있다. 국내 광가입자 망의 현황은 그림 3.4와 같다. 광가입자 망의 구축에 있어서, 지역 특성 및 경제성에 따라 일반적으로 FTTO, FTTH, FTTC의 3단계로 설정하고 자세한 내용은 다음과 같다.

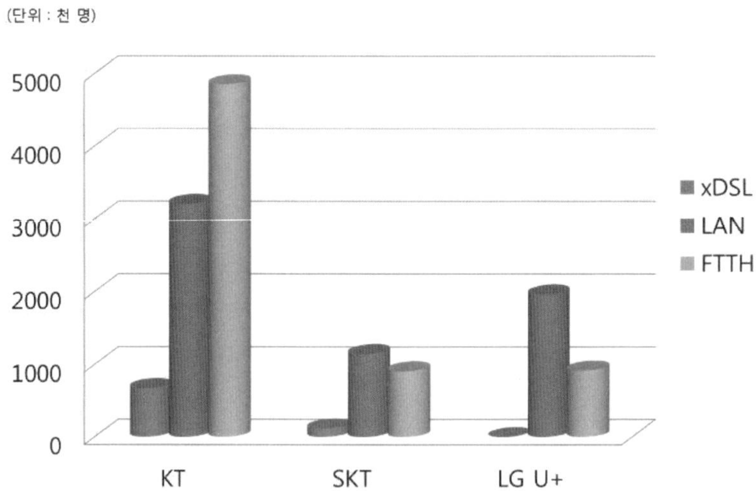

그림 3.4 국내 이동통신 서비스 현황

1) FTTO(Fiber-To-The-Office)

FTTO는 대도시의 업무 지구에 광케이블을 부설하는 것을 말한다. 광대역 종합 정보 통신망(B-ISDN)의 관건이 되는 가입자망 광케이블화의 최종 형태는 FTTO 보다는 각 가정까지 한 줄의 광섬유를 부설하는 파이버 투 더 홈 (FTTH) 이다. 그러나 FTTH 에는 막대한 투자와 장기간의 건설 기간이 필요하므로 전화 서비스 중심으로 되어 있는 가입자망을 어떻게 경제적으로 광케이블화 할 것인가는 커다란 과제이다. 따라서 가입자망의 광케이블화는 이용자의 수요에 맞추어서 지구별로 추진하는 것이 기본 개념이다. 예를 들면, 대도시의 업무 지구를 대상으로 광케이블을 부설하는 것이 파이버 투 더 오피스 (FTTO) 구상이다. 전화나 팩스는 물론 고속 데이터와 영상 등 고속·광대역 통신 서비스의 수요가 가장 큰 곳이 대규모 사무실 건물이기 때문이다. 업무 지구 이외에는 수천~수만 회선 정도의 가입자망 구역을 대상으로 하는 광가입자 장비 지역 설치 단계 (FTTZ) 구상 등이 있다.

2) FTTH(Fiber-To-The-Home)

FTTH(Fiber-To-The-Home)는 모든 가정까지 광케이블을 연결하여 방송, 통신을 포함한 모든 서비스를 하나의 네트워크로 가능케 하는 것으로 주택형 광가입자 전송장치의 개발, 광 분배 및 접속 기술, 센서 기술 등의 기반 기술 연구, 광커넥터, 대용량 ATM 스위치, 분산 시스템, 가입자 댁내의 네트워크화 등 첨단 응용 기술에 대한 연구 등이 병행되어야 한다. 이와 함께 광케이블 포설 및 장비 개발에 대한 막대한 예산 소요 문제도 해결되어야 할 큰 숙제로 남아 있다.

3) FTTC(Fiber-To-The-Curb)

전화국에서 각 가정까지 개별적으로 광섬유를 부설하는 FTTH 방식이 이상적이기는 하지만, FTTH는 광·전기 변환회로를 포함하는 광회선 종단장치(ONU: Optical Network Unit)도 각 가정에 개별적으로 설치해야 하는 등 경제성에 문제가 많다. FTTH의 이러한 단점을 보완하기 위한 광섬유의 여러 명의 가입자 공동 이용 방식 FTTC (Fiber-To-The-Curb)이다. FTTC의 Curb는 도로의 연석(緣石)이라는 의미인데, 주택 앞의 도로의 연석과 같이 작은 박스를 설치하고 그곳에서부터 주택까지 동선을 부설하여 광섬유를 공용하면 FTTH 보다 경제성을 높일 수 있다. 또한 동선 거리가 짧으면 광대역 신호도 전송할 수 있다.

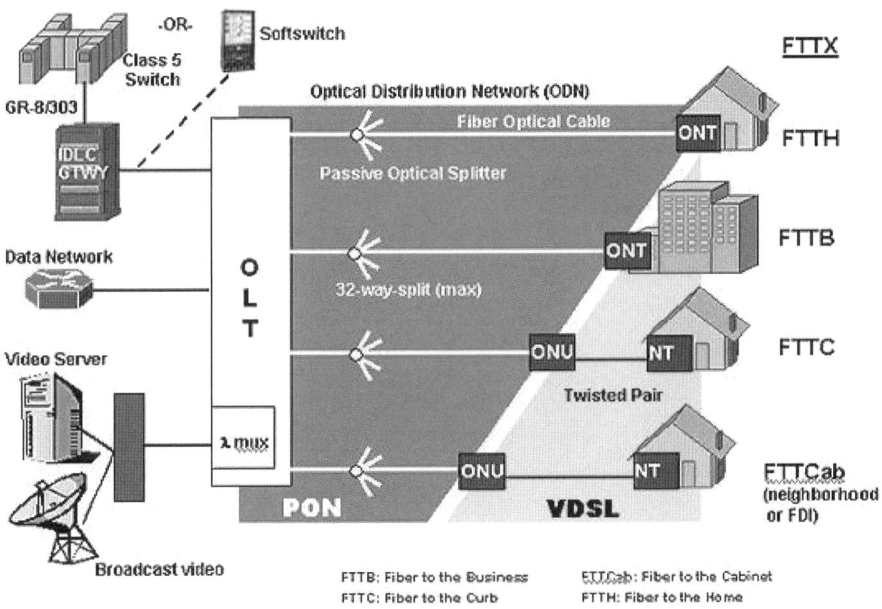

그림 3.5 광통신 네트워크 응용

3.3 이동통신 시스템

이동통신 시스템은 이동체와 이동체 혹은 고정된 지점 간의 상호 연결을 위한 통신 시스템이라고 말하는데, 여기서 이동체는 사람, 자동차, 선박, 비행기 등이 될 수 있다. 최근 이동체에 대한 통신 수요에 대한 욕구가 증가하면서 이동통신 시스템에 대한 관심도 점차적으로 높아가고 있다.

3.3.1 이동통신의 기초

이동체 간 혹은 이동체와 고정 지점 간의 연결을 위해 셀(cell)로 서비스 지역을 나누어 서로 유기적으로 연결 기능을 수행하여 넓은 지역까지 이동통신 수요를 만족시킬 수 있다. 이동통신은 유선통신과 구분하여 무선을 이용한 통신 서비스를 제공하기 때문에 특정 무선 주파수를 사용하여 운용되고 있다. 이동통신 서비스로는 서비스 제공 대상 혹은 종류에 따라 무선 호출(radio paging), 셀룰러 전화(cellular telephone), 무선 전화(cordlesstelephone), 주파수 공용통신 (trunked radio system) 및 위성 이동통신(mobile satellite communications) 등이 있다.

셀룰러 이동통신은 1980년대 북유럽의 NMT(Nordic Mobile Telephone), 영국의 TACS(Total Access Communication Systems), 미국 및 한국의 AMPS (Advanced

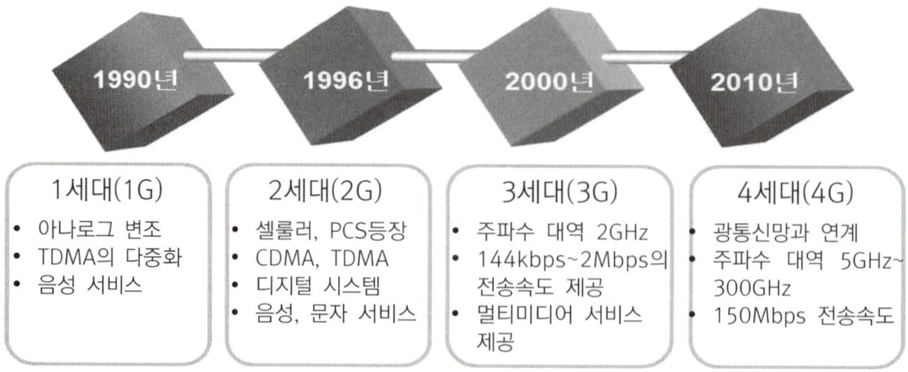

그림 3.6 이동통신 시스템의 발전 과정

MobilePhone Service) 등 아날로그 변조 기술을 적용한 제1세대 아날로그 시스템에서 출발하였다. 1996년 아날로그 기술을 이용한 시스템에서 디지털 기술을 접목한 2세대 시스템이 상용화 되었다. 이동통신 서비스는 현재 사용되고 있는 3세대 이동통신인 IMT-2000 보다 최대 전송속도가 10배나 빠르고 대용량 데이터도 높은 속도로 처리할 수 있으며 하나의 단말기를 통해 위성망과 무선랜 그리고 인터넷 등을 모두 사용할 수 있는 서비스 4세대 이동통신 서비스로 발전하고 있다. 그림 3.6은 이동통신의 발전 단계를 보여주고 있다.

3.3.2 이동통신 시스템의 특징

이동통신 시스템은 다른 시스템과 달리 다음과 같은 특징을 지니고 있다. 첫째, 무선 사용으로 인해 사용 가능한 주파수 대역이 제한되어 있으며, 둘째, 사용자의 이동성을 위해 휴대가 용이한 단말기가 필수적이다. 그리고 무선 접속 방식, 유선망과의 연결을 포함한 교환 방식을 망라하는 통합 통신망이라 할 수 있다. 단말기의 이동성은 이동통신 신호의 전송에 있어 그림 3.7과 같이 많은 어려움을 야기한다.

이동으로 인한 신호의 전파 특성은 각종 인위적 혹은 자연적 장애물로 인해 반사, 회증가 혹은 감소되므로 적절한 보상 기술 적용이 필수적이다. 뿐만 아니라 송수신

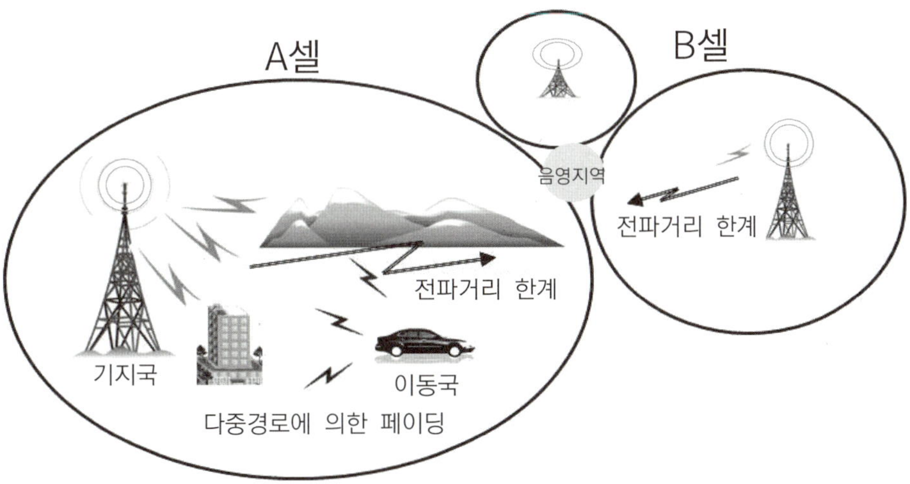

그림 3.7 이동통신의 전파 특성

절 및 산란 현상으로 페이딩 (fading)이라 부르는 수신신호가 시간적 (혹은 공간적으로)간의 경로가 완전히 차단되어 아주 미약한 신호가 도달하게 되는 전파 음영 (shadow loss) 현상 그리고 송신기와 수신기간의 거리에 따른 손실인 경로 손실(path loss) 등이 생겨 보다 완벽한 링크 성능 분석 및 시스템 설계로 적절한 신호가 수신기에 도달되도록 해야 한다.

3.3.3 셀룰러 이동통신

셀룰러 이동통신 시스템의 구성도는 그림 3.8과 같다. 서비스 지역을 셀(cell)로 나누어 셀 가운데는 기지국(base station)을 설치하고 여러 기지국을 연결하여 유선과 접속이 이루어지는 이동전화 교환국으로 구성되어 있다. 여기서 한 가지 주목할 것은 셀룰러 이동통신에서 이동국 (모바일 단말기)과 기지국간 무선으로 연결되어 있고 그 이후의 이동전화 교환국 및 일반 공중전화망은 모두 유선으로 연결되어 있다는 것이다. 따라서 기지국의 개수는 이동국의 망 연결에 중요한 지표가 될 수 있다.

1) 이동국

이동국(MS: Mobile Station)은 무선가입자 단말장치로서 기지국과 제어 채널을 통하여 항상 정보를 교환하며 통신하고 있다. 이동국은 기본적으로 송수신장치(transceiver), 안테나장치 그리고 제어장치(control unit)로 구성되어 있다.

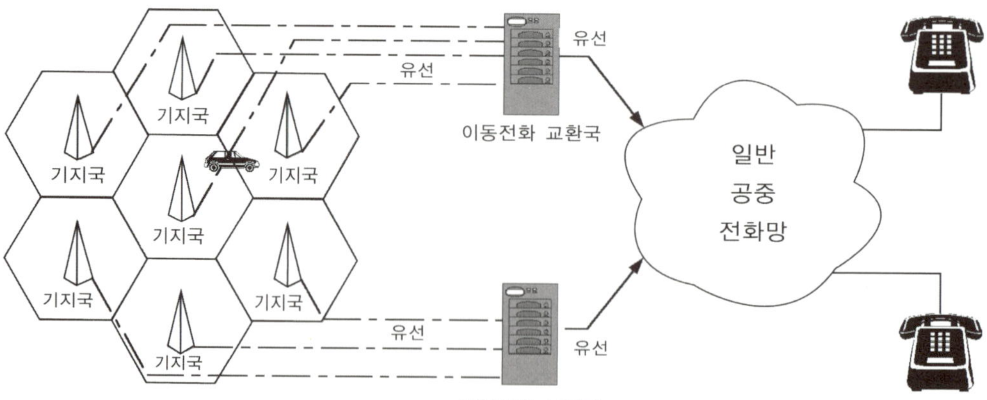

그림 3.8 셀룰러 이동통신 시스템의 개념도

2) 기지국

기지국(BS: Base Station)은 이동국의 무선 접속 포인트로서 망 접속을 위해 이동국으로부터 수신된 신호를 유선으로 이동전화 교환국으로 송신하고 통화 중인 이동국의 신호강도를 측정하여 제공하기도 한다. 이동국이 통화 대기상태일 경우에는 항상 제어 채널을 통해 통신을 하며, 통화 중일 경우 이동국의 음성신호를 이동전화 교환국을 통하여 전송한다.

3) 이동전화 교환국

기지국(BS: Base Station)은 이동국의 무선 접속 포인트로서 망 접속을 위해 이동국으로부터 수신된 신호를 유선으로 이동전화 교환국으로 송신하고 통화 중인 이동국의 신호강도를 측정하여 제공하기도 한다. 이동국이 통화 대기상태일 경우에는 항상 제어 채널을 통해 통신을 하며, 통화 중일 경우 이동국의 음성신호를 이동전화 교환국을 통하여 전송한다.

그림 3.9 이동국 단말 장치의 종류

그림 3.10 기지국의 종류

3.3.4 CDMA 이동통신 시스템

CDMA(Code Division Multiple Access) 시스템은 이동국과 기지국 간의 무선망 접속 방식을 코드 분할을 통해 사용자 다중 접속하는 방식으로, CDMA 이론은 1950년대에 정립되었고 1960년대에 군사적 무선통신에 이미 사용되고 있었던 기술이다. 사용자 신호가 특정 코드에 의해 곱해져서 실제 무선 매체를 통한 전송에 필요한 대역폭보다 훨씬 더 넓은 대역폭을 차지하면서 더 낮은 전력으로 전송되는 것이 특징이다. 수신자가 송신측에서 사용한 똑같은 코드를 가지고 역확산을 할 경우 송신신호가 정확하게 복원 가능한 기술이다.

1) CDMA의 확산 원리

CDMA의 핵심 개념은 고유의 확산코드 (Spreading code)를 이용한 사용자 신호의 확산과정이다. 이는 사용자 신호가 차지하는 대역폭 보다 훨씬 넓은 대역폭을 차지하는 결과를 가져오며 동시에 전송 전력도 낮아지게 된다. 확산 원리는 그림 3.11과 같다. 즉 송신 데이터 (사용자 신호)를 사용자에게 지정된 확산코드를 단순히 곱하여 확산신호를 얻을 수 있다. 이 과정을 직접 시크윈스 (Direct sequence)

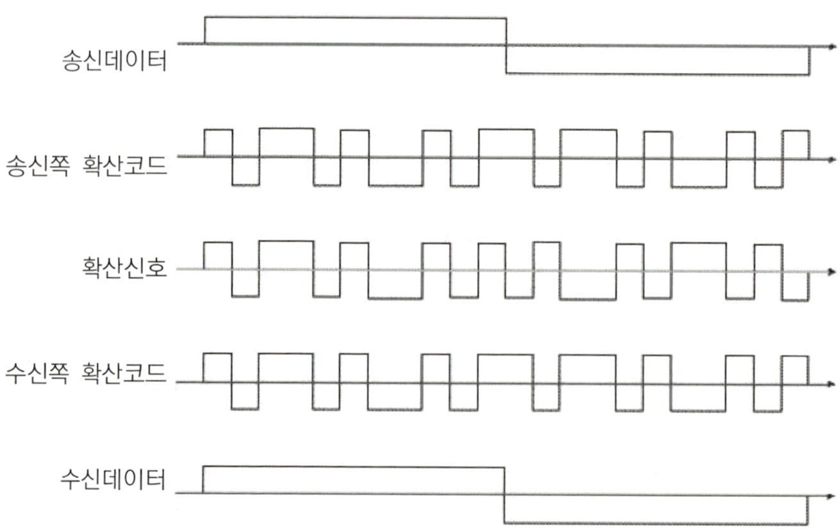

그림 3.11 CDMA 확산 및 역확산 원리

방식이라고 한다. 이렇게 확산된 신호는 수신측에서 송신과정에서 사용한 똑같은 확산코드를 다시 곱하여 원래 신호를 복원할 수 있다. 수신측에서 이루어지는 이 과정을 역확산 (Despreading) 이라고 한다.

만일 역확산 과정에서 송신측에서 사용한 확산코드와 다른 확산코드로 역확산 과정을 하게 되면 그림 3.12와 같이 원신호를 복원할 수 없게 된다.

2) CDMA의 다중화 원리

CDMA에서는 각 사용자에 따라 코드를 할당하여 동일한 시간 및 동일한 주파수를 사용하여 전송한다. 그러면 실제 원하는 사용자 신호를 어떻게 추출할 수 있는지 살펴보자. 그림 3.13은 사용자 1 및 2의 전송할 데이터가 1, -1 및 1, 1 일 때 다중화 원리를 설명하고 있다.

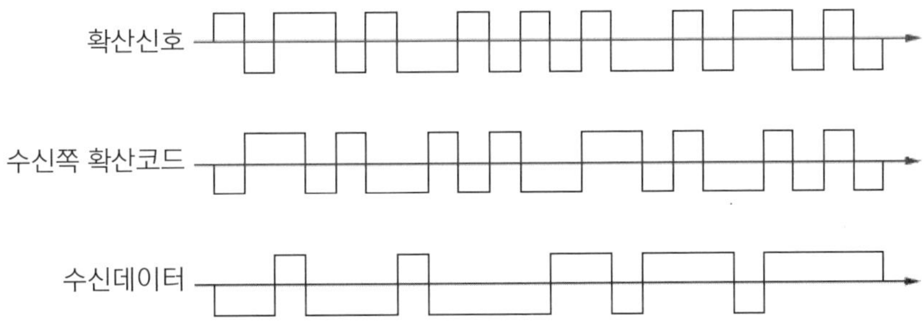

그림 3.12 CDMA 역확산 (상이한 확산코드)

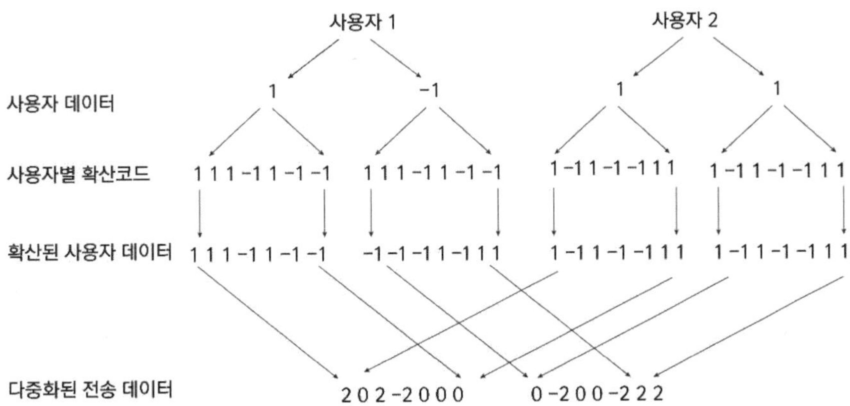

그림 3.13 CDMA 다중화 원리

각 사용자에 대해 할당된 확산코드를 사용자 데이터와 곱하면 각 사용자의 전송 데이터가 생성되게 된다. 이 전송데이터가 확산된 사용자 데이터가 되며 타 사용자의 데이터와 합해져서 실제 채널을 통해 전송되는 다중화된 데이터가 생성하게 된다. 수신측에서는 동일한 방법으로 수신된 데이터에 사용자 고유의 확산코드를 단순히 곱하여 전송한 사용자 데이터를 복원하게 된다.

3) CDMA 시스템의 장점

CDMA 시스템은 기존의 FDMA 및 TDMA와 비교할 때 여러 장점을 가지고 있다. 첫째로 주파수 재사용 계획이 용이하다. 무선망을 설계할 때 FDMA 혹은 TDMA는 주파수 간섭 문제로 인해 인접 기지국이 사용하는 주파수를 사용해서는 안되므로 효율적인 주파수 사용 계획을 세워야 한다. 그러나 CDMA 시스템은 모든 기지국이 동일한 주파수 대역을 사용하므로 주파수 재사용을 위한 별도의 계획이 필요 없다.

둘째로 소프트 핸드 오프 (soft handoff) 방식을 이용한 통화 품질 개선이다. 기존의 무선접속 방식이 사용하고 있는 핸드오프 방식은 하드 핸드오프 (hard handoff) 로서 인접 기지국으로 연결할 때 통화를 먼저 차단한 후 연결함으로써 통화 품질에 많은 영향을 미치게 된다. 그러나 CDMA 시스템에서는 소프트 핸드오프 방식을 채택하여 인접한 기지국으로 호(call) 를 연결할 때, 통화를 유지하면서 인접 기지국으로 연결을 한 뒤 기존 기지국과의 연결을 끊는다. 이렇게 함으로써 기존의 하드 핸드오프 방식보다 개선된 통화 품질을 얻을 수 있다.

셋째로 기존의 다른 접속 방식보다 용량 증대 효과를 얻을 수 있다. FDMA 혹은 TDMA 방식에서는 사용자가 급속히 증가함에 따라 시스템 용량에 한계를 가져오게 된다. 특히 FDMA는 주파수 분할에 의한 사용자 접속이 이루어지면서 사용자 증가에 따른 용량 부족 현상이 두드러지게 나타난다. TDMA 시스템에서도 디지털 전송 기술 및 음성 활성도에 따른 불연속 전송 방식 기술을 채택하여 FDMA 시스템보다 용량 증대 효과가 있지만 CDMA 시스템에서는 코드 분할에 의한 사용자의 무선망 접속이 이루어지므로 훨씬 더 큰 용량을 가지게 된다. 이론적으로 CDMA 시스템은 FDMA보다 약 20배, TDMA보다 약 5배 정도 용량이 더 큰 것으로 알려져 있다. 이와 같은 여러 이유들 때문에 2세대 서비스에서는 TDMA를 사용하던 유럽의 이동통신 서비스도 3세대 서비스에서는 CDMA 시스템을 이용하게 되었다.

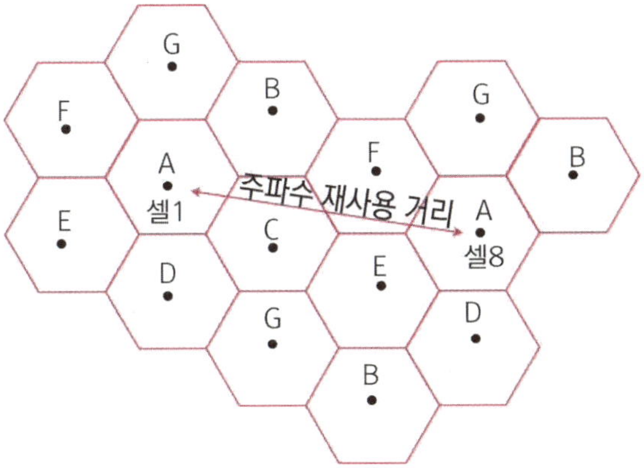

그림 3.14 CDMA 시스템의 주파수 재 사용성

◈ 보충학습 : 핸드오프

핸드 오프(handoff)는 통화 채널 전환 기능을 말한다. 다음 그림과 같이 이동국이 서비스를 받고 있는 셀의 영역을 벗어나 다른 셀로 이동할 때 자동적으로 사용 중인 통화 채널을 새로운 셀의 통화 채널로 전환시켜 통화가 계속되게 하는 기능

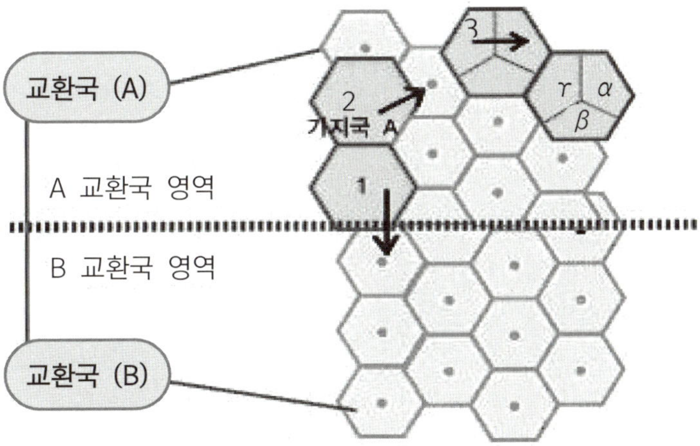

소프트 핸드오프와 소프터 핸드오프는 교화기와 방문 가이자 위치장치(VLR)에 의해서 수행된다.

핸드오프 방식의 예

이다. 아날로그 셀룰러 방식에서의 통화 채널 전환 방법은통화 채널의 수신신호의 세기를 측정하여 일정한 세기 이하로 떨어지기 시작하면 통화 채널 전환을 하게 된다. 통화 채널 전환은 기지국과 기지국 간 통화 채널 전환과, 기지국 내에서의 통화 채널 전환의 두 종류가 있다. 통화 채널 전환의 기준이 되는 수신신호의 세기는 약 -100 ~ -95[dBm] 정도이며 전환에 걸리는 시간은 약 150[ms]이다.

3.3.5 제 3세대 이동통신 시스템

1) 제 3세대 이동통신 서비스 탄생의 배경

1980년대 중반에 들어서 아날로그 셀룰러 이동전화가 폭발적으로 보급되면서 서비스 시스템마다 주파수 대역이 다르고 주파수 대역폭이 좁아 음성 서비스에 국한하여 서비스를 제공했던 국가별로 서로 다른 시스템의 운영으로 인한 이동성의 한계 및 기술 제약으로 발생하는 용량의 한계를 드러내게 되었다. 이에 대한 대안으로 국제전기통신연합 (ITU :International Telecommunication Union)을 중심으로 단일 기술 표준과 공통의 주파수 대역 사용 및 광대역화 및 디지털화된 미래 이동통신을 검토하게 되었다. 그리하여 1985년 ITU는 시스템 종류 (위성, 무선가입자망 또는 이동통신)나 국경에 관계없이 어느 나라에서도 운용되는 하나의 보편적인 이동전화 기술인 FPLMTS (미래 공중육상 이동통신 시스템)의 개발 가능성을 연구하는 그룹을 설립하여 본격적인 연구에 들어갔고, 이것이 본격적인 제 3세대 이동통신 서비스 개발의 시작이었다. 제 3세대 이동통신 서비스는 음성 위주의 제1세대 아날로그 이동전화, 음성과 저속 데이터 전송이 가능한 제2세대 디지털 이동전화를 거쳐 고속 무선멀티미디어 서비스의 구현이 제 3세대에서 가능하게 되었으며, 기존의 각종 이동통신 서비스를 하나로 통합하여 보다 확대된 멀티미디어 서비스를 제공할 수 있게 되었다. 세대별 이동통신 시스템의 발전은 그림 3.16에서 보여주고 있다.

2) 제 3세대 이동통신 서비스의 방식(동기식과 비동기식 CDMA)

제 3세대 이동통신 서비스 시스템으로 ITU-R에 제안된 무선 접속 규격은 크게 동기식 및 비동기식 CDMA로 나눌 수 있다. 동기식은 북미가 주도하는 CDMA2000으로 고속 무선 데이터 구현을 위해 제2세대에서는 IS-95A/B 규격으로 최대 전송속도를 64 Kbps까지, 제 2.5세대 Pre-IMT2000에서는 IS-2000(1X) 규격으로 최대 384 Kbps까지, 제3세대에서는 광대역을 사용한 최대2 Mbps 전송속도를 갖도록 하는 것이다. 비동기식은 유럽이 주도하는 WCDMA 로서 제 2세대에서는 GSM/HSCSD 규격으로 최대 전송속도를 57.6 Kbps까지, GPRS/EDGE 규격 (2.5세대) 으로는 115 Kbps (최대 384 Kbps)까지, 제3세대에서는 광대역을 사용하여 최대2 Mbps 전송속도를 갖는 방식이다.

동기식 및 비동기식 CDMA 시스템의 큰 차이는 단말기로부터 신호를 수신하는 기지국의 구분 코드(scrambling code)에 있다. 동기식에서는 특정 기지국의 구분 코드가 다른 기지국과 동일한 코드를 사용하면서 시간 차이를 두어 구분하는 방식이며, 비동기식은 각 기지국마다 서로 다른 코드를 사용하여 신호를 송수신하는 방식이다. 따라서 동기식은 동일한 코드를 사용하기 때문에 단말기의 시스템 접속 시간이 상대적으로 짧은 반면, 모든 기지국이 외부시간 (주로 GPS 사용)을 사용하여 동기를 맞추어야 하는 단점이 있다. 반면에, 비동기식은 외부시간에 의한 동기를 맞출 필요가 전혀 없기 때문에 시스템 운용의 유연성은 가질 수 있지만 시스템 접속시간을 줄이기 위해 보다 효율적인 코드 사용이 요구된다. 현재는 두 시스템이 모두 사용되고 있다.

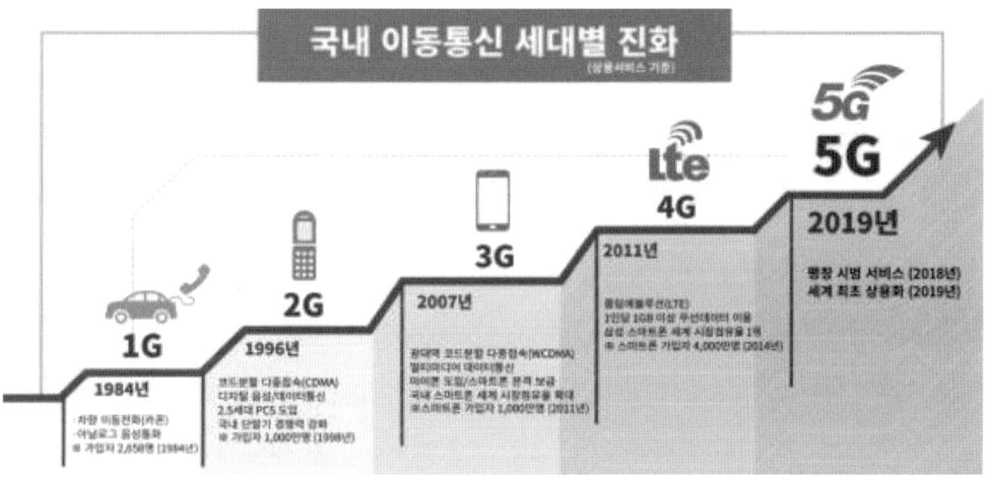

그림 3.15 세대별 이동통신 시스템 발전

3.4 마이크로웨이브 통신

3.4.1 지상 마이크로웨이브 통신의 이해

마이크로웨이브(M/W: Microwave) 통신은 1 GHz ~ 30 GHz (파장 30 cm ~1 cm)의 주파수대를 이용한 통신을 말한다. 그리고 마이크로웨이브 통신은 주로 가시거리(line-of-sight) 통신으로 이루어지며 광대역 특성을 이용하여 초다중 통신에 많이 이용된다. 마이크로웨이브의 광대역 특성을 이용하여 하나의 무선 회선에 수 백에서 수 천개의 채널을 전송할 수 있다. 이러한 광대역 전송 특성은 장거리 전화, TV 신호 중계, 데이터 및 고속 데이터통신 등에 이용되고 있다.

그러면 마이크로웨이브의 최대 전송 거리는 얼마가 될까? 송수신 경로에 장애물이 없는 경우 최대 전송거리는 $d = 7.14\sqrt{kh}$ [km] 이다. 여기서 k는 지표에 대한 굴절을 고려한 조정치로 4/3 이고, h는 안테나 높이를 나타낸다. 송수신 경로에 있는 장애물을 피하기 위해 일반적으로 산의 정상에 중계기를 설치하여 신호를 중계하며 이렇게 하여 원거리 전송도 가능하게 된다. 아날로그 마이크로웨이브 시스템의 구성도를 보면 먼저 송신하려는 변조신호를 변조한 후에 송신기와 안테나를 통해 전송하고, 수신측에서는 수신기를 통해 변조된 신호를 수신한 후 복조하여 원래의 변조 신호를 찾아낸다. 디지털 마이크로웨이브 시스템은 변조기 전단에 부호기를 넣어 변조 신호를 PCM (펄스부호변조) 방식으로 부호화한 다음, 시분할 다중화(TDM)와 위상 변조(예를 들어 QPSK) 시켜 전송하고, 수신측에서는 복조기를 사용해 복조한 후, 복호기를 통해 원래의 변조신호를 찾아낸다.

3.4.2 마이크로웨이브 통신의 특징

마이크로웨이브 통신을 수행하면 지향성과 이득이 큰 안테나를 소형으로 제작할 수 있을뿐 아니라, 앞서 설명한 바와 같이 높은 반송파 주파수를 사용하므로 광대역 전송이 가능하게 된다. 또한 신호대 잡음비(S/N)가 크고 잡음 특성이 양호하며 안정된 전파 특성을 나타낸다. 마이크로웨이브 통신은 주로 가시거리 통신이며 가시거리 이상의 거리에 대해서는 전송경로에 몇 개의 중계소를 필요로 한다. 마이크로웨이브 통신은 회선 구성에 융통성이 있고, 회선 건설기간이 짧고 재해에 대한 영향이 적은 장점이 있다. 그러나 보안에 취약하고 유지 보수에 어려움이 있다. 또한 전파하는 도중에 비, 구름, 안개 등에 의해 발생하는 전파 감쇠 및 산란 현상 때문에 페이딩(fading) 이 발생하고 기상 상태에 따라 전송 품질이 변하는 단점이 있다.

3.5 레이더 시스템

우리가 보통 산속이나 정상에서 큰 소리로 외치면 그 소리가 다시 산울림이 되어 우리의귀에 들리게 된다. 이때 두 손을 모아 소리를 내게 되면 큰 소리가 되어 나아가고 되돌아오는 소리를 다시 두 손을 모아 귀를 기울이면 한층 더 잘 들리게 된다. 레이더의 원리는 보통 이 소리 대신에 전파를 사용하고, 입 대신에 송신기를, 귀 대신에 수신기를, 그리고 두 손을 안테나로 비유해 보면 간단히 이해할 수 있다. 레이더(RADAR: RAdio Detection And Ranging)는 그림 3.16에서와 같이 전파의 발사 및 수신을 같은 장소에서 하고, 전파의 발사에 의하여 생긴 반사파를 이용하여 목표(target)의 존재 위치(방위 및 거리)를 탐지하는 무선 장치이다.

전파의 전파(propagation)속도를 C 라 하고, 전파가 레이더와 목표물 사이를 왕복하는데 소요되는 시간을 t 라 하면, 레이더로부터 목표까지의 거리 d 는 다음과 같다.

그림 3.16 레이더 시스템 전파 과정

$$d = C \times \frac{t}{2}\,[\mathrm{m}]$$

여기서 전파속도 C는 빛의 속도와 같으므로 $C = 3 \times 10^8$[m/s]가 된다. 이와 같은 원리에 따라 실제 레이더에서는 수신된 신호를 모니터 화면에 나타내어 목표물까지의 거리를 바로 알 수 있도록 하고 있으며, 모니터 화면에 목표물까지의 거리뿐만 아니라 목표물의 방위도 동시에 파악할 수 있다.

1) 레이더의 분류

레이더를 사용 목적에 따라 분류하면 기상용 레이더, 항공용 레이더, 항해용 레이더 등으로 분류할 수 있으며, 기상용 레이더의 경우는 전파가 비, 구름에 반사되는 성질을 이용해 강우 지역의 범위, 강우량, 이동 상황 등을 관측하는 데 사용된다. 또, 항공용 레이더와 항해용 레이더는 각각 항공기나 선박이 위치에 관한 정보를 얻어 항로를 결정하고 목적지에 안전하게 도달되도록 하는 데 사용된다.

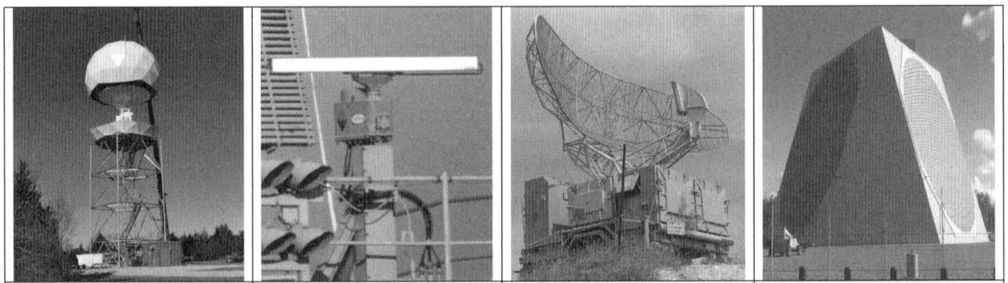

기상레이더	선박용 레이더	군용 레이더	탄도미사일 조기경보 레이터

그림 3.17 레이더의 분류

2) 레이더에 사용하는 전파

레이더에 사용되는 전파는 지향성이 강해야 한다. 그리고 레이더의 안테나는 송·수신에 공통적으로 사용되는데, 송신이나 수신 방향을 임의로 조절할 수 있어야 한다. 전파는 파장이 짧을수록, 즉 주파수가 높을수록 지향성이 강하므로 레이더에서는 주파수가 1 GHz 이상인 마이크로파가 사용되며, 편의상 표 3.1과 같은 주파수 대역으로 나누어 부르고 있다.

표 3.1 레이더 주파수 분류

호칭	주파수	실제 사용되는 주파수 및 파장
L	1,000 ~ 2,000[MHz]	1,200[MHz], 25[cm]
S	2,000 ~ 4,000[MHz]	2,800[MHz], 10.7[cm]
C	4,000 ~ 8,000[MHz]	5,300[MHz], 5.7[cm]
X	8,000 ~ 12,500[MHz]	9,300[MHz], 3.2[cm]
Ku	12.5 ~ 18[GHz]	16[GHz], 1.9[cm]
K	18 ~ 26.5[GHz]	24[GHz], 1.2[cm]
Ka	26.5 ~ 40[GHz]	34[GHz], 0.9[cm]

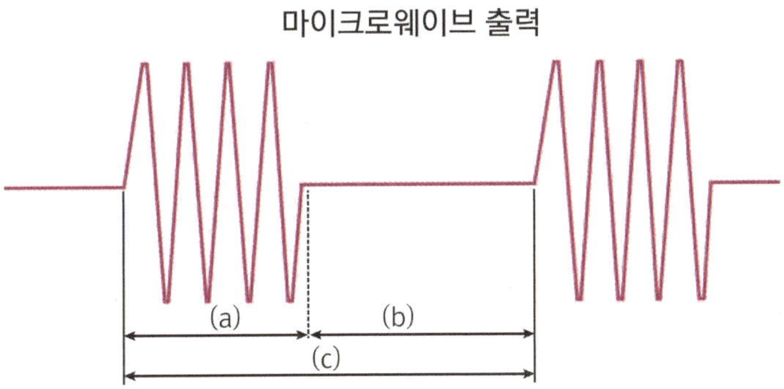

(a) 펄스폭(전파 발사시간) (b) 휴지시간(수신시간) (c) 펄스 반복 주기(발사 전파의 모양)
그림 3.18 마이크로웨이브의 출력 파형

현재 레이더에 사용하는 전파는 그림 3.18과 같이 펄스 모양으로 발사하고 있는데 그 이유는 다음과 같다.

- 주기 T에 비해 짧은 펄스 모양의 마이크로파 출력을 발사하면, 작은 송신기로 집중적으로 강력한 신호를 발사할 수 있다.
- 짧은 펄스 모양의 마이크로파 출력을 발사하면, 발사신호 및 반사신호의 지속시간이 짧으므로 먼 거리 혹은 인접 목표물의 거리 측정 시 그 정밀도가 높아진다.
- 짧은 펄스 모양의 마이크로파 출력을 발사하면 발사파와 반사파의 상호 간섭이 없어지며 또 발사를 정지하고 있는 시간 중에 반사파가 수신되어 편리하다.

레이더는 목표물의 거리와 방위를 측정하는 장치이므로 이들을 나타내는 양을 적당한 지시기로 표시하여 읽을 수 있도록 해야 한다. 그리고 이 지시기로는 앞에서 설명한 바와 같이 편향 감도가 좋은 자기 편향형 음극선관이 사용된다. CRT에 신호를 나타내는 지시 방식으로는 거리, 수평 방향의 방위각과 거리, 수직 방향의 고도각과 거리, 수평 방향의 방위각과 고도를 나타내는 방법 등 여러 가지가 있다.

3) 레이더의 성능

레이더는 어느 위치에 있는 목표물이라 할지라도 선명하고 확실한 영상으로 나타낼 수 있는 것이 요구되는데, 그 성능 측정의 요소로서 최대 탐지 거리, 최소 탐지 거리, 거리 분해 능력, 방위 분해 능력 등이 있다. 최대 탐지 거리는 목표물을 유효하게 탐지하여 표시할 수 있는 최대 거리를 말하고 최소 탐지 거리는 목표물을 탐지할 수 있는 최소 거리를 말한다. 그리고 같은 방향에 있는 두 목표물 간의 거리가 너무 가까우면 두 목표물로부터 반사 전파가 겹쳐져서 모니터상에서 휘점이 겹쳐져 보인다. 따라서 레이더상에서 두 개의 목표물을 구별하기 위해서는 두 목표물 간의 거리가 어느 정도 떨어져 있어야 하며, 이때 두 개의 목표물로서 구별할 수 있는 최소 거리를 거리 분해 능력이라 한다. 방위 분해 능력은 동일한 거리에 있는 두 개의 목표물이 어느 정도 떨어져 있을 때 두 목표물로서 구별이 가능한가를 나타내는 한계 능력을 말한다.

◆ 보충학습:

사드 레이다 (THAAD Radar)

사드는 발사대 6기(1기당 8개 미사일 탑재)와 레이더, 통제 및 통신장비 등으로 1개 포대가 구성된다. 이 가운데 사드의 중추라고 할 수 있는 AN/TPY-2 레이더는 위상배열 레이더로서 2만 5천 여 개의 조그만 송수신기를 한 개의 평면에 정렬한 형상을 가지고 있다. AN/TPY-2 레이더는 2가지 방식으로 운용할 수 있다. 우선 사드에 사용되는 종말 단계 방식의 AN/TPY-2 레이더는 약 1,000 ㎞에서 상승중인 탄도 미사일을 감지해 600 여 ㎞에서 낙하하는 탄도 미사일을 정확히 탐지하는 능력을 가지고 있다. 이밖에 전진배치 방식은 중거리 탄도 미사일이나 대륙간 탄도 미사일의 발사를 사전에 탐지하는 임무를 수행하는데, 최대 탐지거리가 1,800~2,000 ㎞에 달하는 것으로 알려져 있다. 전진배치 방식의 AN/TPY-2 레이

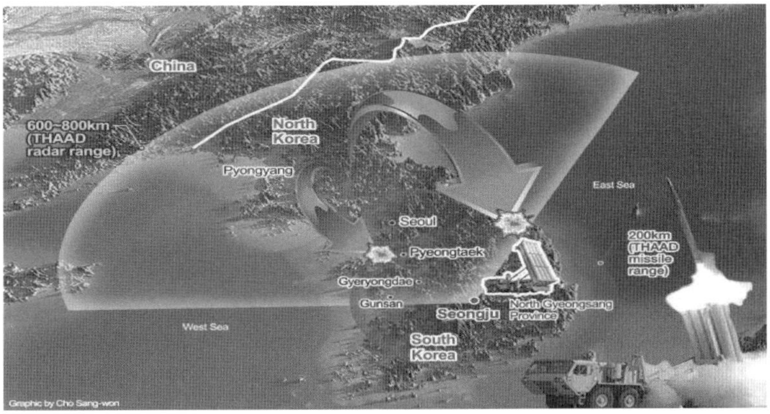

그림 3.19 한반도 사드 배치 레이더

더는 FBX-T (Forward-Based X-Band-Transportable)로 불리기도 하는데, 이스라엘과 터키 그리고 일본에 배치되어있다.

F-117A Stealth Fighter Aircraft

그림 3.20 F-117A Stealth Fighter Aircraft

레이더 반대 측정에 대한 필요성은 레이더의 성공적인 발전으로 흔히 말하는 E.C.M.(전자 방어 체계) 시대를 초래하였다. 고도의 반대 측정은 레이더 발생에 대해 레이더 전파를 반사하지 않는 비행기에 필요가 있다. 왜냐하면 고주파 레이더의 움직임은 마치 빛과 같아서 멀리 반사할 수도 있고 또 둔화되어 새까만 표면에 흡수되기도 한다. 그래서 스텔스의 형태가 중요한 것이다. 이 비행기의 가장자리는 날카롭고 그 표면은 적절한 배열 공간밀도 속에서 방울들과 같이 섬세하고 약한 섬유 물질로 채워진 다각적 합성 구조물로 제조된 표피로 되어 있다.

3.6 위성통신 시스템

3.6.1 위성통신의 개요 및 구성 요소

위성통신(satellite communication)은 마이크로파 또는 그 이상의 높은 주파수의 전파로 지표 상공에 떠있는 인공위성을 이용하여 지구국과 지구국간에 통신을 하는 방식이다. 위성통신 시스템의 구성을 그림 3.21에 나타낸다. 이는 크게 우주(위성)부분과 지상관제부분, 지구국 부분으로 구성된다. 우주(위성)부분은 위성본체와 방송이나 통신목적에 따라 본체에 탑재되는 탑재체를 가리킨다. 탑재체에는 지구에서 발사한 전파를 중계하는 중계기(transponder)와 안테나가 있다. 지상 관제 부분은 위성 본체와 탑재체를 제어하고 모

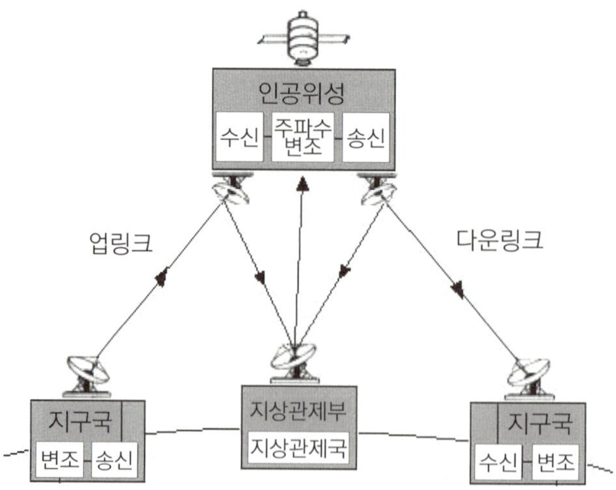

그림 3.21 위성통신 시스템의 구성

니터하기 위한 지상의 장비를 말하고, 지구국 부분은 위성본체와 송수신을 하는 지상의 설비로 기본적으로 송수신장치, 안테나 및 네트워크를 말한다. 또한 지구국은 지상에서 고정되어 있는 고정 지구국과 선박, 자동차, 항공기 등 이동체에 실려 있는 이동 지구국으로 구분된다.

위성을 통해 지구의 송신 지구국과 수신 지구국이 연결되는 경로를 위성링크 (satellite link)라 하고, 송신 지구국에서 위성으로 향하는 신호를 상향신호(up link), 위성에서 수신 지구국으로 향하는 신호를 하향신호(down link)라 한다. 이때, 상향신호가 가지는 주파수는 하향신호가 가지는 주파수보다 높은 것을 사용한다. 이것은 신호의 주파수가 같다면 두 신호 사이에 파동의 간섭현상이 발생하여 정상적인 중계가 불가능하기 때문이다.

정지위성을 이용하면 이론적으로는 그림 3.22와 같이 3개의 통신위성으로 전세계를 커버할 수 있다. 기존의 위성통신은 저속의 데이터통신, 국제 전화회선, 또는 국제간 TV 중계 등으로 지상통신 혹은 방송 서비스의 단순 중계기능 차원에서 운영되었으나, 전송 기술의 향상과 대역폭 증가로 고속 데이터 통신, 위성 ISDN 서비스, 위성 이동통신 등으로 적용 범위가 점차적으로 확대되고 있다. 여러 개의 위성을 띄워 이들을 하나의 네트워크로 묶는 국제 위성 휴대전화 서비스(GMPCS: Global Mobile Personal Communications by Satellite)가 가능해진다.

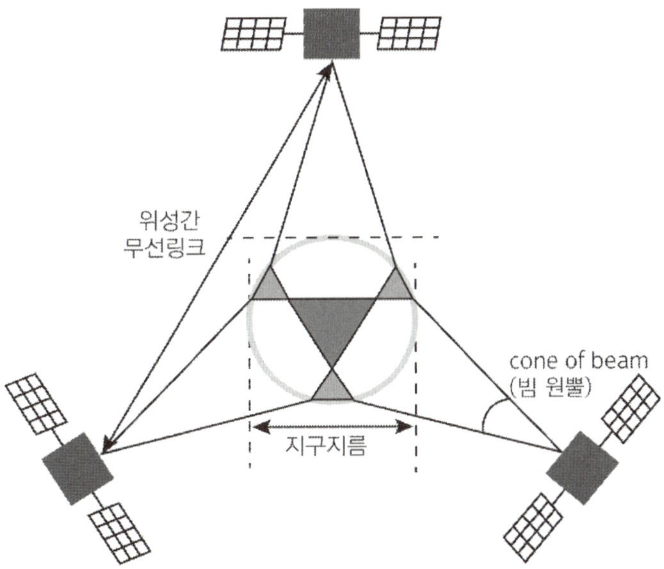

위성 3개로 전세계 커버 가능 (단, 통신불능지역 생김)

그림 3.22 세 개의 정지궤도 위성

◈ 보충학습 : 지상파 통신과 위성통신의 차이

지상파 통신의 경우는 높은 산 등에 설치된 여러 송신소를 통해 일반 가정으로 수신되는 시스템이지만, 위성통신의 경우는 위성이 중계국이 되어 직접 일반 가정으로 수신되는 시스템이다.

3.6.2 위성의 종류 및 서비스

위성의 종류 및 서비스 위성의 종류는 정지궤도 위성, 중궤도 위성, 저궤도 위성으로 그림 3.23과 같다.

1) 정지궤도 위성

정지궤도 위성(GEO: geostationary orbit satellite)이란 적도 궤도면을 갖는 궤도에 지구의 자전방향과 같은 방향으로 회전하는 위성을 말한다. 이 위성은 위성의 공전 주기와 자전 주기가 같으므로 위성이 항상 제자리에 위치하는 것처럼 보여 위성을 추적할 필요가 없으며 1일 24시간 연속통신이 가능하다, 정지궤도 위성은 지표 상공 약 36,000 km 상공에 떠 있으며, 세 개의 정지궤도 위성만으로 극지방을 제외한 전세계 통신망을 커버할 수 있어 국내 및 국제 통신용 위성 방식으로 널리 사용된다(무궁화 위성 1, 2, 3호는 바로 정지궤도 위성). 이 위성은 통신 회선의 에러율은 작으나 지상에서 거리가 멀기 때문에 전파 지연시간 (최소 238 ms, 최대 278 ms)과 전송 손실이 문제가 된다. 정지궤도(GEO) 위성을 이용한 서비스는 크게 방송과 통신으로 대별할 수 있으며, 위성 서비스가 가장 크게 발달한 미국을 중심으로 위성 서비스의 종류를 살펴보면 다음과 같은 분야들로 나누어 볼 수 있다.

- 고속 전송로(T1, E1): 대용량 고속 데이터 전송용으로 언론사, 통신서비스회사 등이 주로 이용하고 있다.
- 전화 통화 회선: 종래에는 주로 FDM/FDMA 다중 접속을 사용한 국제간 대용량 통화회선을 구축하였으나 이 후 디지털 다중 접속 방식(TDMA, CDMA 등)으로 변경되어 소용량의 전화 회선도 서비스하게 되었다. 이 서비스도 소형 기지국으로 가능하므로 보통 VSAT(소형 안테나 기지국) 서비스의 한 가지로 분류되며 망의 구성은 그물(mesh)형태가 주류를 이룬다.

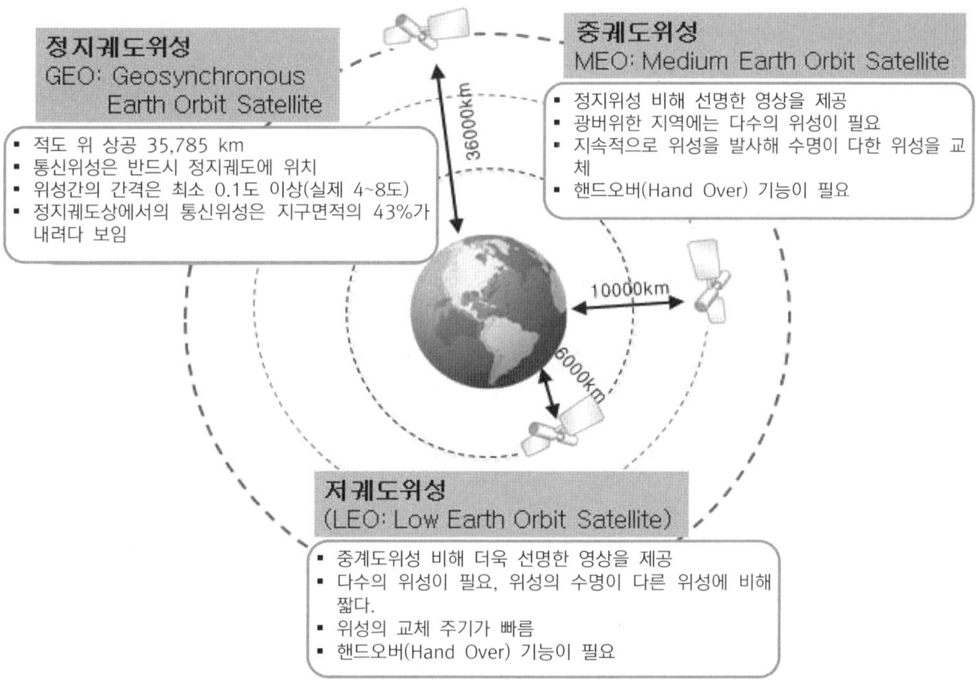

그림 3.23 인공위성의 분류

- 비디오 전송: 정지영상 내지는 동영상을 전송하는 것으로 주로 아날로그 FM 방식이 주종을 이루었으나 이 후 디지털 방식이 도입되면서 현재는 MPEG 표준에 의한 압축 방식이 사용되기 시작하고 있다. 비디오 전송 서비스는 상업적으로 가장 성공 가능성이 높은 것으로 용도에 따라 위성 CATV 전송, 홈쇼핑, 강의, 오락, 취미 등의 구체적인 응용이 가능하다.

- 데이터 통신망: 주로 소형 지구국 VSAT 망에 의한 저속, 양방향 데이터 전용망으로서 효율적인 저가격 망 구축이 성공의 열쇠이다. 전송 방식은 주로 TDM/TDMA에 의존하며 성형(star)망이 주류를 이룬다. 최근 기술의 발달로 인하여 VSAT 방식은 데이터 및 음성을 모두 서비스할 수 있고 접속 방식도 TDM/TDMA 등의 디지털 접속 방식이 제공되고 있다. 특히 데이터 방송은 지상방송 서비스에서도 지금까지 제공되지 않았던 새로운 서비스 분야로 전자신문의 뉴스 전송, 증권정보 제공, 전자 출판, 광고, 홈쇼핑 등을 예로 들 수 있다. 국내에서는 아직 데이터 방송에 대한 인식도가 낮아 정부 차원에서의 추진도 약한 편이지만, 이웃 일본에서는 위성 방송에 관심이 있는 기업들이 자체적인 조직을 결성하여기술 표준을 제정 중이고 일본 정부에서도 이러한 활동을 적극적으로 도울 만큼 활성화 단계에 있다.
- 기타 서비스: 대표적인 예로 SNG(Satellite News Gathering) 서비스를 들 수 있다. SNG는 이동 차량에 의한 현지 중계를 위성을 이용하여 수행하는 것으로서 종래의 중계 방식보다 훨씬 효과적이다. 이러한 SNG는 최근 한국통신을 통해 도입되었다.

2) 저궤도·중궤도 위성

저궤도 위성은 지구 상공 6000 km에 수분 주기를 갖고 돌며, 중궤도위성은 지구 상공10,000 km에 수 시간의 주기를 갖고 돌고 있는 위성을 말한다. 각 위성은 지구국 간에 위성이 마주 보이는 시간에만 통신할 수 있으며, 상시 통신망을 확보하기 위해서는 많은 위성을 사용해야 한다. 최근에는 이동통신의 동기식 방식에 적용되는 위성궤도이다. 이 위성은 정지궤도 위성이 커버하지 못하는 극지방에서의 통신도 가능하고 낮은 궤도에 띄워져 있어 전파 지연 및 전송 손실은 작으나, 여러 개의 위성을 운용해야 하기 때문에 비용이 많이 들게 된다.

저궤도 위성 시스템의 서비스는 음성, 데이터, FAX, 위치 정보 서비스 등의 기능을 목표로 하여 수십 개의 위성을 지상 1,000 Km 정도의 궤도에 띄워서 지구 어디에서나 통신이 가능하게 한다. 이 시스템의 기술적 핵심은 위성 간의 거리가 가까우므로, 적은 전력으로 통신이 가능하며 정지궤도에서와 같은 전송 지연을 염려할 필요가 없다는 장점이 있다. 따라서 작은 단말기로 세상 어디에서나 통화가 가능한 위성 이동통신의 실현이 가능하다는 점이다. 비록 통화요금은 좀 비싸더라도, 지상 이동통신망으로는 불가능한 영역에서의 이동 통신 서비스를 제공한다는 장점이 있다.

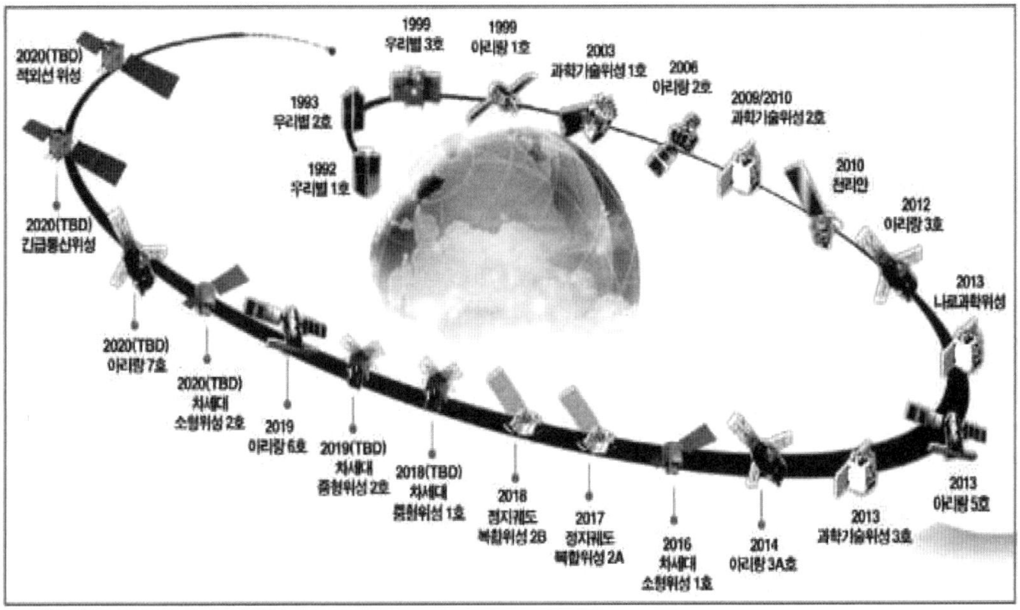

그림 3.24 국내인공위성의 개발현황

3) 무궁화 위성 서비스

❖ 직접 위성방송 서비스 (DBS)

방송사에서 위성으로 송신한 TV 프로그램을 전국 어디에서나 각 가정에 설치된 안테나를 이용하여 개별 또는 공동으로 동질의 화면을 수신할 수 있는 서비스이다. 전국 어디에서나 직경 40 cm 정도의 전용 안테나만 있으면 수신이 가능하고 무궁화 위성에 탑재되어 있는 27 MHz 방송용 중계기 3대를 이용하여 12개의 채널이 운용 가능하다. 그림 3.25는 무궁화호 위성의 구조 및 중계 범위를 보여주고 있다.

❖ 위성 기업 통신망 서비스 (VSAT)

위성 기업 통신망은 고출력 증폭기와 대형 안테나를 갖춘 중앙 지구국(HUB station)과 다수의 소형 지구국으로 구성된 별 모양 통신망이다. 중앙 지구국은 고전력 증폭기나 대형 안테나를 갖춘 지구국으로 주요 도시 기업체 본사의 주컴퓨터 등과 연결되며 VSAT 단말국은 소형 안테나를 설치하여 주 컴퓨터와 2,048 Mbps까지의 전송속도를 가진 데이터, 전화 및 영상회의 등에 이용될 수 있다. 패

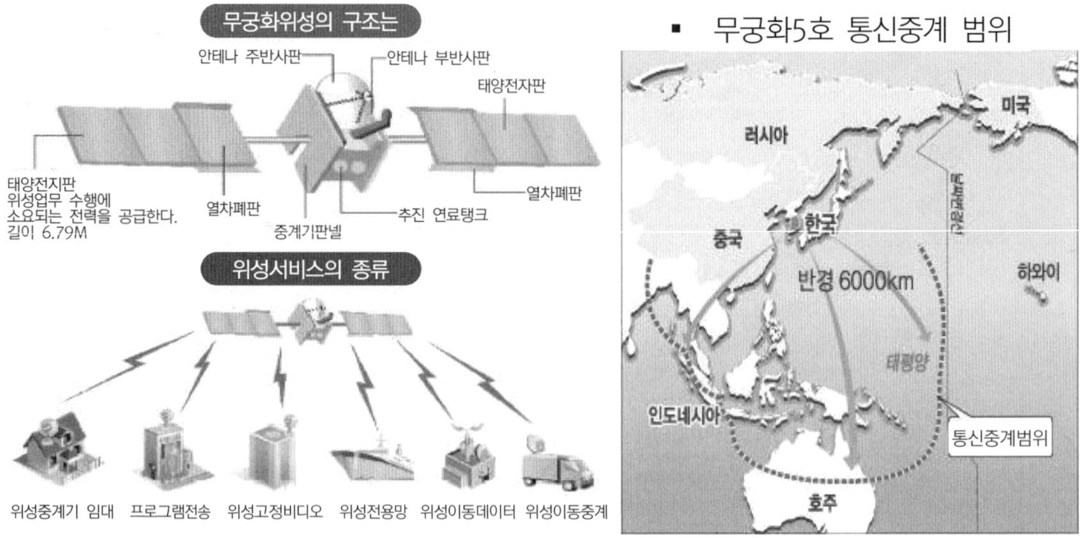

그림 3.25 무궁화호 위성의 구조 및 중계범위

킷 형태의 통신을 이용해 TDMA 방식으로 수백 개 소형지구국이 자신의 중심 지구국과 통신하며, 중심 지구국은 시분할 다중화(TDM) 방법을 이용하여 다수 지구국에 필요한 정보를 송신한다. VSAT 망의 주된 특징은 단방향 및 양방향 통신을 자유롭게 구성할 수 있으며, 산간벽지 혹은 공사현장 등 어디에서든지 통신망의 구성이 가능하고 1 : N의 형태이므로 지상망보다 구축 비용이 저렴하다.

❖ 위성 비디오통신 서비스

지상 TV 중계망 대신에 위성을 이용하여 전국 비디오 통신망으로 연결하는 것을 위성 비디오 통신이라 한다. TV 및 CATV 등과 같은 영상 및 음성신호를 전송하는 서비스로 영상 전송 품질이 6 Mbps급 미만인 단방향 영상 중계가 가능하다. 이 서비스를 이용할 경우 기존 중앙 및 지방 방송국 간에 상향 혹은 하향 정보 전송이 가능하며, CATV 프로그램 공급자가 유선방송 사업자에게 프로그램 공급이 가능하고, 기업의 사내방송, 분교를 갖는 대학에서의 원격 교육, 교회 등에서의 원격 선교 등의 목적으로 이용할 수 있다. 또한 이동 가능한 송출 장치를 통해 뉴스의 장거리 송수신이 가능하며 지상 위치에 상관없이 통신이 가능하므로 재해 및 긴급재난에 유리한 통신이다.

❖ 위성 디지털 회선 서비스

공중 통신망이나 기업 사설 통신망에 고속 전송으로 제공하는 서비스로서 위성을 이용하여 대도시 간 시외통신망 및 전화국 간 중계 전송로를 구성하여 통화량 폭주 및 지상 통신망에 장애가 발생했을 때 장거리 기간 전송로(PSTN, PSDN, CSDN)에 대한 백업용이나 주전 송로로 이용할 수 있다. 다수의 자회사를 갖는 통신량이 많은 대기업, 행정, 금융기관, 언론사 등에서 음성, 고속 데이터, 영상회의 등을 위한 고속 전용회선을 구축함으로써 기업 내 종합 통신망으로도 이용될 수 있다.

4) 위성통신의 장점

- 넓은 범위의 지역에서의 통신
- 고속 광대역 통신
- 동보성
- 적은 에러율과 통신 품질 균일
- 통신 비용 감소

위성통신은 통신망을 신속하게 건설할 수 있을 뿐 아니라 지구국의 트래픽 변동에 신속하고 유연하게 대응할 수 있다.

5) 위성통신의 단점

- 전송 지연 발생
- 큰 전파 손실
- 위성 일식의 영향
- 대 점 (Point-to-Point) 회선만 구성 가능

위성통신을 수행하기 위해서는 암호화 장비 및 대형 지구국 안테나가 필요하다. 위성의 경우에는 수명이 짧고 위성에 고장이 발생할 경우 수리하기 어려운 점이 있다.

6) 위성통신의 이용 분야

위성통신은 고속 광대역 통신이 가능하고 적은 에러율을 가질 뿐 아니라 통신 품질이 균일하기 때문에 많은 분야에서 응용되고 있다. 예를 들면

- 거리 전화통신, 텔렉스
- 데이터통신, ISDN 서비스
- 직접 위성방송 서비스(DBS; Direct Broadcasting Service)
- HDTV 방송, 복합 위성방송 서비스
- VSAT (Very Small Aperture Terminal) : 개인 휴대형 초소형 지구국 있다.

7) GPS

GPS(Global Positioning System)는 1970년대 초 미국 국방성에 의해서 개발되어 1990년대 중반부터 실용화된 고정밀 위치 확인 시스템이다. 전체 시스템은 지구 주위를 선회하는 총 24개 이상의 위성으로 각 위성에는 세슘원자 시계와 비슘원자 시계가 탑재되어 정확한 시각정보와 궤도정보를 송신하고 있다. 따라서 위치 정보는 GPS 수신기로 3개 이상의 위성으로부터 정확한 시간과 거리를 측정하여 3개의 각각 다른 거리를 삼각 방법에 따라 현 위치를 정확히 계산할 수 있다. 현재 3개의 위성으로부터 거리와 시간 정보를 얻고 1개 위성으로 오차를 수정하는 방법을 널리 사용하고 있다. GPS 위성을 이용한 위치 측정 기술은 고정밀 시각 동기, 측지, 배의 항해, 자동차나 항공기 같은 이동체의 항법장치 등 여러 분야에서 이용되고 있다.

8) 갈릴레오 프로젝트 [Galileo Project]

갈릴레오 프로젝트는 EU에서 추진중인 항법 시스템 개발 계획이다. 이는 고도 2만 3,000 Km 의 궤도에 쏘아올린 30기의 인공위성 네트워크를 이용해 지상에 있는 목표물의 위치를 정확히 추적해내는 것을 목표로 하고 있다.

현재 위성추적 시스템은 미국의 GPS와 러시아의 GLONASS 뿐이며 두 시스템 모두 군사적 목적으로 출발하였다. 그러나 미국의 GPS 는 민간용도로 쓰이고 있다. 따라서 갈릴레오 프로젝트는 유럽이 미국에 위성 정보를 의존하고 있는 상황에서 벗어나'정보독립'을 확보하기 위해 추진하고 있는 핵심 기술이다. 미국은 GPS 경쟁상대 출현을 막기 위해 갈릴레오 프로젝트에 강력히 반대하였다. 그리고 EU 내에서도 독일, 영국, 네덜란드 등 일부 국가들이 갈릴레오 프로젝트에 드는 막대한 비용, 시스템의 상용화 가능성 등을 우려해 반대 의사를 표명해왔다.

갈릴레오 프로젝트는 민간 용도를 우선시하고 있으며 2016년 현재 30기 운용계획에서 18기를 운용중이다. 2020년까지 총 30기의 위성을 쏘아 올려 24기는 실제 운용하고 6기는 예비 위성으로 운용할 계획을 가지고 있다. 우리 정부도 2005년 2월 갈릴레오 프로젝트에 참여하기로 결정했으며, 2006년 1월 한·EU 정부 간 갈릴레오 기본협정이 체결된 바 있다.

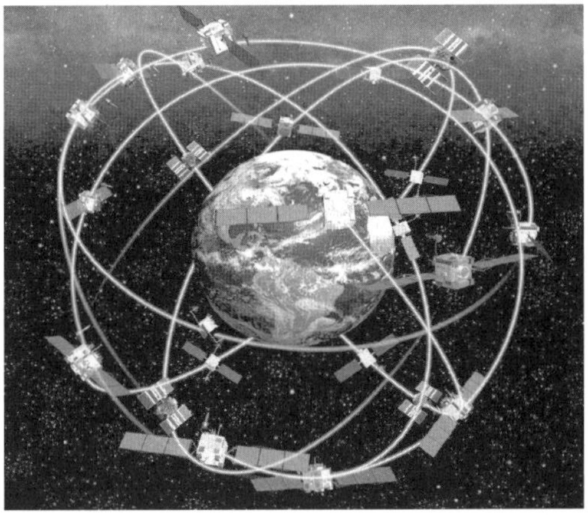

그림 3.26 GPS 위성

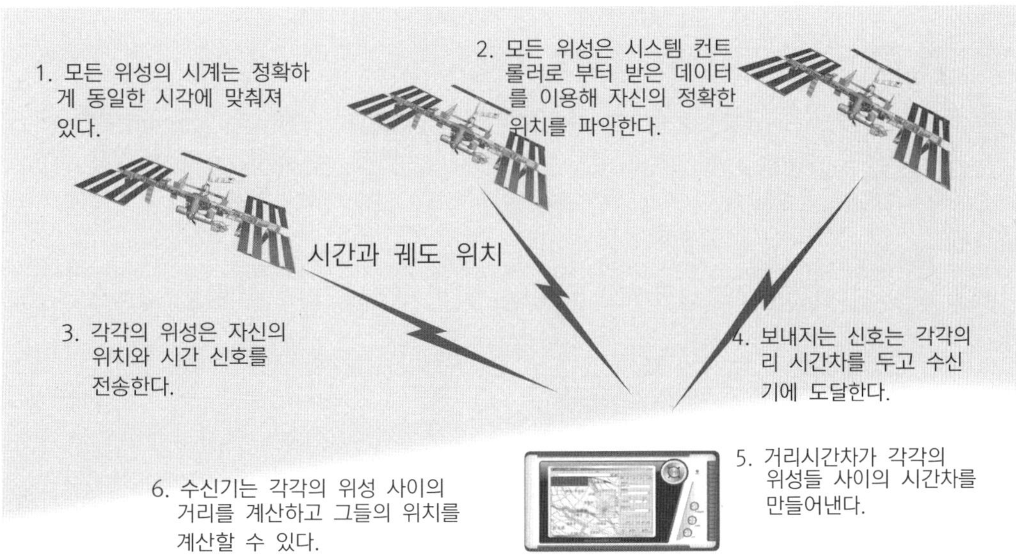

그림 3.27 GPS 위성을 이용한 위치 계산

표 3.2 GPS와 갈릴레오 시스템

위성의 고도	갈릴레오 시스템	GPS
위성의 고도	23,616 ㎞	20,200 ㎞
위성의 수	30기	24기
궤도수	3개 궤도면	6개 궤도면
궤도주기	14.4시간	12시간
사용주파수	1.1/1.2/1.2 ㎓	1.2/1.5 ㎓
무결성정보 제공여부	제공	미제공
서비스시기	2012년	제공중, 2014년 현대화
정확도	수평 4 m, 수직 8 m	수평13 m, 수직22 m 군용 : 수평 8 m, 수직 10 m
용도	민간용	민간 및 군용

◆ 보충학습 : 항공기 와이파이 서비스 (In-flight WiFi)

최근 일부 항공회사에서는 그동안 '인터넷 블랙홀' 지역으로 여겨지고 있었던 항공기 내부에서 승객들을 위한 와이파이 서비스를 시작하였다. 기내에서도 인터넷 접속, 이메일 송수신 등 서비스를 이용할 수 있게 된다. 이러한 기내 인터넷 서비스의 원리를 살펴보면 다음과 같다.

그림 3.28에서와 같이 항공기 내외부에 와이파이용 안테나, 위성 안테나 및 온보드 (On-board) 서버 등 기기를 설치하여 서비스를 하고 있다. 여기서 문제는 어떻게 지상과 연결을 하느냐 문제인데 그림 3.30에서와 같이 항공기가 지나가는 항로를 따라 비행기의 아래쪽 부분의 ATG-4 (Air-To-Ground) 안테나를 통해 지상 안테나에서 신호를 받아 와이파이를 가능하게 해 준다. 초기 ATG 서비스의 속도는 3Mbps였으나 현재 최신 ATG-4 서비스는 최대 10 Mbps까지 서비스가 가능하다.

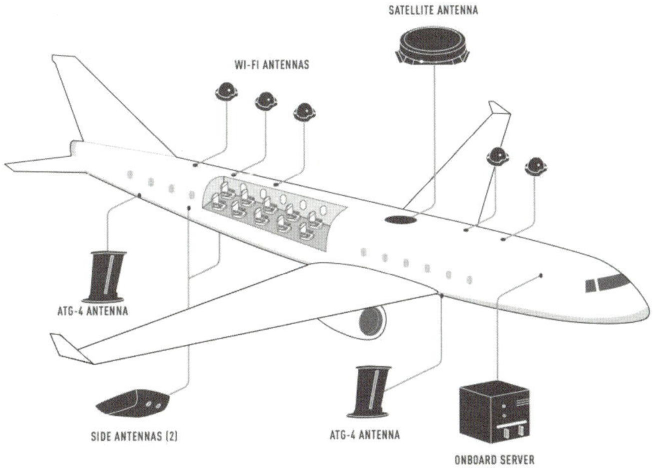

그림 3.28 비행기에 설치된 내·외부 안테나

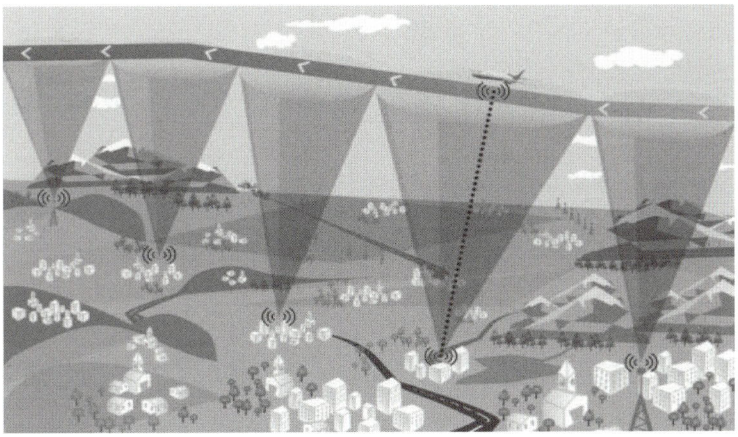

그림 3.29 횡단하는 항공기의 인터넷 연결

지상의 대륙을 횡단하는 경우에는 지상의 안테나로 통해 연결이 가능하지만 태평양 혹은 대서양을 횡단하는 경우에는 이러한 연결이 불가능하게 된다. 그래서 지상 연결이 불가능한 경우에는 위성통신을 이용하여 기내 인터넷 서비스를 끊김없이 연결해주고 있다. 이러한 위성기반의 기내 와이파이 서비스는 일부 기업이 현재 서비스를 하고 있으며 Ku 대역을 이용하여 서비스를 제공하고 있다. Ku-Band 서비스 속도는 30~40 Mbps 로 ATG 보다는 속도가 빠르다. 그러나

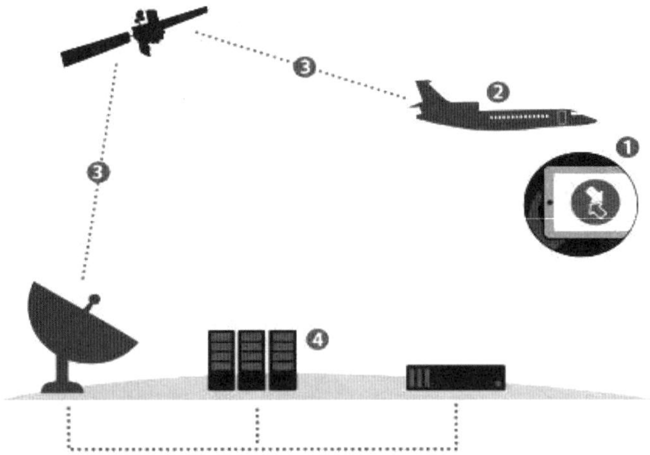

그림 3.30 Ku Band 기반의 항공기 와이파이 서비스

이 속도는 하나의 인공위성에 해당하는 속도이므로 해당 서비스 범위에 여러 대의 항공기가 서비스를 받는다면 서비스 속도는 이보다 느려 질 것이다. 또한, 인공위성과 기체의 거리에 따라 신호의 지연이 일어날 수 있으므로 넷플릭스 혹은 유투브 같은 스트리밍 서비스를 이용하기엔 적합하지 않다. 그림 3.30은 Ku 대역의 위성통신을 이용한 항공기 와이파이 서비스 개념도를 보여주고 있다.

네트워크 기술

4
CHAPTER

4.1 네트워크의 개요

4.1.1 네트워크란 무엇인가?

정보는 텍스트, 오디오 및 영상의 세 종류로 나눌 수 있다. 네트워크란 이들 정보를 전화, 컴퓨터시스템, 영상 통신시스템 등의 각종 전송매체를 통해 좀 더 빠르게, 어떤 곳이라도, 대량으로, 정확하게 통신을 할 수 있는 장치들의 집합체를 말한다. 네트워크는 용도, 규모 및 구조에 따라 여러 가지로 분류된다. 가장 대표적인 네트워크가 컴퓨터 네트워크이다. 컴퓨터 간 통신 혹은 단말과 호스트 컴퓨터간의 데이터전송은 대부분 컴퓨터 네트워크를 통해 하고 있다. 저속도의 데이터통신은 전화네트워크를 이용하기도 한다. 이와 같이 텍스트, 오디오 및 영상 등의 정보를 임의의 상대방에게 전송, 교환하는 하드웨어 및 소프트웨어 기술의 집합체가 네트워크 기술이다.

4.1.2 네트워크의 구성 요소

1) 논리적 구성 요소

네트워크를 논리모델로 표현하려면 그림 4.1과 같이 노드(Node), 링크(Link) 및 스테이션(Station)으로 구성된다. 여기서 노드는 교환기, 링크는 전송로 혹은 통신회선, 스테이션은 전화기, PC, 팩시밀리 등을 말한다. 스테이션의 경우 그것을 취급하는 사람을 포함한 기능을 나타내는 경우도 있다. 예를 들면 호스트 컴퓨터도 스테이션의 일종이다. 따라서 네트워크는 복수개의 노드와 그 사이를 연결하는 링크로 구성되고 프로세서가 서로 정보를 주고받는 시스템이라고 말할 수 있다.

2) 물리적 구성 요소

네트워크의 물리적인 요소로는 물리적으로 존재하는 통신단말기, 전송기기, 교환기기, 컴퓨터 등을 말한다. 물리적인 요소는 그림 4.2에 나타내며, 물리적인 요소와 논리적 요소의 결합 네트워크는 그림 4.3에서 나타낸다.

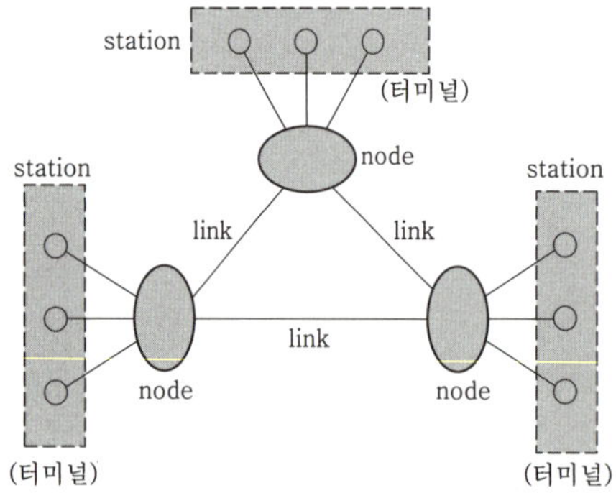

그림 4.1 네트워크의 논리모델

그림 4.2 네트워크의 물리적 요소

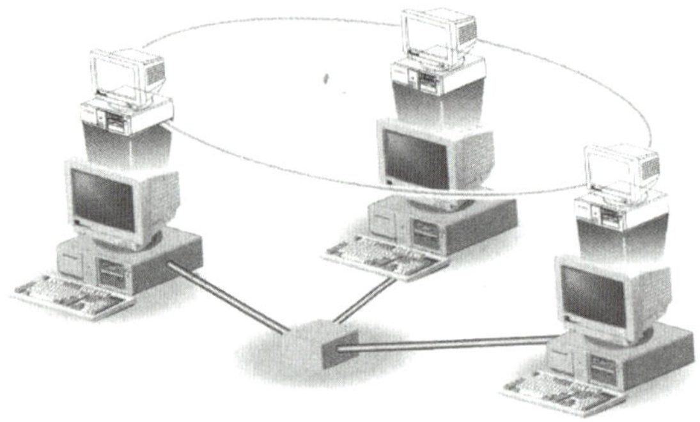

그림 4.3 물리적 요소와 논리적 요소의 결합 네트워크

4.1.3 네트워크의 분류

네트워크는 용도, 규모 혹은 구조에 따라 여러 가지로 분류할 수 있다. 그림 4.4에 나타내듯이 정보내용의 관점에서 네트워크를 보여주고 있으며 전화네트워크, 컴퓨터네트워크, 영상통신네트워크로 분류할 수 있다. 그리고 서비스 종류에 따라 분류하면 공중네트워크, 전용네트워크, 이동통신 네트워크로 분류할 수 있다. 또한 네트워크의 규모, 교환방식 또는 토폴로지(형태)에 따라 분류할 수 있다. 가장 대표적인 네트워크인 컴퓨터네트워크는 4.2절에서 설명하며, 본 절에서는 네트워크의 크기, 네트워크의 토폴로지에 따라 분류하는 것을 상세히 설명한다.

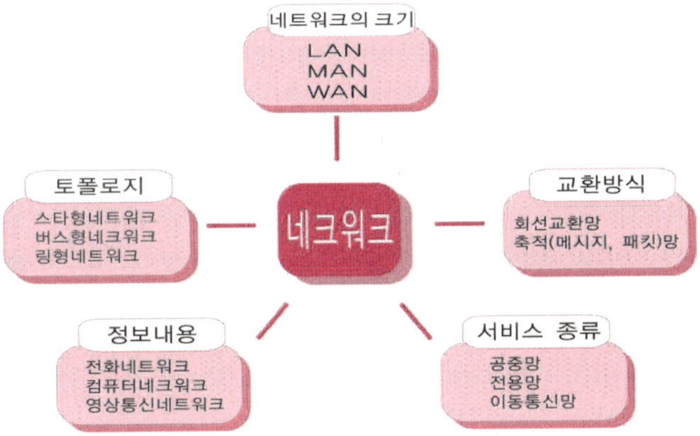

그림 4.4 네트워크의 분류

1) 네트워크의 크기에 따른 분류

❖ LAN (Local Area Network)

LAN은 지역적으로 수 Km 이내의 컴퓨터 시스템 간의 정보통신을 하기 위한 네트워크로서 인접한 건물의 터미널이나 컴퓨터 간을 연결한다. 네트워크가 작은 영역 안에서 형성되기 때문에 보다 안정적인 통신을 할 수 있게 된다. LAN은 기업이나 학교와 같은 통신네트워크 주체가 네트워크를 소유하고 관리하는 것이 일반적이다. 표준 LAN으로서 Ethernet과 FDDI를 주로 사용하지만 최근에는 무선으로 연결하는 경우도 있다.

❖ MAN (Metropolitan Area Network)

MAN은 같은 도시 내의 LAN들이 서로 연결된 네트워크이다. MAN은 LAN과 마찬가지로 높은 데이터 전송률을 갖는다. MAN은 WAN보다는 작은 규모이고 네트워크의 대규모적인 형태가 점차 세분화되고 있는 경향이기 때문에 최근에 인기를 모으고 있는 네트워크이다.

❖ WAN(Wide Area Network)

WAN은 보통 LAN과 MAN이 함께 연결된 형태이다. WAN은 국내 전 지역 혹은 세계와 연결되는 네트워크이다. 또한 WAN은 공중네트워크(public network)로 불리는데, 이는 네트워크 통신사업자가 통신네트워크 자원을 소유하고 가입자에게

(a) LAN (b) MAN (c) WAN

그림 4.5 네트워크의 크기에 따른 분류

서비스를 제공하기 때문이다. 일반적으로 LAN과 WAN은 전송 속도에 있어서도 차이가 있다. WAN은 일반적으로 Mbps정도로 동작하는 반면에 LAN은 Gbps정도로 동작한다. WAN은 넓은 지역을 네트워크로 연결하고 있기 때문에 LAN에 비해서 에러율이 높다. 그러나 최근에는 통신 사업자에 의해 어떤 지역에서든지 대용량 데이터를 고속으로 전송할 수 있게 무선 혹은 광케이블로 네트워크가 구축되어 있다. 이용자는 설비사용료, 통신서비스 사용료를 지불하고 각종의 고속서비스를 제공받을 수 있다.

2) 네트워크의 토폴로지에 의한 분류

토폴로지는 네트워크를 구성하는 노드와 이들 노들간의 연결 상태에 대한 기하학적 인배치를 의미하며"통신네트워크 구조"라고도 한다. 토폴로지의 대표적인 스타(Star) 구조, 링(Ring) 구조, 버스(Bus) 구조, 하이브리드(Hybrid) 구조가 있으며, 그림 4.6에 나타내었다. 이들 토폴로지에는 각각 장점과 단점을 기지고 있어 네트워크의 사용목적, 규모 등에 의해 따로 사용된다.

스타 구조는 네트워크 중심에 교환기 등의 노드를 두고 그것에 복수의 단말을 방사적으로 연결한 방법이다. 각 단말은 하나의 전송로를 점유하고 있기 때문에 단말의 추가와 삭제가 쉽고 관리가 쉽다. 전송로의 절단 등의 사고에는 접속된 단말 간의 장애로 국한되기 때문에 네트워크의 전체에 영향을 미치지 않는 장점이 있다. 다만 중앙의 노드가 장애가 발생하는 경우에는 네트워크 전체에 영향을 미치는 약점이 있기 때문에 예비용의 중앙단말을 준비하는 대책이 필요하다.

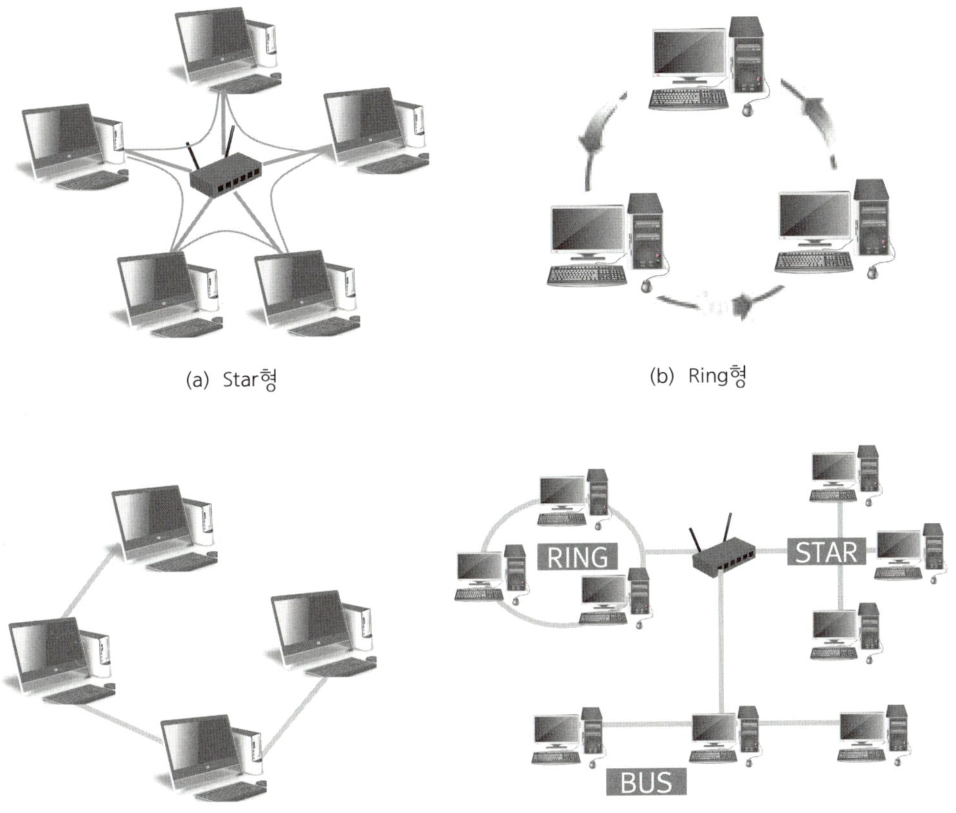

(a) Star형 (b) Ring형

(c) Bus형 (d) hybrid형

그림 4.6 네트워크 토폴로지의 종류

링 구조는 각 노드를 루프형으로 접속한 형태이다. 회선을 공유하기 때문에 회선의 길이가 짧고 제어도 간단하다. 그러나 트래픽이 많아지면 회선용량이 부족한 경우가 발생한다.

버스 구조는 데이터가 전송되는 공통의 고속버스에 호스트컴퓨터나 컴퓨터 등의 각종 노드를 접속하는 형태이다. 주로 LAN에 사용된다. 또 다른 구조로는 스타 구조, 링 구조, 버스구조들이 서로 다른 구조와 혼합된 형태로 하이브리드 구조가 있다.

4.2 컴퓨터 네트워크

컴퓨터 네트워크란 컴퓨터자원을 다수의 사용자가 공동으로 이용하는 것을 주목적으로 하여 독립된 기능을 갖는 컴퓨터 또는 이를 주체로 한 단말장치 등을 통신네트워크를 거쳐서 상호 접속한 네트워크를 말한다. 초기에는 컴퓨터가 단독으로 사용되었기 때문에 네트워크와는 무관하였으나 컴퓨터의 대형화에 따라 그림 4.7 (a)와 같이 호스트 컴퓨터에 통신회선을 매개로 복수의 단말을 연결하여 사용하게 되었다. 이것이 컴퓨터 네트워크의 시작이다. 그 후 단말수와 종류가 증가하고 컴퓨터 기능도 더욱 다양화됨에 따라 복수의 단말로부터 회선을 모아 중계하여 연결하는 형태와 복수의 호스트컴퓨터를 데이터통신회선으로 상호 연결하는 그림 4.7의 (b)와 같은 형태가 등장했다. 지금은 데이터통신네트워크와 같은 공중데이터통신네트워크(PSDN)를 이용하기도 하고 LAN 등으로 연결된 것을 외부와 연결하는 그림 4.7의 (c)와 같은 형태로 발전하고 있다. 네트워크가 진화할수록 원활한 데이터통신을 위해서는 각 네트워크를 만족하는 적절한 프로토콜을 사용해야 한다. 실제로는 프로토콜 변환을 하는 게이트웨이를 통해 종류가 다른 두 개의 네트워크를 연결하지만 최근에는 표준 프로토콜을 이용해 상호접속을 쉽게 하고 있다. 본 절에서는 컴퓨터 네트워크의 구성형태와 필요한 하드웨어/소프트웨어를 설명하고 네트워크 프로토콜과 OSI모델에 대해 상세히 설명한다.

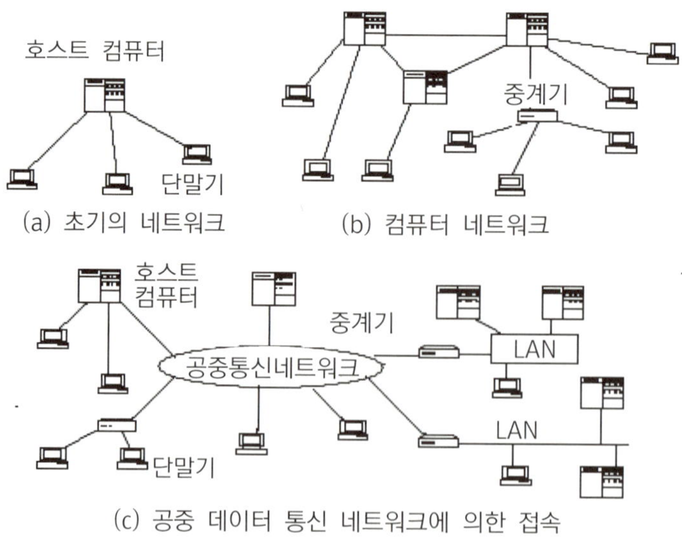

그림 4.7 컴퓨터 네트워크의 발전과정

4.2.1 네트워크 프로토콜과 OSI 모델

1)프로토콜

프로토콜(Protocol)은 원래 외교상의 언어로서 국가와 국가 간의 교류를 원활하게 하기 위한 외교에 관한 의례나 국가 간에 약속을 정한 의정서이다. 이것을 통신에 적용한 것이 통신 프로토콜이다. 즉 통신 프로토콜은 어떤 시스템이 다른 시스템과 통신을 원활하게 하기 위해서는 무엇을 통신하고, 어떻게 통신하며, 언제 통신을 할 것인가 하는 등의 시스템 간에 사전에 협의된 규약에 따라야 하는데 이러한 규약을 말한다.

예로서 전화의 경우를 생각해 보자. 전화를 걸기 위해 최초에 수화기를 들고 다이얼링하여 상대방이 나오는 것을 기다린다. 상대방이 나오면"여보세요, XXX양 입니까?","네, 그렇습니다","저는 YYY입니다"라고 상대를 확인한 후 용건에 들어간다. 이때 두 사람이 서로 다른 언어를 사용하면 의사소통이 될 수가 없다. 그러나 인간의 대화에서는 말의 전후관계, 상대방의 표정들을 통해 어느 정도 문법에 맞지 않아도 서로 간에 내용을 전달할 수 있다. 이것은 인간이 분석하고 추론하는 지능을 지니고 있기 때문이다. 그러나 컴퓨터의 경우에는 인간의 경우처럼 융통성이 없으므로, 미리 규칙을 정해놓고 이 규칙을 따르지 않으면 통신이 불가능하다. 따라서 컴퓨터가 관여하는 통신에서는 규칙, 즉 프로토콜의 확립이 필수적이다. 그림 4.8에 프로토콜의 개념을 나타낸다.

통신 프로토콜은 데이터형식과 통신절차의 2가지로 되어있다. 데이터형식이라는 것은 정보를 어떤 형식으로 전송할까를 정한 것이고, 통신절차는 어떤 순서로 데이터들을 주고받고 할 것인가를 정한 것이다. 그러므로 통신프로토콜에 의해서 컴퓨터 간에 "어떤 순서로" "어떤 형식으로" "어떤 정보를" 주고받고 하는 것이 정해지는 것이다(그림 4.9 참조). 통신의 절차를 정하는 것은 대단히 복잡한 작업이기에 간단한 작은 프로토콜을 몇 개씩을 서로 엮어서 사용하는 것이 일반적이다.(그림 4.10 참조)

그림 4.8 프로토콜

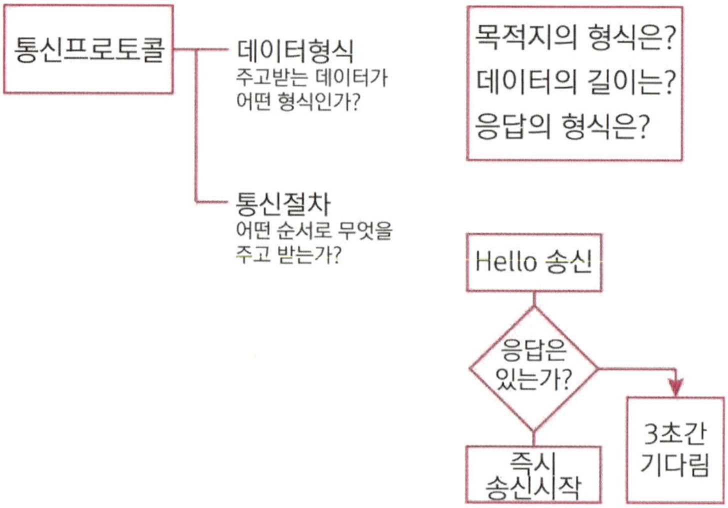

그림 4.9 통신 프로토콜에서 규정하는 것

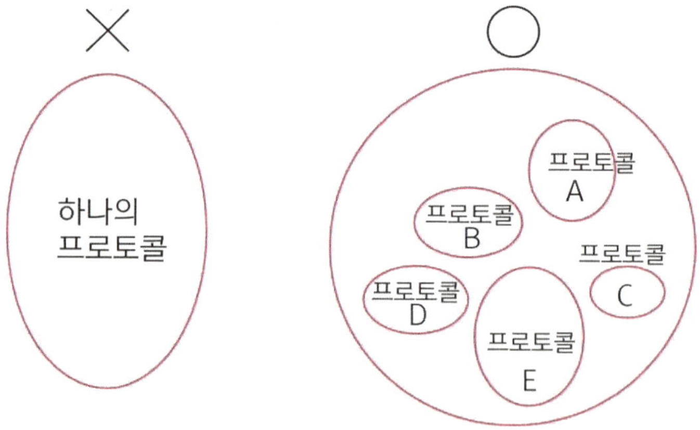

그림 4.10 프로토콜의 일반적 형태

2) OSI 참조모델

세계의 각 나라 또는 생산업체마다 제 각기의 통신 구조와 통신 프로토콜을 고안하여 컴퓨터 시스템간의 통신에 이용했다. 그러나 서로 다른 컴퓨터들을 통신회선으로 묶어 상호간에 통신하는 수요가 늘어나면서 시스템간의 호환성 문제가 대두되었다.

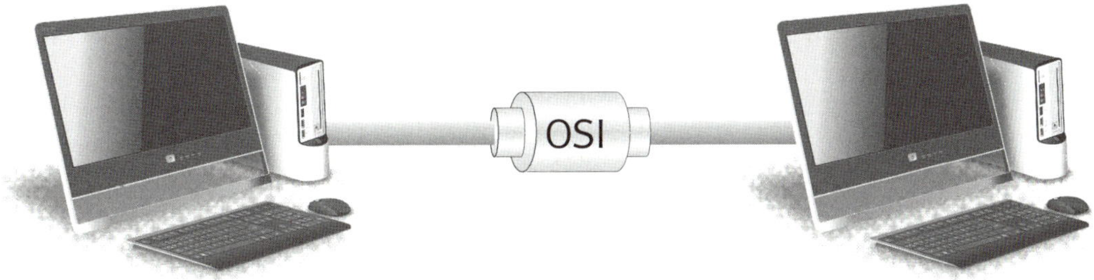

그림 4.11 OSI의 개방형 시스템간 상호접속

ISO(국제 표준 위원회) 및 CCITT(국제 전신 전화 자문 위원회)를 중심으로 하여 정립된 개방형 시스템간 상호접속(OSI: Open Systems Interc onnection) 개념은 이러한 호환성의 문제를 해결하기 위한 것이다. OSI의 개방형 시스템간 상호접속을 그림 4.11에서 나타낸다.

OSI의 개념을 나타내는 것이 OSI 참조모델이다. OSI참조모델에서는 통신기능을 7개의 계층(Layer)로 나누어 통일시키고 있다. 다른 컴퓨터상에 있는 두 개의 응용 프로그램이 협력하여 통신을 이루는 작업을 하나의 단위로 처리하기에는 너무 복잡하다. 따라서 문제를 관리 가능한 부분들로 나뉘어져야 한다. 계층 구조(1ayering)기법은 통신기능을 수직적인 계층으로 분할하여 각 계층마다 다른 시스템과 통신을 하는 데 필요한 기능들을 수행하도록 하며, 각 계층은 바로 밑의 계층의 기능을 그대로 받아 사용한다. 각 계층은 바로 위의 계층에 서비스를 제공한다. 이와 같이 OSI에 따르는 시스템들은 모델, 서비스, 프로토콜 세 가지를 모두 똑같이 지켜야만 상호접속이 가능하게 된다. 각층은 하위층의 기능을 사용해서 통신처리를 하고, 그것을 상위층에 제공한다.

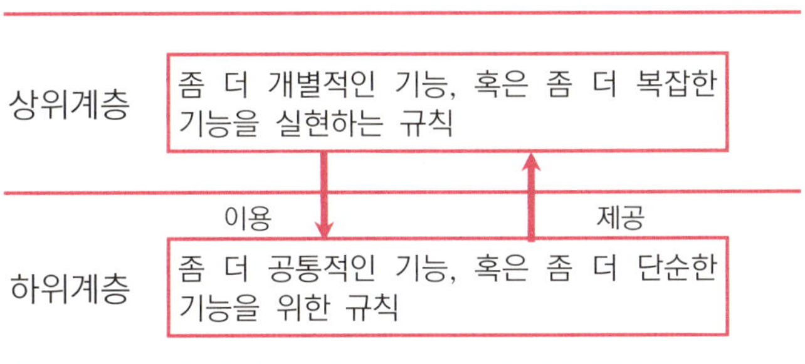

그림 4.12 상하위 계층으로의 분리

통신 프로토콜에는 다양한 종류가 있으나 보통은 보다 공통적인 기능을 하위계층에 두고 보다 개별의 기능을 상위에 두어 상위의 기능이 하위의 기능을 이용하는 형태의 계층적인 상호작용을 하는 것이 일반적이다. 이것의 장점은 계층간의 분업이 가능하게 하며, 계층의 경계를 설정하므로 프로토콜의 위치가 명확해지고, 재편성이 쉬어진다는 것이다. 그림 4.12에 상하계층으로 나누는 이유를 설명하고 있다.

3) OSI 모델 7 Layers

OSI 참조모델의 7 계층은 그림 4.13과 같다. 이 일곱 계층들은 네트워크 안에서 어떻게 컴퓨터 데이터들이 한 지점에서 다른 지점으로 이동되는가를 정의하고 그 방법을 기술하여 준다. 계층 1, 2, 3의 세 개의 계층은 사용자의 네트워크 인터페이스 프로토콜에 관한 사항으로 어떤 한 사용자가 데이터를 네트워크에 실어서 보내고자 하는 최종 행선지까지 데이터의 훼손 없이 보내는 문제들을 다룬다. 계층 4는 전체의 메세지들이 안전하고 훼손됨 없이 완벽하게 네트워크상에서 움직이는 기능을 수행한다. 계층 5, 6, 7은 사용자/사용자절차 즉 세션, 포멧, 응용프로그램 등에 관한 사항들을 규정하고 정립하는 역할을 담당한다.

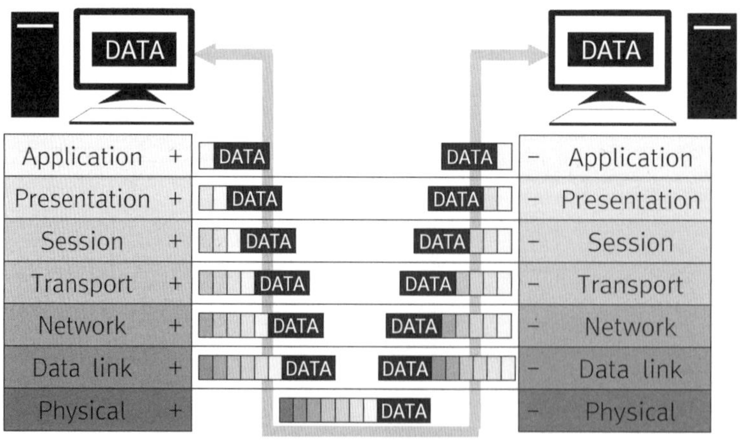

그림 4.13 OSI 참조모델의 7계층

OSI 각 계층의 기본 역할과 기능을 표 4.1에 나타낸다.

표 4.1 OSI 7계층의 기본 역할과 기능

계층		기본 역할	기능
응용 계층		사용자가 OSI 환경에 접근 가능하도록 구체적인 통신서비스를 실현한다.	전자메일, Web, 기타 응용 프로그램
표현 계층		데이터 표현형식에 차이에도 응용프로세서들이 그 차이에 관계없이 상호 변환한다.	데이터 재구성, 코드 변환, 구문 검색
세션 계층		통신의 시작부터 종료까지의 순서를 설정하고 제어한다.	연결 접속 및 동기 제어, 오류 복구
전송 계층	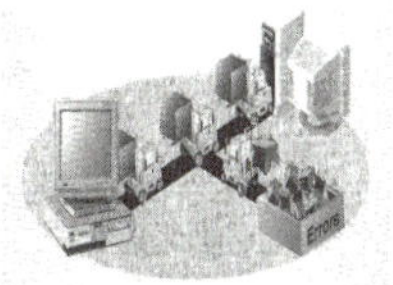	단말 사이에 오류 수정과 흐름 제어를 수행하여 신뢰성 있고 명확한 데이터 전송을 제공한다.	흐름 제어, 네트워크 주소 지정
네트워크		중계를 통하여 계층 간의 연결을 설정하고 필요한 데이터 전송과 교환 기능을 제공한다.	접속 방식, 오류 검출 정립, 흐름 제어
데이터 링크 계층		물리적인 링크를 통해 신뢰성 있는 정보를 전송하는 기능을 제공한다.	데이터 재구성, 코드 변환, 구문 검색
물리 계층	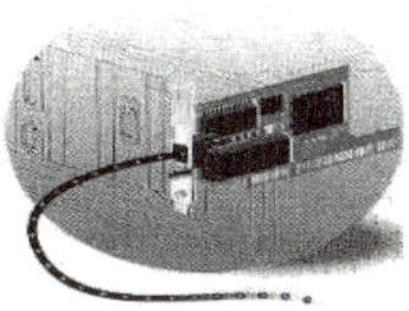	기계적, 전기적, 기능적, 절차적 특성을 갖는 구조화되지 않은 비트 스트림(데이터 비트)을 물리적 매체를 통해 전송한다.	케이블 형태, 전송 방식, 신호 형식

4.2.2 클라이언트-서버와 피어-투-피어

통신하는 컴퓨터간의 관계는 그 역할분담에 따라 크게 클라이언트-서버형과 피어 투 피어형으로 나눌 수 있다.

1) 클라이언트-서버 네트워크

클라이언트-서버 네트워크에서 컴퓨터는 서버와 클라이언트의 2종류의 역할이 있다. 서버(Server)는'봉사자'라는 뜻으로 네트워크상에서 각종 프로그램 파일과 데이터를 가지고 처리기능의 대부분을 제공하는 '주'컴퓨터이다. 이것은 PC가 될 수도 있고 워크스테이션, 미니, 중대형급 컴퓨터도 될 수 있으며, 네트워크의 핵심에 해당된다. 한편 클라이언트(Client)는"고객"이라고 하며 서버가 제공하는 기능을 사용하는 종의 관계에 있다. 하드웨어적인 구분으로 PC와 워크스테이션으로 노드(Node)라고 표현하기도 한다. 한 컴퓨터가 네트워크에 접속되는 경우 이 컴퓨터는 클라이언트가 된다. 전통적인 컴퓨터 네트워크 개념은 클라이언트-서버 시스템을 의미한다고 봐도 무방하다. 보통의 경우 서버에 중요기능을 두고 다수의 클라이언트가 이용을 하는 형태이기에 서버에 많은 부하가 걸리는 형태이다.

네트워크는 서버와 클라이언트, 네트워크 인터페이스 카드(NIC)와 케이블링 시스템, 공유할 기자재 및 네트워크 운영체제로 구성된다. 서버는 Windows, OS/2,UNIX 운영체계를 다 지원한다. 클라이언트-서버 네트워크를 그림 4.14에 나타내었다.

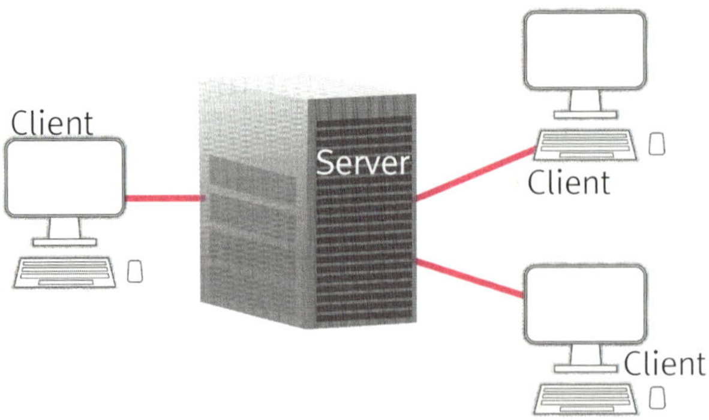

그림 4.14 클라이언트-서버 네트워크

2) 피어-투-피어 네트워크

피어(Peer)란 서버 또는 클라이언트의 개념과 상반되는 것으로, 동료 또는 대등한 사람을 뜻한다. 즉, 어느 한쪽도 봉사자가 되거나 고객이 되는 일이 없이 동등하게 작동하는 네트워크를 뜻하는 것으로 고정적인 역할이 정해져 있지 않다. 피어-투-피어 방식은 네트워크에 연결된 각각의 컴퓨터가 클라이언트 혹은 서버로 운영되는 것으로 클라이언트-서버 방식이 클라이언트이면 클라이언트, 서버이면 서버의 한 가지 기능만으로 운영되는 것과는 차이가 있다.

예를 들어 A, B, C의 컴퓨터로 구성되는 네트워크를 살펴보자. 피어-투-피어 방식을 사용하는 경우 A, B, C 3개의 컴퓨터 모두 클라이언트와 서버로 동작할 수 있다. A는 B의 서버가 되는 동시에 C의 클라이언트가 될 수도 있고 B는 A의 클라이언트지만, 어느 순간 A와 같은 서버가 될 수도 있는 것이다. 다시 말해 각 컴퓨터는 필요에 따라 얼마든지 클라이언트와 서버로 사용할 수 있다는 것이 피어-투-피어 네트워크의 특징이다.

피어-투-피어 네트워크는 클라이언트-서버와 달리 전용서버가 존재하지 않으며 각 노드가 동등하게 파일 서버 역할을 수행하면서 각 네트워크 노드의 여러 가지 자원들을 공유하게 해준다. 클라이언트-서버 네트워크와는 달리 노드와 노드 간의 메시지 전달은 서버를 거치지 않고 직접 둘 간에 이루어진다. 각 컴퓨터에 보수가 필요한 경우가 생기므로 보수경비가 상승할 여지가 있으며, 연결되는 컴퓨터의 처리능력이 뛰어나지 않기 때문에 거대한 처리를 필요로 하는 용도로는 사용하지 않고 있다. 피어-투-피어 네트워크 구조를 그림 4.15에 나타낸다.

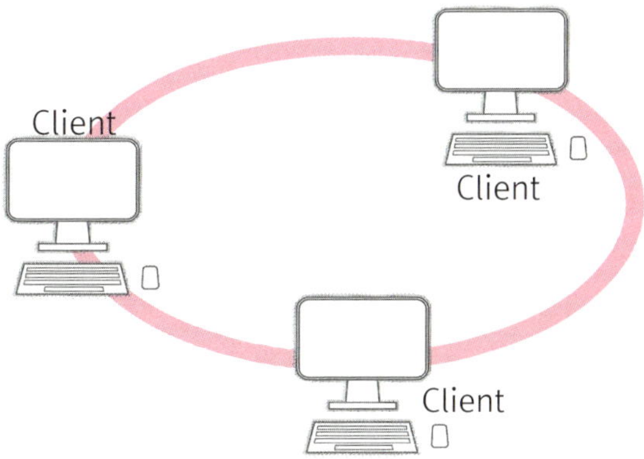

그림 4.15 피어-투-피어 네트워크

4.2.3 컴퓨터 네트워크의 하드웨어/소프트웨어

1) 하드웨어

네트워크의 하드웨어는 네트워크를 만드는 물리적인 요소로 컴퓨터서버, 컴퓨터, 저장장치, 프린터, 네트워크 케이블, 네트워크 인터페이스 카드, 인터네트워킹 장비 등을 가리킨다.

❖ 서버 컴퓨터

디스크에 담겨있는 소프트웨어 및 데이터를 공유할 수 있게 해주며 프린터의 사용, 디스크의 백업 등과 같은 자원의 공유를 가능하게 해준다. 미니컴퓨터나 대형 컴퓨터 등과의 통신에 필요한 기능을 제공하고 공중네트워크의 이용을 가능하게 한다. 네트워크상의 자원을 제어, 관리를 하며 시스템의 보안을 유지하는 기능을 제공한다. 서버는 전용 서버와 범용 서버가 있는데, 전용 서버는 네트워크 서비스를 위해 특별히 설계된 전용컴퓨터로 범용 서버에 비해 기능이 우수하다. 파일 서버, 팩스 서버, 응용 서버 등 서버의 종류를 그림 4-16에 나타낸다.

(a) 서버 컴퓨터

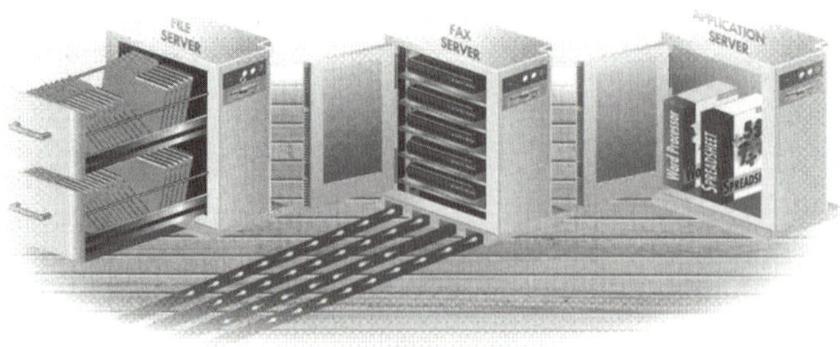

(b) 서버 컴퓨터의 종류

그림 4.16 서버 컴퓨터

❖ 네트워크 케이블

노드 간을 연결시키는 매개체로서 동축 케이블(THIN, THICK), 트위스트 페어(UTP, STP), 광파이버 케이블, 무선 시스템 등이 있다.

그림 4.17 네트워크 케이블

❖ 네트워크 인터페이스 카드

네트워크 인터페이스카드(Network Interface Card 이하 NIC)는 일반적으로 PC의 확장슬롯 내에 장착하는 보드로써, 데이터 워크스테이션 또는 서버로부터 네트워크로 이동한다든가 네트워크에서 컴퓨터로 이동하기 위한 통로의 역할을 수행한다. 즉 네트워크 전송매체와 노드 간을 연결시키는 역할을 한다. 인터페이스 버스 방식에 따라 8비트, 16비트(ISA),32비트(EISA) 용으로 나눈다. 제품으로 3COM사, Intel사, Novel사의 LAN 카드와 대만제LAN 카드가 주로 사용된다. 3COM사의 대표적인 LAN 카드인 EtherLinkIII와 노트북에 사용되는 PCM-CIA 카드, 컴퓨터 본체와 LAN 카드의 접속을 그림 4.18에서 보여준다.

❖ 트랜시버 (Transceiver)

10BASE5 백본 케이블과 PC를 연결하기 위한 장치로서 송신기능, 수신기능을 가지고 있다. 즉, 송신기(Transmitter)와 수식기(Reciver)의 합성어이다. Chip형태, Board 형태, Module형태가 있으며 사용형태에 따라 각각이 사용된다. 현재 100 Base T 트렌시버 1000 Base T 트랜시버, 광트랜시버 등이 사용되고 있다.

(a) 3 Com사의 Ether Link Ⅲ

(b) 노트북용 LAN카드

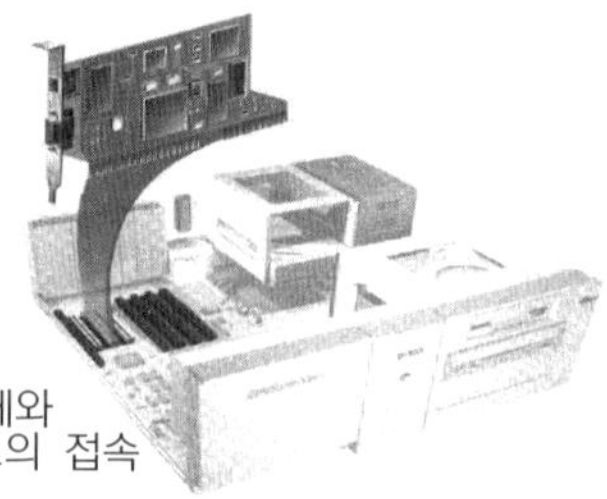

(c) 컴퓨터본체와 LAN 카드의 접속

그림 4.18 네트워크 인터페이스 카드

그림 4.19 트랜시버

2) 인터네트워킹 장비

별개의 네트워크를 하나의 통합된 네트워크로 연결하는 방법, 연결하는 과정 등을 일컬어 인터네트워킹(Internetworking)이라 한다. 인터네트워크를 구성하는 장비로는 허브(Hub), 리피터(Repeater), 브릿지(Bridge), 라우터(Router), 게이트웨이(Gateway) 등이 있다.

❖ 허브 (Hub)

네트워크상의 모든 컴퓨터(클라이언트)는 반드시 전송매체를 통해서 서버에 연결되어야 한다. 그러나 서버는 보통 하나의 네트워크 인터페이스 카드만을 가지고 있기 때문에, 서버에 네트워크상에 있는 모든 컴퓨터를 연결하는 것은 사실상 불가능하다. 여러 대의 컴퓨터를 수용하기 위해 네트워크는 허브를 사용할 수 있다. 이러한 허브는 전송 중 깨진 수신 신호를 복원하여 다른 포트에 송신하고, 신호의 충돌 검사를 행하는 리피터의 기능을 수행한다. 또한 점대점(Point-to-Point) 연결을 위한 장비로 사용되거나, 사무실내에서 사용되고10BASET 케이블을 접속하여 사용된다.

단순한 기능만을 지닌 더미(Dummy)형과 FDDI, 라우터 기능, 네트워크 관리모듈인 SNMP(Simple Network Management Protocol)을 장착하도록 고안된 인텔리전트(Intelligent)형 허브가 있다. 허브와 컴퓨터의 연결구성을 그림4-20에서 보여준다.

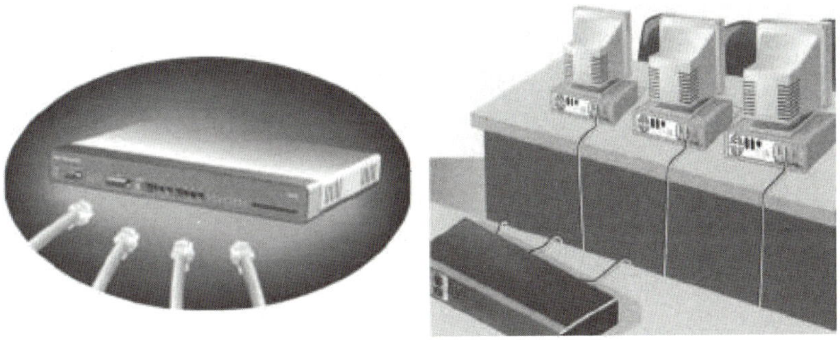

(a) 허브 (b) 네트워크 구조

그림 4.20 허브

❖ 리피터 (Repeater)

리피터는 물리층이 서로 다른 네트워크간이나 일정거리 이상 떨어진 네트워크간을 접속하는데 사용된다. 그림 4.21(c)와 (d)에서와 같이 단순한 신호의 증폭과 데이터를 변환시키지 않고 그대로 재생 중계하는 기능을 가지고 있기 때문에 재생기 혹은 중계기로 불리기도 한다. OSI 제1계층인 물리계층에 해당되며, 동일한 토폴로지를 가진 LAN을 연결할 경우에만 사용되고, 접속되는 수가 보통 두 개까지로 제한된다. 리피터에 의해 컴퓨터 네트워크가 확장되는 모습을 그림 4.21에서 나타낸다.

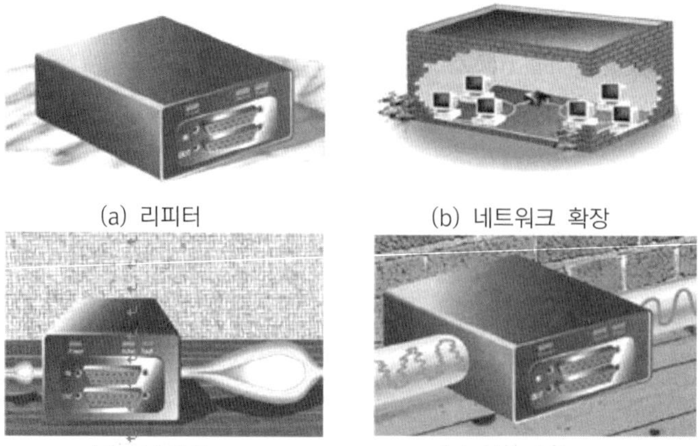

(a) 리피터 (b) 네트워크 확장

(c) 신호증폭 (d) 신호재생

그림 4.21 리피터

❖ 브리지 (Bridge)

브리지는 동종의 프로토콜체계를 가진 네트워크를 연결하는데 사용되는 고속의 스위치 장치이다. 그림 4.22에서와 같이 리피터와 기능이 유사하나 필터링(Filtering), 포워딩(Forwarding)을 통하여 네트워크에 대한 트래픽을 제어하는 기능을 가지고 있다. OSI의 제2계층에 해당한다.

브리지는 모든 패킷을 하나의 네트워크에서 다른 네트워크로 그대로 보내주며 패킷이 전송되기 전에 패킷의 행선지를 다시 한 번 점검해 전송이 필요하지 않는 경우에는 전송을 방지해 그 방향으로는 패킷을 보내지 않는다. 2계층에서는 어드

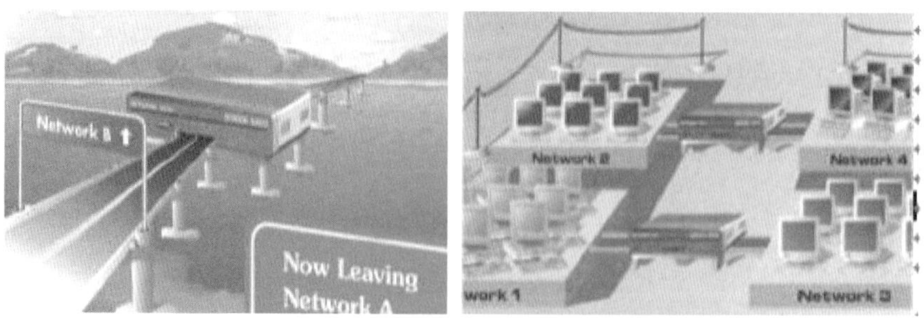

(a) 브리지 (b) internetworking

그림 4.22 브리지

레싱(Addressing)만이 인식되어 동작되며 네트워크의 프로토콜과는 관계없게 된다. 따라서 브리지는 네트워크의 프로토콜에 독립적이라고 불린다. 작은 네트워크들이 브리지에 의해 모여 하나의 네트워크를 이루는 것을 그림 4.22에서 보여준다.

❖ 라우터 (Router)

라우터는 LAN과 LAN을 연결하거나 LAN과 WAN을 연결하기 위한 상호연결 장비로 최적의 경로를 설정하는 라우팅기능을 가지고 있다. 라우터는 그림 4.23과 같이 브리지와 기능이 비슷하고 여러 개의 작은 네트워크를 서로 연결하여 실제 하나의 네트워크처럼 운영되게 해준다. 라우터는 네트워크의 어드레스를 보고, 패킷을 저지시키거나 통과시키거나 하면서 데이터 패킷의 전송루트를 결정한다. 라우터는 네트워크 관리자가 각각의 루트정보를 직접입력해주는 정적(static) 라우터와 유용한 루트를 자동으로 정할 수 있는 동적(dynamic)라우터가 있다. OSI의 제 3계층에 해당되며, 3COM, 시스코(CISCO), Bay Networks, HP사 등의 제품이 있다.

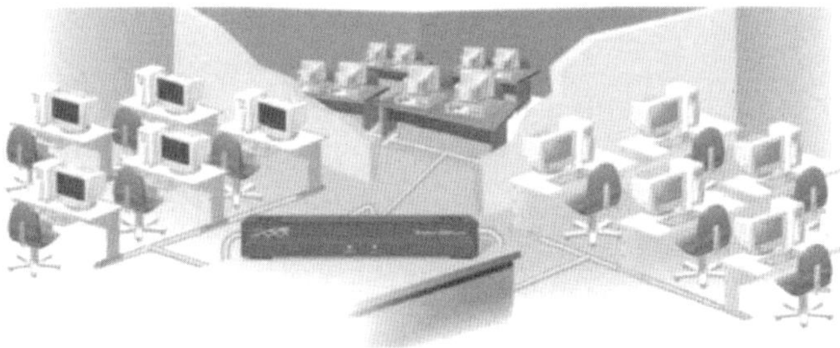

(a) 라우터에 의한 네트워크 연결

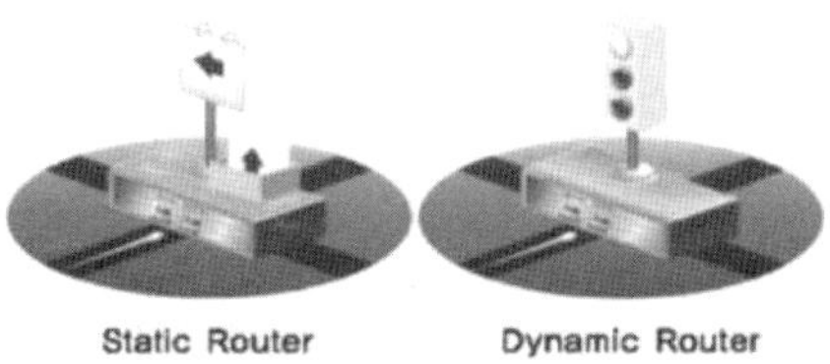

(b) 라우터의 형태 (c) WAN의 연결

그림 4.23 라우터

❖ 게이트웨이 (Gateway)

게이트웨이는 전송매체나 네트워크의 구조가 다른 네트워크 간을 연결시켜 주는 장치이다. 게이트웨이는 라우터의 기능뿐 아니라 프로토콜의 변환을 하는 기능도 가지고 있다. 하드웨어와 프로토콜, 네트워크 운영체제가 전혀 다른 컴퓨터, 대형 기종, 미니급 컴퓨터 등 네트워크에서 사용되는 서로 다른 프로토콜을 변화시켜 결합시켜 준다. 그림 4.24에서와 같이 두개의 서로 다른 네트워크의 특성을 상호 변환시켜 호환성 있는 정보를 전송할 수 있게 해준다. 전송속도 차이의 변환, 프로토콜 변환, 주소변환 기능 등이 있다. 즉 OSI의 모든 계층에 해당하는 프로토콜을 변환하는 기능을 가지고 있다.

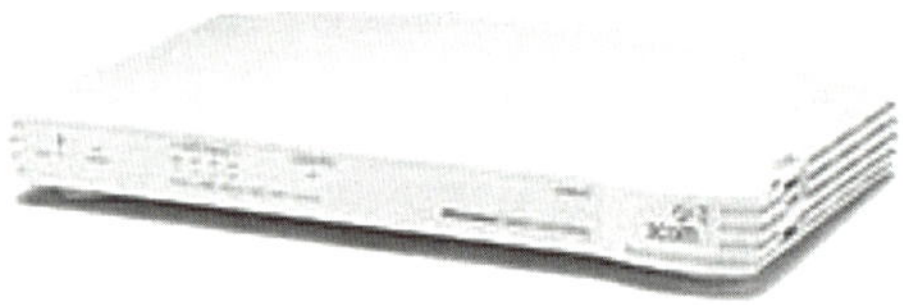

(a) HP사의 게이트 웨어

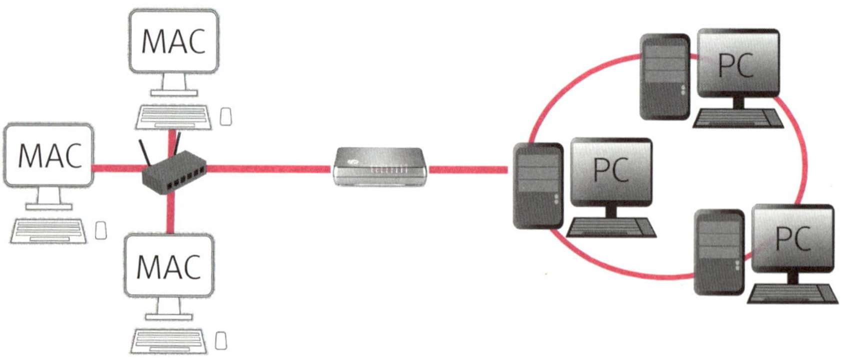

(b) 매킨토시컴퓨터와 일반컴퓨터의 네트워크의 연결

그림 4.24 게이트 웨어

3) 소프트웨어

❖ 네트워크 운영체제

네트워크 운영체제(Network Operating System, 이하 NOS)는 네트워크를 전반적으로 관리하고 제어하는 운영체제를 의미한다. 복수의 어플리케이션으로부터 동시에 서비스를 요청받아 네트워크자원을 효율적으로 사용할 수 있도록 브릿지 기능, 다중 서버 지원 기능 다중 유저 지원 기능, 보안 기능, 관리 기능을 가지고 있다. 파일 서버에 장착되며, 네트워크를 구성하는데 있어서 가장 큰 비중을 차지한다. 네트워크 운영체제 시장은 예전에는 Netware와 Lan Manager가 전체 시장의 약 80% 이상을 차지하였으나, 현재는 기존의 Windows, Unix 계열의 OS에 네트워크 기능이 내장되어 있기에 Nos와 OS의 구별은 큰 의미가 없다.

그림 4-25 네트워크 운영체제

❖ 네트워크 관리 시스템

네트워크 관리 시스템(Network Management System, 이하 NMS)은 네트워크 전체에 대한 관리기능을 제공하는 소프트웨어 및 하드웨어로 구성된다. 네트워크 상태의 논리적인 맵(Map) 제공 및 회선, 노드의 장애 표시 기능, 성능 관리 기능, 보안관리, 계정관리 등의 기능을 가지고 있다. 네트워크 관리 소프트웨어에는 SUN사의 Network Manager와 IBM사의 Netview 등이 있으며, 장비 공급업체마다 자체의 네트워크 관리 시스템을 보유하고 있다. 네트워크 노드 수의 증가는 일반적으로 네트워크 관리에 더 많은 노력과 시간을 필요로 한다. 동시에, 여러 종류의 장치들 즉 10 BaseT 허브, 브릿지, 리피터, 라우터 등과 같은 서로 다른 장

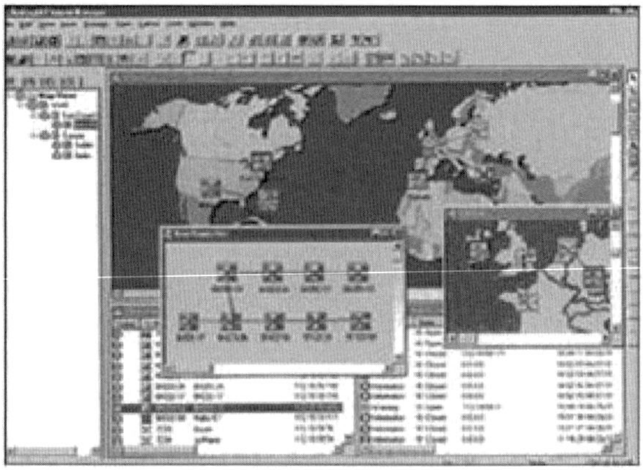

그림 4.26　네트워크 관리시스템

비를 추가 증설하게 되면, 네트워크는 더욱 더 복잡하게 된다. 위에서 아래로의 통합, 그것은 메인프레임 컴퓨터에서 PC급의 컴퓨터까지 모두를 광대역 네트워크에 연결함을 의미하며 대기업에 이러한 경우가 많다. 현재는 표준 네트워크관리 프로토콜인 SNMP(Simple Network Management Protocol)가 개발되어 비 TCP/IP장비를 포함한 어떤 형태의 네트워크 트래픽도 관리하고 모니터 할 수 있다. 네트워크 관리자는 효과적이고 효율적인 중앙 집중관리를 위하여 도구들이 필요하며 효과적인 관리는 시스템의 장애 발생 시 그 장애 시간을 줄여주는 부수효과를 가져 온다.

❖ 원격 네트워크 감시시스템

원격 네트워크 감시시스템(Remote network Monitoring ; RMON)은 네트워크의 효율적 이용을 위해서 현재의 네트워크 상태를 측정하고 과거의 기록을 토대로 향후 네트워크 문제를 사전에 예견하는 시스템이다. RMON 에이젠트는 세그먼트 전체에서 발생하는 트래픽을 파악하고, 세그먼트에 연결된 각 호스트의 트래픽과 호스트간의 트래픽 발생 현황을 알려준다.

이를 위해 위해서 RMON 에이젠트는 전체 통계 데이터, 이력(history) 데이터, 호스트 관련 데이터, 장애 예측 및 장애 제거를 위해서 특정 패킷을 필터링하는 기능과 임계값에 의한 자동 경보 기능과 장애 발생 알람 기능을 보유하고 있다. 네트워크에서 발생한 트래픽 모두를 관찰하는 행위를 네트워크 모니터링이라고 한다.

그림 4.27 네트워크 드라이버

❖ 네트워크 드라이버

네트워크 인터페이스 카드와 네트워크 간에 통신에 되도록 하는 소프트웨어이다.

4.2.4 네트워크 서비스

네트워크 서비스는 사용자가 네트워크상에서 정보와 자원을 서로 공유하고 나누어 쓸 수 있는 서비스를 말한다. 다음과 같은 서비스가 있다.

1) 응용 서비스

CAD프로그램과 같이 많은 처리 능력을 요구하는 프로그램을 위하여 서버가 응용처리프로그램을 가지고 있고 클라이언트는 단지 서버로부터 프로그램을 가져와 이용하기 때문에 적은 메모리와 처리능력만을 가져도 가능하다.

그림 4.28 응용 서비스

2) 메시지 서비스

사람들이 전자메일을 주고받을 수 있도록 하는 서비스이다. 이 서비스는 그림 4.29과 같이 문서, 스프레드쉬트, 비디오 파일, 음성파일과 멀티미디어 형태의 정보를 빠르게 주고받을 수 있다. 전자우편을 사용하면 네트워크 내의 다른 사용자에게 편지는 물론 바이너리 파일도 전송할 수 있으며, 로그인/로그아웃 관리를 통해 근무 내용도 쉽게 파악할 수 있다. 최근에는 전자결재 제도를 운영하는 곳도 있는데, 이 시스템을 사용하면 출력한 문서를 사용하지 않고서도 결재를 대신할 수 있다.

그림 4.29 Message 서비스

3) 파일 서비스

각종 프로그램과 데이터 파일을 개인의 컴퓨터에 설치하지 않더라도 공동의 서버컴퓨터에 파일을 저장해 놓고 네트워크를 통해 공동으로 이용하는 서비스이다. 서버에서 파일을 관리하므로 정보의 공유가 쉽고, 정기적인 백업처리가 가능하다. 중요한 자료는 파일 서버에 저장해 둠으로 개별관리보다는 체계적인 통제 관리가 용이해진다. 그리고 각 디렉토리별로 보안 단계를 설정하여 외부로부터의 침입도 막을 수 있다.

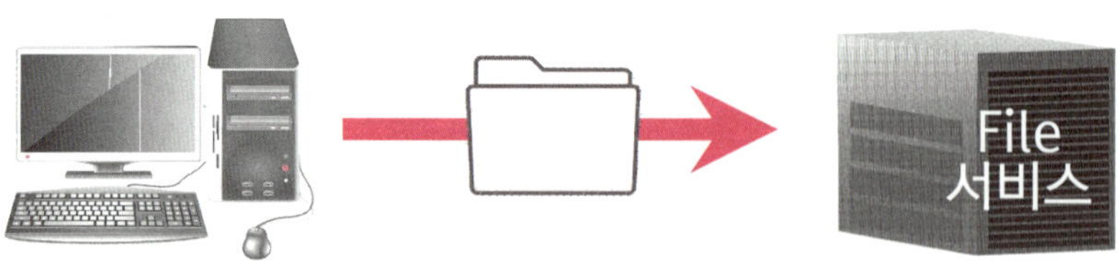

그림 4.30 파일서비스

4) 프린트 서비스

여러 사용자가 네트워크상에서 하나의 프린터를 공유해서 사용할 수 있다. 그림 4.31에서 프린터 서버는 네트워크 프린터와 직접적으로 연결되어 있고, 나머지 컴퓨터는 네트워크로 연결되어 프린트 서비스가 이루어지는 것을 알 수 있다.

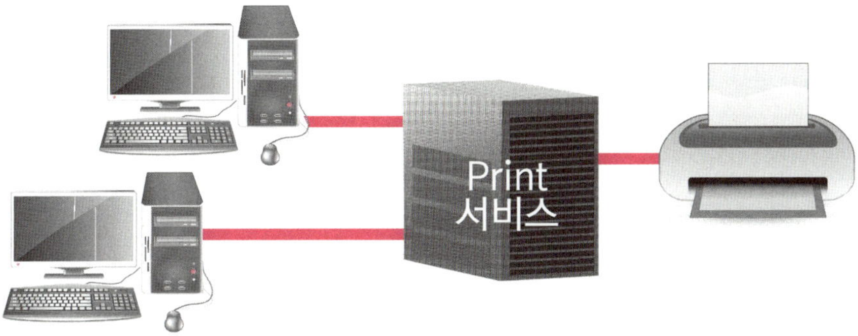

그림 4.31 프린트 서비스

5) 데이터베이스 서비스

여러 가지 응용 프로그램 중에서도 특히 데이터베이스는 네트워크 환경에서 효율을 극대화할 수 있는 분야이다. 네트워크를 구축할 경우 하나의 데이터베이스를 한 번에 여러 명이 열람할 수 있으므로 하드웨어의 낭비를 줄일 수 있다. 그러나 두 사람 혹은 그 이상의 사람이 동시에 한 자료를 수정하는 경우 자료 자체가 유실될 수 있기 때문에 대부분의 네트워크 데이터베이스 프로그램은 열람할 수는 있지만 수정은 불가능한 체제로 되어 있다. 도서관, 자료실 등의 문헌 자료를 관리하는 곳이라면, 네트워크를 설치한 후 큰 비용을 부담하지 않고도 설비를 손쉽게 업그레이드할 수 있다.

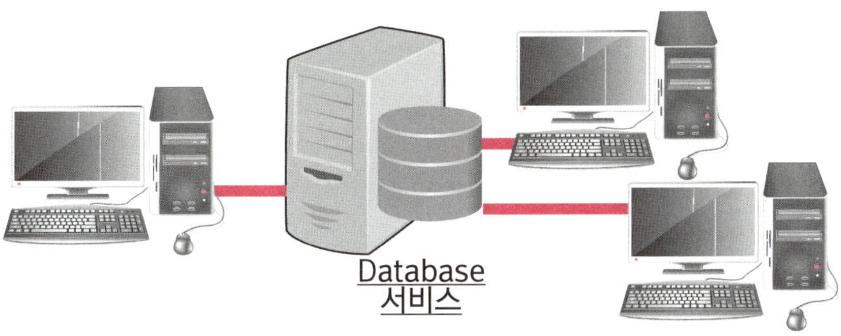

그림 4.32 데이터베이스 서비스

4.3 교환 네트워크 기술

4.3.1 교환 시스템

네트워크의 역할은 데이터통신을 예로 들면 저속도의 사용자 단말에서 보내온 데이터를 집선(트래픽 집속)하여 고속의 하이웨이에 올려 전송하고, 교환 노드에서 교환 접속을 한 후 다시 저속의 사용자 단말에 분배하는 것이다. 이 경우 집선, 분배, 전개의 단계에서 교환 노드는 중요하게 된다. 따라서 교환 노드에서는 노드의 적절한 배치, 노드의 처리 능력, 라우팅, 회선 수 등이 중요한 과제가 된다.

교환 방식으로는 회선 교환 방식과 축적 교환 방식으로 나누어진다. 회선 교환 방식은 호의 발생부터 종료까지 물리적인 회선을 계속 점유하는 방식이다. 축적 교환 방식은 교환기가 축적 기능을 가지고, 어드레스 정보를 가진 패킷(Packet)이나 셀(Cell)이 네트워크상으로 계속해서 전송되고, 그것에 의해 정보의 교환이 일어난다. 축적 교환 방식은 패킷 교환이 기본이 되고 그것이 프레임 릴레이(Frame Relay) 교환, 비동기 전송 모드(ATM) 교환으로 발전된다.

4.3.2 교환기의 역할

복수의 전화기를 자유롭게 연결해 전화를 하기 위해서는 원리적으로 모든 전화기가 회선으로 연결되어 있으면 된다. N개의 전화기가 서로 통화하기 위해서는 n(n-1)/2 개의 회선이 필요하다. 그림 4.33에서 보여주는 것처럼 5개의 전화기가 자유롭게 통화하려면 n=5이므로 10개의 회선이 필요하다. 전화기의 수가 늘어나면 그것에 따라 회선이 증가하게 된다. 그러나 전화기의 증가에 따라 회선을 늘리는 것은 물리적으로 불가능하다. 여기서 회선을 중앙에 집중시키고 교환해주는 장치를 도입하면 효율적으로 접속할 수 있다. 이것이 교환기의 역할이다.

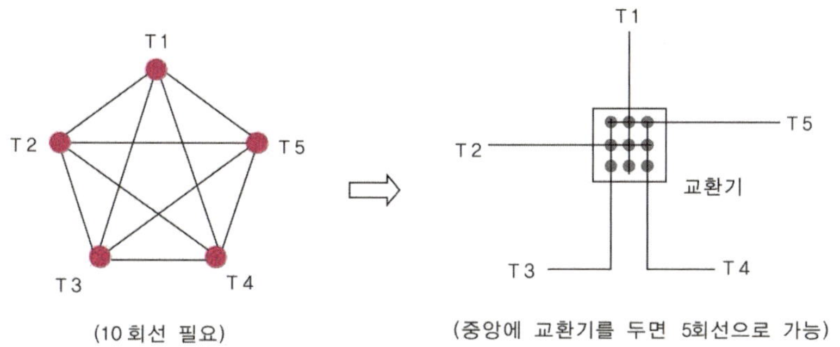

그림 4.33 교환기의 역할

4.3.3 교환기의 변천

1) 수동교환기

수동 교환기는 교환수가 중개해서 교환하는 것인데, 1902년에 서울과 인천 사이의 통신용으로 처음 한국에 도입되었다.

2) 스텝바이스텝 교환기

자동 교환기는 전화기가 발명된 1876년부터 만들려고 시도되었다. 그것은 19세기말에 A.B Strowger에 의해 발명된 스텝바이스텝 교환기의 실용화에 의해 완성되었다. 스텝바이스텝 교환기는 전화기에서 발생하는 직류의 단속신호로 직접 스위치 기구를 구동해서 원하는 상대를 선택하는 구조로 되어 있다.

3) 크로스바 교환기

크로스바 교환기는 공통제어 방식의 교환기이다. 통화로를 구성하고 있는 크로스바 스위치를 동작시키기 위해 호출자로부터의 다이얼 된 숫자는 신호 통신로를 통해서 레지스터라는 장치에 축적된다. 제어장치는 이 정보에 근거하여 번역 장치로부터 접속에 필요한 정보를 얻어 통화상대나 상대국으로의 중계선을 찾아서 크로스바 스위치를 동작시킨다. 이와 같이 제어장치가 각 스위치를 통틀어서 제어하는 방식을 공통제어 방식이라고 한다.

4) 전자 교환기

전자교환기는 종래의 크로스바 교환기와 기본적인 기능은 다르지 않으나, 기억장치와 제어장치를 위한 축적프로그램 제어 방식을 취하고 있어서, 고도의 기능과 많은 융통성을 발휘할 수 있다는 특징을 가지고 있다.

5) 디지털교환기

공간분할과 시분할 교환이라는 새로운 방식을 채택한 교환기가 디지털 교환기이다. 디지털 교환기의 원리는 부호화된 디지털 신호의 시간적 순서를 출력선의 시간적 위치에 대체함으로써 교환 처리가 행해진다.

4.3.4 교환 방식

교환 방식은 정보의 형태 및 교환 방법의 차이에 따라 전화 교환과 데이터 교환으로 분류된다. 또한 데이터 교환은 회선 교환과 축적 교환으로 나눌 수 있다.

- 데이터교환
  - 회선교환
  - 축적교환
    - 메세지교환
    - 패킷교환
    - 프레임릴레이교환
    - ATM교환

그림 4.34

(a) 수동교환기

(b) 수동교환기(공전식)

(c) 스텝바이스텝교환기

(d) 디지털교환기

그림 4.35 전화 교환기 발전 과정

1) 회선 교환 방식

회선 교환 방식은 전화 연결에 가장 많이 사용하고 있는 방식이다. 호출자와 수신자 사이의 연결을 위하여 네트워크상의 전기적인 경로 또는 회선을 연결시킨다. 회선 연결이 일단 이루어지면 회선의 사용은 독점된다. 사용이 끝나면 회선은 자동적으로 단절이 되며, 다음의 연결 작업을 위하여 대기상태로 들어간다. 그러므로 회선 교환 방식은 전송이 시작되기 전에 전체 경로가 미리 설정되어 있어야 사용 가능하다. 경로상의 정보는 멈추거나 저장되지 않는다.

이 방식의 장점으로는 경로 설정 이외에는 별다른 지연이 없으며 고정된 정보 전송률로 데이터를 전송할 수 있다. 반면에 설정된 회선을 독점하므로 통신 중에는 다른 사용자가 그 회선의 일부를 사용할 수가 없다는 단점이 있다. 그러므로 회선 교환 방식은 데이터가 연속적으로 흐르거나 사용시간이 긴 경우에 적절하다. 회선 교환 방식을 그림 4.36에서 나타내었다.

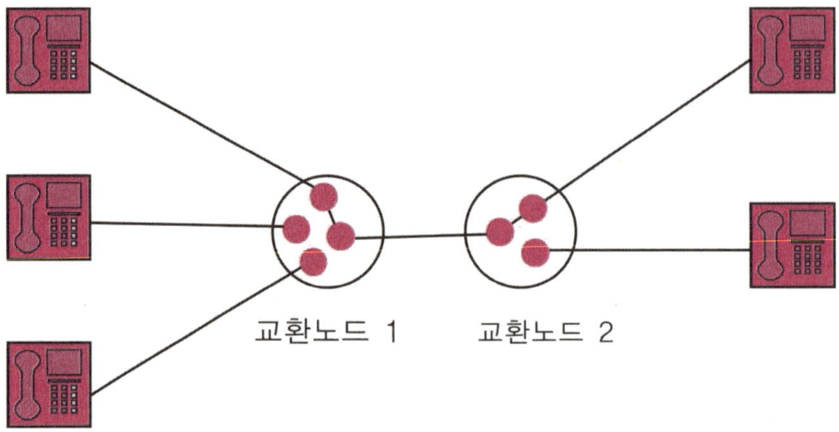

그림 4.36 회선 교환 방식

2) 패킷 교환 방식

패킷 교환 방식은 축적 교환의 일종이며, 패킷 교환은 전송하고자 하는 정보를 작은 단위로 나눈 다음 나누어진 정보 단위, 즉 패킷마다 발신지와 수신지의 주소를 넣어 교환하는 방식이다. 패킷 교환기는 일단 패킷을 수신해서 메모리에 축적하고, 그 주소를 보고 최종 목적지까지 패킷을 전달해 준다. 패킷 교환 방식에서는 회선의 다중 이용, 다른 속도의 통신, 전송에러가 적은 통신이 가능하다.

공중네트워크로서의 패킷 교환네트워크는 CCITT 권고안 X.25를 사용하는 것이 대부분이기 때문에 단순히 패킷 교환네트워크라고 하면 X.25에 의한 교환네트워크를 가리키는 경우가 많다. 패킷 교환네트워크 구조를 그림 4.37에서 나타내었다.

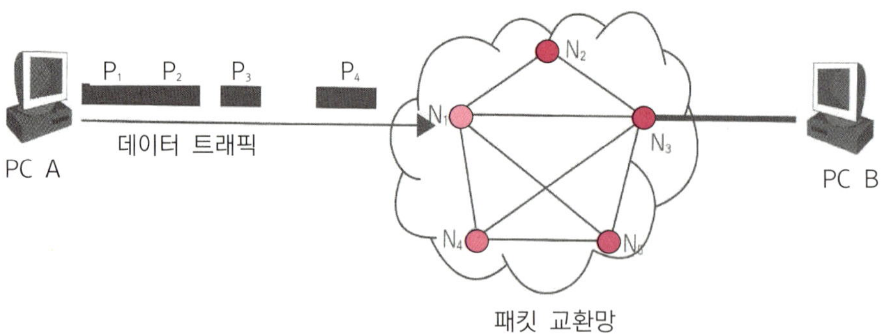

그림 4.37 패킷 교환네트워크 구조

패킷 교환에서는 정보 전송을 시작할 때 우선 두 지점 사이에 논리적인 전송로를 설정하고 이후에는 매 패킷마다 송수신자의 주소를 넣지 않고 그 논리적 전송로의 번호만으로 전송을 행하는 방법이 있다. 이 방법을 가상 회선(Virtual Circuit) 방식이라고 한다. 반면에 매 패킷마다 주소를 넣어 패킷을 구성하는 방식을 데이터그램(Datagram) 방식이라고 부른다. 가상 회선 방식은 많은 양의 데이터를 연속으로 보낼 경우에 적합하며, 데이터그램 방식은 짧은 메시지의 일시적인 전송에 적합하다. 우리 생활과 연관 지은 예를 그림 4.38과 그림 4.39에 나타내었다.

그림 4.38은 가상 회선 방식의 예로, 친구 3명이 경부고속국도를 이용하고, 천안 휴게소에서 만나기로 미리 정한 후, 각 3명은 10분 간격으로 서울에서 출발을 했다고 하자. 먼저 도착한 사람은 나머지 두 사람이 올 때까지 기다린 후, 3명이 모두 모이면 추풍령 휴게소에서다시 만나기로 하고 역시 10분 간격으로 천안 휴게소를 출발한다. 이렇게 계속하면 목적지인병원에 출발 순서대로 도착하여 모두 만나게 된다. 여기서 통신의 개념을 접목시키면 천안휴게소 및 추풍령 휴게소를 경유하는 개념이 가상 회선의 설정이며, 각 휴게소가 패킷의 목적지 주소가 되는 것이다. 또한 각 패킷은 보낸 순서대로 목적지에 도착한다.

그림 4.39는 데이터그램 방식의 예로, 아무런 약속 없이 단지 부산의 병원에서 만나기로하고, 각자의 차를 타고 출발을 하는 것과 같다. 즉, 데이터그램 방식은 목적지 주소번호만을 이용하여 각 패킷이 독립적으로 전송이 되기 때문에 출발 순서대로 도착하지 않을 것이므로 목적지에서는 도착한 패킷의 재조립 과정이 필요할 것이다. 전송로에 이상이 생기면 우회하므로 높은 신뢰도의 통신이 가능하다는 장점이 있다.

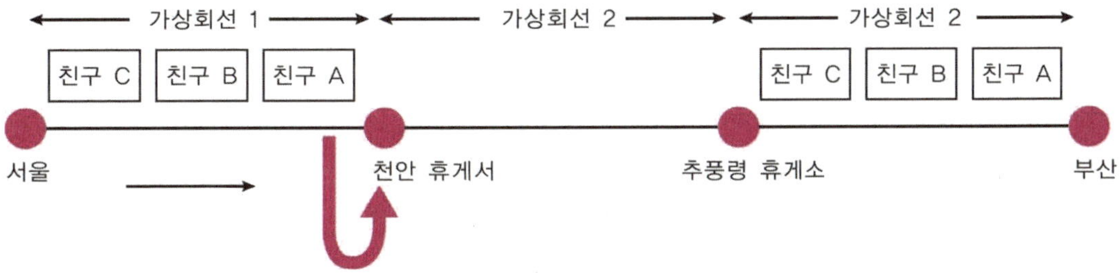

그림 4.38 가상 회선 교환 방식

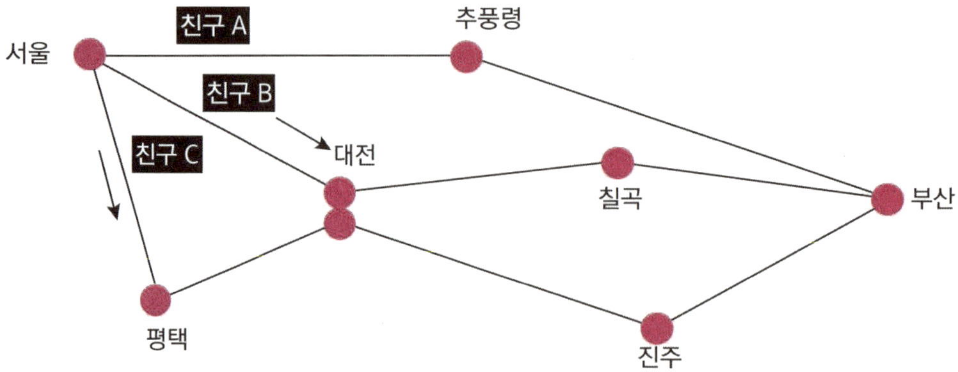

그림 4.39 데이터그램 교환 방식

3) 프레임 릴레이 교환

프레임 릴레이(Frame Relay) 교환은 프레임의 처리를 간략화 하는 것으로 X.25보다 10배 이상의 고속으로 데이터를 전송하는 새로운 교환 방식이다. 이 방식은 그림 4.40과 같이 네트워크의 고속화를 위해 OSI의 네트워크 계층과 데이터 링크 계층에 해당하는 세세한 제어는 생략하고 에러가 있으면 프레임을 그냥 버린다. 에러 정정은 단말기 간에 재전송 제어를 하므로 2 Mbps까지의 고속의 통신이 가능하다. 현재의 고속 디지털 회선이나 N-ISDN과 ATM에 의한 B-ISDN의 중간에 위치하는 새로운 데이터 교환 방식이다.

4) 비동기 전송 모드 교환 방식

비동기 전송 모드(Asynchronous Transfer Mode, 이하 ATM)는 B-ISDN의 전송 모드이고 회선 교환이나 패킷 교환의 장점을 취한 형태의 전송 방식이다. ATM은 음성, 데이터, 영상, 방송 등의 모든 형태의 정보를 종합적으로 고속 교환해 주는 방식으로, 지금까지 개발된 모든 교환 기술을 종합한 기술로 떠오르고 있다. 정보를 셀(Cell)이라는 고정 크기의 패킷으로 나누며 주소 등과 같은 제어 정보와 이용자 정보로 구성된다. 셀을 전송하기 위해 송신측은 메시지를 셀 크기에 맞추어 나누어 제어 정보를 추가하여 전송하고, 수신측에서는 이들 셀을 다시 조합하여 원래의 정보를 재생한다. B-ISDN에서는 셀의 크기를 5바이트의 헤더(제어정보)와 48바이트의 이용자 정보를 합하여 53바이트의 고정 크기로 셀의 크기를 정하였다.

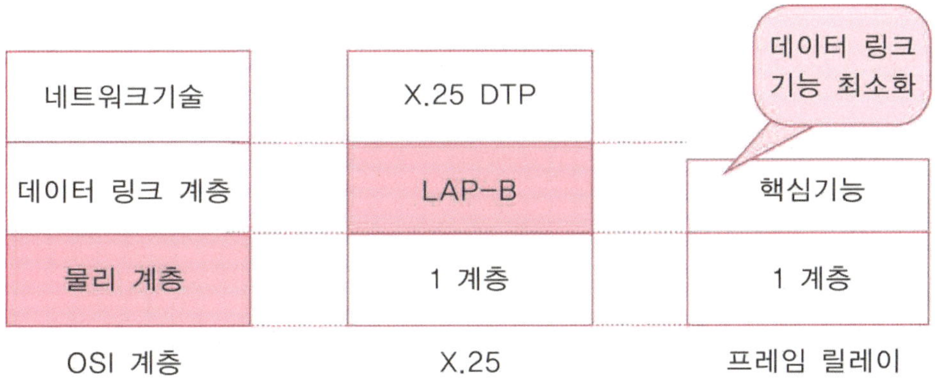

그림 4.40 X.25와 프레임 릴레이의 기능 비교

그러나 B-ISDN의 표준이 아닌 경우에 셀의 크기는 4바이트에서 256바이트까지 다양하다. 셀의 크기에 따라 제어 정보의 오버헤드가 차이가 나므로 셀의 크기는 중요한 의미를 가진다. 송신자가 메시지를 셀 크기로 나눌 때 보통 맨 마지막 셀은 꽉 채워지지 않게 되는데, 셀의 크기가 클수록 사용되지 않는 셀의 부분이 많아지게 되어 낭비가 생긴다.

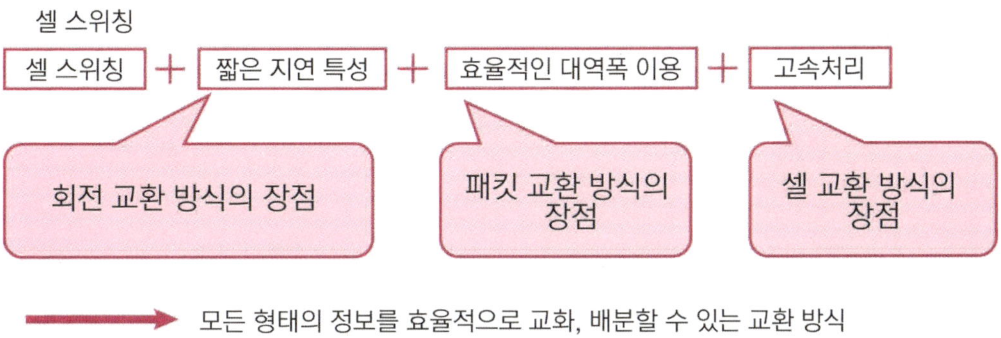

그림 4.41 ATM에서의 셀 스위칭

4.4 가입자 네트워크

4.4.1 가입자네트워크 개요

가입자네트워크란 가입자에게 서비스를 제공하기 위해 가입자와 네트워크를 연결하는 통신구간을 말한다. 1980년대 컴퓨터의 보급이 본격화되면서 일반 전화 가입자네트워크를 이용하여 단순히 음성전화뿐만 아니라 데이터 전달을 위해 사용하였다. 이러한 시도로 아날로그 전화 모뎀을 사용하는 방법과 ISDN을 사용하는 방법이 개발되었다. ISDN (Integrated Services Digital Network)은 종합 서비스(Integrated Service)와 디지털통신 네트워크(Digital Network)의 두 가지 개념을 기반으로 하는 종합정보통신네트워크이다. ISDN은 디지털 기술을 기반으로, 데이터는 물론 오디오, 영상 등 다양한 형태의 통신미디어를 통합적으로 처리하고, 정보 처리 기술을 통신네트워크에 도입하므로 좀 더 다양한 통신서비스를 실현하는 것을 목적으로 하고 있다. 인터넷 사용이 상용화됨에 따라 사용자들의 고속 접속 회선에 대한 요구가 급속히 커졌으며 이에 대한 대체 기술이 필요하게 되었다. 고속 서비스를 제공할 수 있는 대체기술로 유선 매체를 이용하는 디지털 가입자 회선(Digital Subscriber Loop), 동축 케이블, 광케이블 기술(FTTL)과 무선을 이용하는 WLL, B-WLL, IMT-2000, WiFi 등 다양한 기술이 있다. 최근에는 대부분의 지역에 광케이블을 이용한 초고속인터넷 서비스가 제공되고 있다.

4.4.2 가입자네트워크의 고속화

1) 디지털 가입자 회선(xDSL)

xDSL(Digital Subscriber Line)은 대규모의 고속 인터넷 접속 시장의 수요를 충족시키기 위한 고속 모뎀 기술이다. 기존의 전화회선으로는 4 Km 이내 거리에서 최대 56 Kbps의 속도만을 구현할 수 있다. 이 한계를 극복한 것이 xDSL기술이고, 여기에는 ADSL, HDSL, SDSL, VDSL 등 여러 종류의 기술이 포함된다. 이들 기술은 동일한 회선으로 인터넷을 사용하면서 전화를 걸고 받을 수 있다. xDSL의 주파수 분포를 그림 4.42에서 비교하였다. 주로 사용되는 비대칭형전송 방식인 ADSL과 단거리에서 초고속 데이터 전송 방식인 VDSL에 대하여 알아보자.

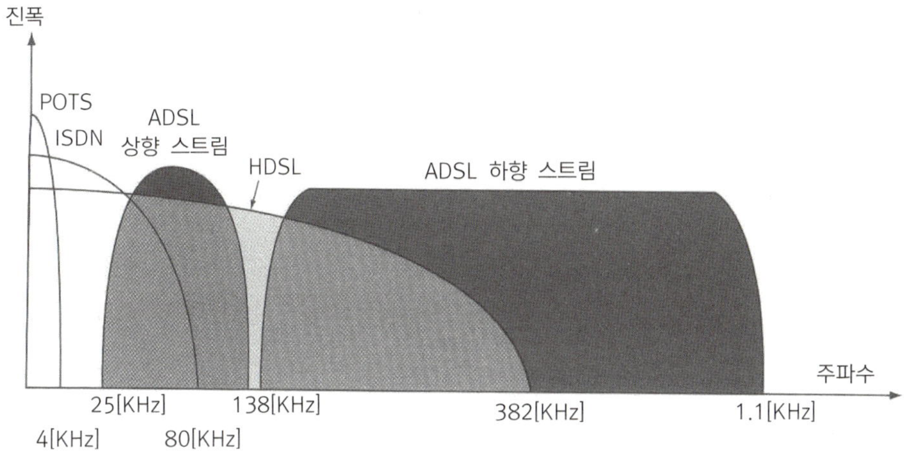

그림 4.42 xDSL의 주파수 분포 비교

❖ ADSL

ADSL(Asymmetric Digital Subscriber Line)은 비대칭적 설계 때문에 더욱 실용적이다. 이는 전송거리가 더 길뿐 아니라, 대부분의 어플리케이션들이 상향 전송보다는 하향 전송의 요구량이 많기 때문이다. ADSL기술은 상향 전송보다 하향 전송에 더 많은 대역폭을 요구하는 인터넷 접속과 같은 곳에 적합하다. 하향 전송률의 범위는 1.5 ~ 8 Mbps이며 상향 전송률의 범위는 64 k ~1 Mbps로 규정되어 있다. ADSL의 데이터를 한 쌍의 전화선을사용하여 5.5 Km까지 전송할 수 있다.

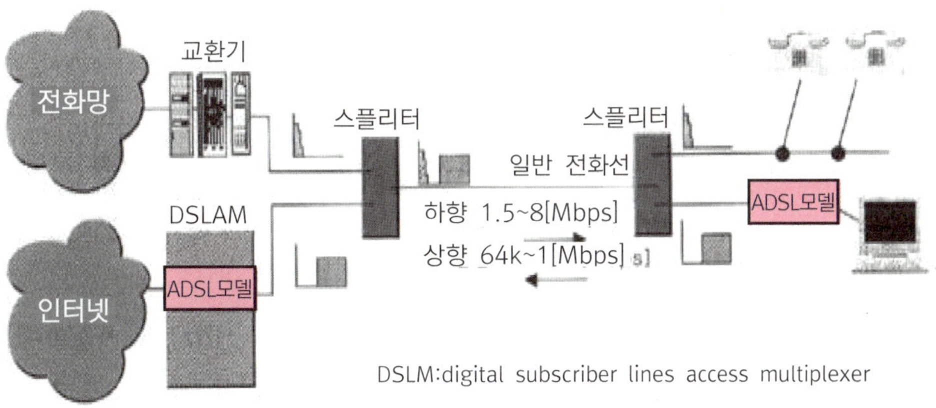

그림 4.43 ADSL 회선의 구성도

ADSL 장비의 설치 방법은 기존의 전화선에 고대역 신호분리기(Splitter)를 연결한 후 하나의 선은 전화기에, 그리고 또 하나의 선은 ADSL 모뎀으로 연결이 되어 컴퓨터의 LAN 카드에 연결이 되었다. ADSL 회선의 구성도를 그림 4.43에서 나타내었다.

❖ VDSL

VDSL(Very high data rate Digital Subscriber Line)은 ADSL과 마찬가지로 비대칭 모드이다. VDSL의 전송거리는 0.3~1.4 Km로 제한되어 있지만 전송속도에 있어서는 한 쌍의 전화선을 통하여 하향전송 13~53 Mbps, 상향전송 1.5~2.3 Mbps의 대역폭을 제공한다. 이러한 뛰어난 전송속도 때문에 VDSL기술은 HDTV에 응용될 수 있다. ADSL과 VDSL의 구성 비교를 그림 4.44에서 나타낸다.

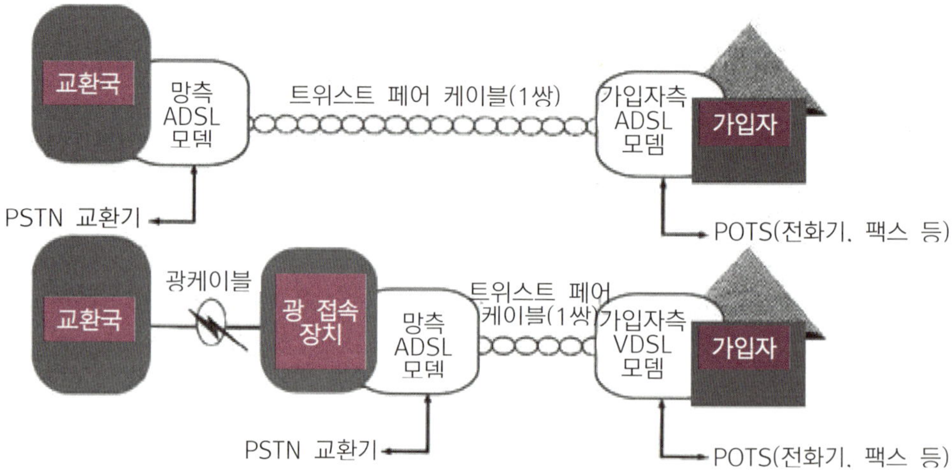

그림 4.44 ADSL과 VDSL의 구성 비교

2) 케이블 TV

케이블 TV(Cable TV, 이하 CATV) 네트워크는 방송국에서 가입자 측으로 TV 신호를 분배하기 위해 설계된 네트워크로 이것을 초고속 가입자네트워크로 이용한다. 가입자는 이미 설치된 CATV 회선에 케이블 모뎀을 연결하고, PC LAN 카드에 연결함으로써 10~40 Mbps의속도로 인터넷 서비스를 받을 수 있다.

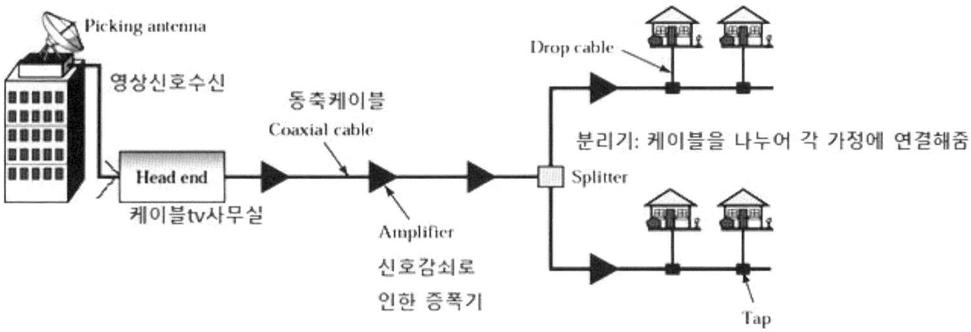

그림 4.45 케이블TV 네트워크

이 서비스의 특징은 가입자들이 자기 컴퓨터 LAN 카드에 케이블 모뎀을 연결함으로써, 회사나 연구소 등에 설치된 LAN 상에서 인터넷을 사용하는 것과 동일한 서비스를 고속으로 받을 수 있다는 것이다. 따라서 사용자들은 매월 일정액의 서비스료를 내고 무제한으로 인터넷 서비스를 받을 수 있다. 또한 기존의 전화 모뎀과 달리 전화나 TV를 동시에 시청하면서 고속 인터넷 서비스를 받을 수 있다. 케이블 TV 네트워크를 그림 4.45에서 나타내었다.

3) 선로의 광케이블화

가입자 선로가 광섬유로 교체된다면 초고속의 멀티미디어서비스를 제공받을 수 있는 장점이 있음에도 불구하고, 광케이블이 가입자 선로에 적용되기 위해서는 많은 현안들이 해결되어야 한다. 그 중에서도 가정까지 광케이블을 포설하는 데 엄청난 비용과 시간을 필요로 한다는 것이다. 따라서 한꺼번에 일반 가입자의 선로를 교체하는 것이 아니라 FTTL(Fiber To The Loop) 전략을 도입하는 것이다. FTTL에는 FTTO(혹은, FTTB), FTTC, FTTH이 있다. FTTO/B(Fiber To The Office/Building)는 서비스 수요가 많거나, 기존의 케이블로는 감당하기 어려운 도심지역에 피더까지 광케이블로 설치하는 것이고, FTTC(Fiber To The Curb)는 좀 더 좁은 지역 또는 대단위 주거단지에 원격 노드까지를 광케이블을 연결하는 것이다. 그리고 FTTH(Fiber To The Home)는 중앙국에서 가입자 집까지 모두 광케이블화 되는 경우이다. FTTH는 초고속 통신을 위한 광통신화의 최종적인 목표이다. 현재 우리나라 대부분의 도시지역에는 FTTH가 실행되고 있다. FTTH 네트워크 개념도를 그림 4.46에서 나타내었다.

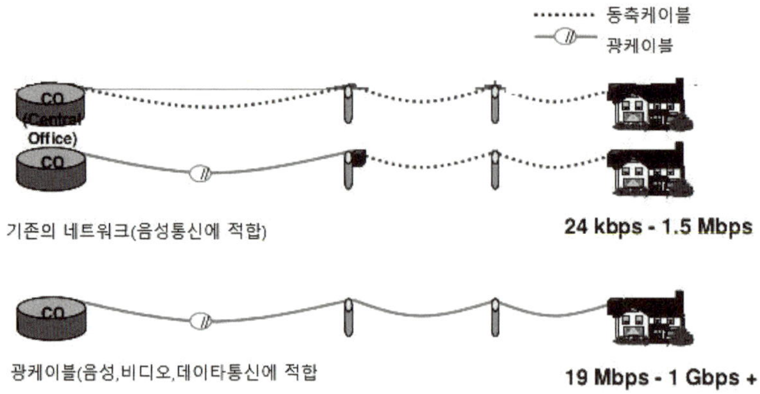

그림 4.46 FTTH 네트워크 개념도

4.4.3 무선 가입자네트워크

무선 가입자네트워크란 전화국의 교환기와 가입자 사이를 기존의 유선선로 대신 무선을 이용하여 가입자네트워크를 구성해 주는 것을 말한다. 무선을 이용한 가입자네트워크의 구축은 신속한 설치가 가능하고, 가입자 수요에 탄력적인 대응이 가능하여 초기 투자비용의 절감효과가 있으며, 관리해야 할 유선 매체가 없으므로 유지보수 비용을 절감할 수 있다. 또한 지진, 홍수, 해일 등 자연재해로 통신네트워크가 파손되었을 때에도 신속히 복구가 가능하기 때문에 기존의 유선네트워크의 백업(Back-Up) 시스템으로도 고려되고 있다.

기존 초고속인터넷의 보완상품으로 아파트단지 입구 등에 무선 안테나를 세워 각 가정까지 따로 선을 연결하지 않고도 24~26 GHz대의 주파수를 사용해 전화, 고속 데이터, 전용회선, 영상 분배 등의 서비스를 유선과 동일한 품질로 제공하는 고정 무선통신시스템이다. 또 가입자까지 연결되는 서비스의 성격 때문에 사업자는 시내전화 서비스도 제공할 수 있다.

와이브로(Wireless Broadband Internet)란 휴대용 단말기를 이용하여 정지 및 이동 중에 언제 어디서나 고속의 전송속도로 인터넷에 접속하여 다양한 정보 및 콘텐츠 사용이 가능한 대표적인 무선 서비스이다. 그림 4.47에서 무선 데이터 통신네트워크, 와이브로 서비스는 그림 4.48에서 나타내었으며, 가입자네트워크 서비스의 비교를 표 4.2에서 나타내었다.

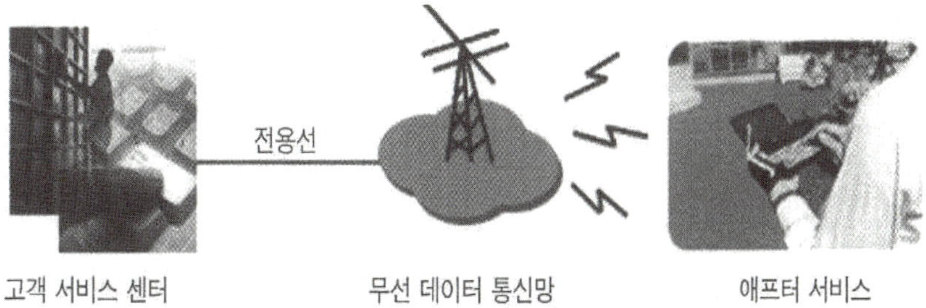

그림 4.47 무선데이터 통신네트워크

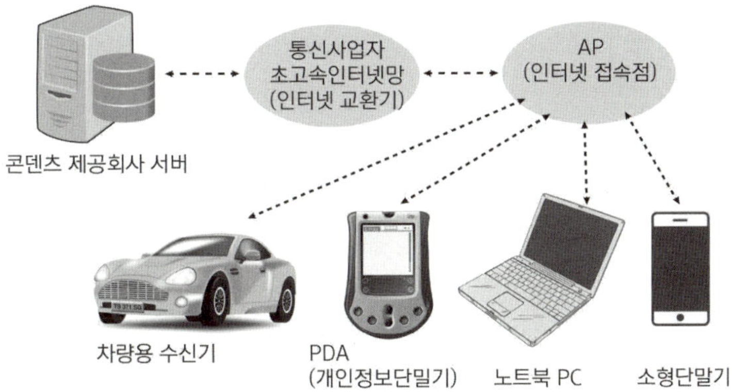

그림 4.48 와이브로 서비스

표 4.2 가입자 네트워크 서비스의 비교

	전송속도	서비스 종류	이용 가능 장소	비용
일반 전화선	~56 kbps	전화, 데이터통신 인터넷 접속 등	전국	낮다
일반 전화선 ASDL	Upstream :16K~1Mbps Downstream :1.5 M~8 Mbps	음성전화 + 데이터 통신인터넷 접속 등	일부 지역에서는 제공 안 됨	비교적 낮다
동축 케이블	10 Mbps (대역 공용)	케이블 TV 인터넷 접속	일부 지역	비교적 낮다
광섬유	150 Mbps 까지	전화, ISDN 데이터 인터넷 접속 등	우리나라 대부분의 지역	높다
무선	6,50,150 Mbps 등	전용선, 전화 인터넷 접속 등	일부 지역	낮다

4.5 인터넷

4.5.1 인터넷의 개요

인터넷(Internet)이란 전세계의 컴퓨터들이 하나로 연결되어 있는 지구상에서 가장 큰 정보통신 네트워크(global network)이다. 인터넷은 특별히 정해진 통신규약을 이용하여 전세계의 통신네트워크를 하나의 통신네트워크로 연결했음을 의미하는"네트워크들의 네트워크(networks of network)"으로도 불린다. 각 컴퓨터들이 보유하고 있는 정보를 전세계 어느 곳에서든지 네트워크가 연결된 사용자들에게 원하는 정보를 제공해 줄 수 있다. 천리안이나 하이텔, 나우누리 등의 일반 컴퓨터 통신네트워크는 개개의 이용자들과 하나의 컴퓨터 통신네트워크를 구성 요소로 가지는 반면, 인터넷은 수천만 명에 이르는 이용자들은 물론 천리안, 하이텔 등의 여러 나라의 대형 컴퓨터 통신네트워크들도 구성 요소가 된다. 인터넷의 개념을 그림 4.49에 나타내었다.

그림 4.49 인터넷

4.5.2 인터넷의 특성

세계 각지에 국지적으로 구성되어 있는 LAN이나 WAN들을 서로 연결해 놓은 LAN들의 집합이다. 여러 개의 네트워크를 하나로 연결하기 위해 라우터나 게이트웨이 등을 이용하고, 연결 매체로는 전화선, 전용선, 해저 케이블, 통신위성 등이 사용된다. 인터넷은 다양한 정보자원의 자유로운 분산과 공유를 한다.

4.5.3 인터넷의 역사

1) 세계 인터넷의 역사

1960년대 미국과 소련은 군사적으로 서로 우위를 차지하려고 경쟁을 하고 있을 때이다. 이때 소련에서는 최초의 인류 우주선인 Sputnik을 쏘아 올렸다. 이에 자극을 받은 미국은 ARPA(Advanc-ed Research Project Agency)라는 기관을 만들고 각종 군사적 기술개발을 하게 된다. 1960년대 말 ARPA에서는 데이터를 주고받는 실험을 하게 되는데, 이것을 'ARPAnet Project'라고 한다. 이 Project의 목적은 전화선을 이용해 멀리 떨어져 있는 곳에 있는 컴퓨터들 사이에 통신을 하기 위한 것이었다. 특히 Project의 주관심 분야는 원거리에 있는 컴퓨터의 조작과 파일 교환, 시스템의 공유 방법 등이었다. ARPAnet은 계속 발전을 하여 1975년 미 국방부 산하 DCA(the Defense Communications Agency)로 운영이 이관되었다. 그리고 이때 DDN(Defence Date Network)라는 네트워크를 구성하게 된다. DDN은 NCP(Network Control Protocol)을 사용했는데, 이는 매우 제한적이라서 새로운 방법을 찾기 시작했는데 마침내 TCP/IP(Transmission Control Protocol/Internet Protocol)라는 프로토콜을 만들게 되었다.

1983년에 TCP/IP프로토콜을 바탕으로 인터넷이 시작되었는데, 그 당시 ARPANET은MILNET과 ARPANET으로 분리되어 각각 독립적으로 인터넷에 포함되었다. 이와 같이ARPANET이 둘로 나뉘어 인터넷을 형성할 때 미 국방성의 DCA는 모든 ARPANET 호스트들이 TCP/IP 사용을 의무화하고 패킷 교환 소프트웨어를 변경하여 이를 적용토록 하였다. 결국 모든 ARPANET 호스트들은 TCP/IP 프로토콜을 사용한 인터넷 환경에서의 상호 통신이 이루어지게 되었고, 이로써 TCP/IP 인터넷의 표준 프로토콜로 자리잡게 되었으며 보다 많은 호스트와 게이트웨이가 기존의 통신네트워크에 아무런 영향을 주지 않고 인터넷에 연결될 수 있게 되었다. 이후 세계 각국의 학술 연구네트워크들을 상호 연동하는 세계 최대 규모의 국제 학술 연구네트워크로 발전하였다. 특히 연구 개발을 위한 유닉스 시스템에서 TCP/IP를 기본적으로 제공하여 가장 저렴한 가격으로 신뢰성 있는 전산네트워크를 쉽게 구축할 수 있다는 장점으로 인하여 인터넷은 미국의 대학, 연구소, 정부기관을 중심으로 확산되었으며 지금은 세계 최대 규모의 컴퓨터 통신네트워크로 발전하였다. 우리나라에서는 1982년에 서울대학교와 전자통신연구소와의 시스템 네트워크(SDN:System Development Network) 연결을 시초로 하여 987년에"전산네트워크 보급 확장과 이용 촉진에 관한 법률"을 제정해 정부 주도의

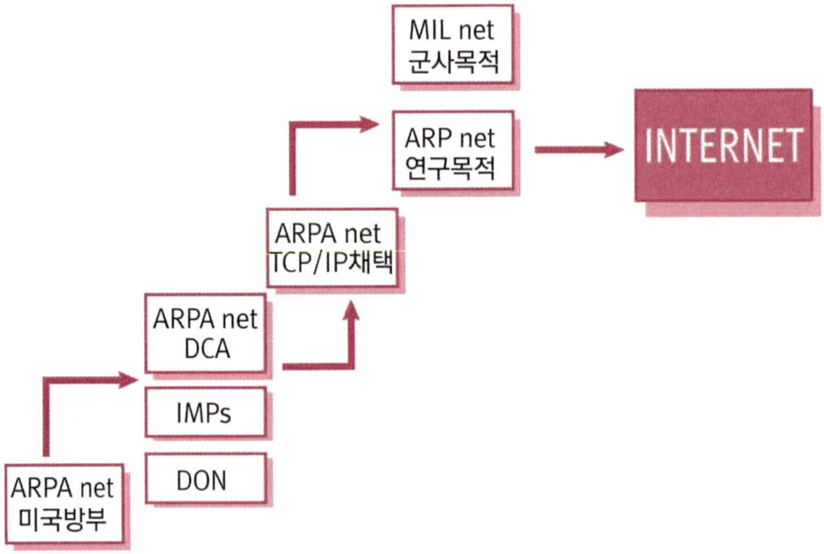

그림 4.50 인터넷의 발전 형태

1국가 기간네트워크를 구축하기 시작하였으며, 1990년에 인터넷 프로토콜(TCP/IP)을 통해 KAIST와 하와이 대학의 연결로 본격적인 인터넷 시대에 돌입하게 되었다. 그 후 1993년에 한국통신이 일반인을 대상으로 인터넷 상용 서비스를 시작하였으며, 2000년부터 인터넷 전용선이 가정에 보급되어 비약적인 발전을 하고 있다.

4.6 인터넷 프로토콜

4.6.1 TCP/IP

인터넷에서는 TCP/IP라는 공통된 언어 규약을 사용한다. 소규모의 네트워크 안에 포함된 컴퓨터들 사이의 통신에는 TCP/IP를 사용하지 않을 수 있지만 인터넷처럼 광범위한 네트워크에서는 TCP/IP를 사용한다. TCP/IP는 어떠한 장치도 프로그램도 아니며, 서로 다른 컴퓨터들 사이에 인터넷을 통해 정보를 주고받기 위해 정해 놓은 통신 규약이다.

표 4.3 TCP/IP 프로토콜 모음의 각 계층별 주요 기능

계층	기관
응용 프로세스 계층	응용프로세스 간의 정보 교환
전달계층(TCP/UDP)	호스트 간의 메시지 단위의 정보 교환 및 관리
IP 계층	통신전담 프로세서 간의 네트워크를 통한 패킷 교환
네트워크 접속 계층	단위 네트워크 내에서의 패킷 및 신호

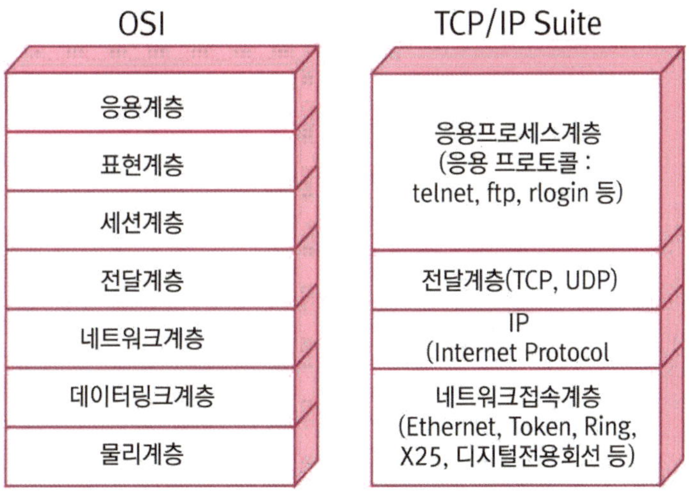

그림 4.51 OSI와 TCP/IP 구조 비교

그림 4.51에서 나타낸 것처럼 TCP/IP도 OSI처럼 계층형 구조로 모두 네 계층으로 이루어져 있으며, 각 계층의 주요 기능은 표 4.3과 같다.

4.6.2 SLIP/PPP

인터넷은 TCP/IP라는 프로토콜을 사용하는 여러 컴퓨터들을 연결한 것이다. 따라서 전용선을 사용하는 사용자들은 TCP/IP 드라이버만 설치하면 바로 인터넷을 사용 할 수 있다. 그러나 모뎀을 통해 인터넷 서비스 업체 컴퓨터에 접속한 사용자들은 TCP/IP를 지원

받지 못하므로 모뎀으로 접속한 사용자들이 TCP/IP를 사용하는 것처럼 해주는 장치가 필요하다.

SLIP(Serial Line Internet Protocol)과 PPP(Point to Pont Protocol)는 모뎀을 사용하여 전화선으로 접속한 사용자들이 마치 TCP/ IP를 지원하는 컴퓨터에 연결되어 있는 것처럼 만들어 주는 프로토콜이다.

4.7 IP주소와 도메인 네임

4.7.1 IP 주소

어떤 사람에게 전화를 걸려면 전화국에서 인정한 유일한 전화번호가 있어야 다른 사람과 통화를 할 수 있는 것처럼 인터넷에 접속한 컴퓨터는 인터넷에서 지정하는 유일한 주소가 필요하다. 이를 IP 주소(IP address)라 한다. 이러한 IP 주소는 0~255사이의 숫자 4개를 구분점(.)으로 구분하여 사용한다. 예를 들어 포털사이트 야후의 네임서버 IP 주소는 211.233.50.130(ns0.yahoo.co.kr), 211.233.50.131(ns2.yahoo.co.kr)로 표시한다. IP 주소는 고유한 것으로 2대 이상의 컴퓨터가 같은 IP 주소를 가질 수 없다.

또한 이러한 IP 주소는 사용자가 임의로 사용하는 것이 아니라 IP 주소를 전문적으로 부여해 주는 기관이 따로 존재한다. 대표적인 인터넷 주소 부여 기관은 InterNIC (Network Information Center: 국제네트워크정보센터)이며, 현재는 각 대륙별, 국가별 NIC기구를 운영하고 있다. 아시아태평양은 APNIC(Asia Pacific Network Information Center)에서 담당한다. 우리나라는 KRNIC(한국네트워크정보센터)가 있는데 한국인터넷진흥원(NIDA)에서 도메인과 IP 등 인터넷 주소를 관리하고 있다. 인터넷활성화, 차세대 인터넷주소 자원 IPv6, 식별체계의 통합서비스를 비롯한 다양한 사업을 하고 있다.

IP주소는 내부적으로 네트워크 ID와 호스트ID로 이루어져있다. 인터넷에 연결된 많은 로컬네트워크는 네트워크ID로 식별하며, 로컬네트워크에 연결된 단말기 PC의 주소는 호스트ID로 식별을 한다. 그림4.52에서 인터넷에 연결된 로컬네트워크 A, B, C를 나타내고 있고 그 중 로컬네트워크 A에는 PC a, b ,c가 연결되어 있음을 나타내고 있다.

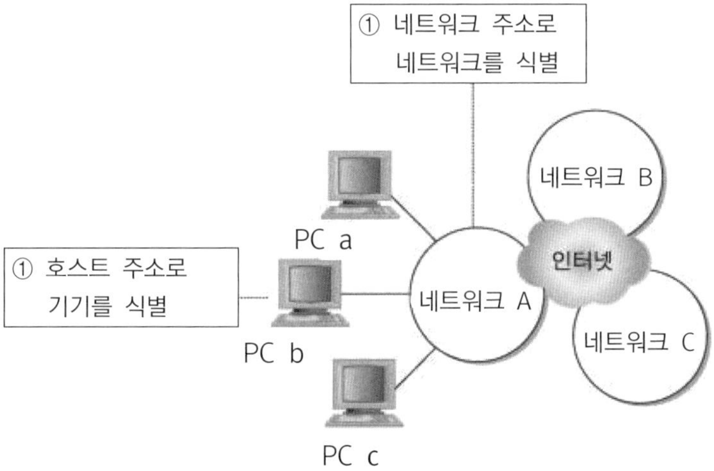

그림 4.52 네트워크 주소와 호스트 주소

현재 IPv4에서는 32비트로 이루어진 IP주소의 적당히 분할하여 여러 개의 서브네트워크(Subnet)로 사용한다. 서브넷을 이용하는 가장 큰 이유는 도메인의 크기를 감소시키려는데 있다. 즉 네트워크ID 주소부를 나타내는 영역을 호스트영역까지 확장하여 여러 개의 네트워크 주소로 만든다.

IP 주소체계는 네트워크 그룹의 크기에 따라 5 클래스로 구분되며, 그 중 사용자가 이용할 수 있는 것은 클래스 A, 클래스 B, 클래스 C 3단계이다. 그림 4.53에서 (a)는 ftp 서버로 쓰인 컴퓨터의 IP 주소를 보여주며, (b)는 웹 서버로 쓰인 컴퓨터의 도메인 네임을 보여 준다.현재 사용되고 있는 IP 주소체계인 IPv4의 한계를 보완하기 위해 새롭게 개발된 것이 IPv6이다.

IPv4는 32비트 주소체계에 42억 개의 주소수를 가지고 있지만 IPv6은 128비트의 주소체계에 무한개의 주소수(이론상 2^{128}개)를 가지고 있다고 할 수 있다. 이는 폭발적으로 늘어나는 인터넷 IP 주소의 부족 문제를 해결할 수 있을 뿐 만 아니라 품질제어, 보안, 자동 네트워킹 및 다양한 서비스 제공이 가능하다.

또한 기존의 인터넷 프로토콜은 하나의 헤더로 서비스를 제공하였기에 헤더정보에는 많은 정보가 들어가고 새로운 형태의 서비스가 발생 할 때 마다 헤더의 정보를 수정 보완해야 한다. 이는 네트워크의 노드에서 패킷을 수신했을 때 긴 프로세스 시간과 멀티미디어서비스를 제공의 제약을 가져온다. 하지만 차세대인터넷 프로토콜인 IPv6의 경우에는 이러한 헤더의 구성을 피하고 보다 단순화된 형태의 헤더정보를 제공하기 위해서 사용하는 서비스의 형태에 따라 분리하도록 하였다. 여러 개의 독립된 헤더형태로 그 기능에 맞도록 전송하므로 네트워크에서의 패킷처리시간을 단축시키고, 전송되는 정보의 양을 기존 인터넷 프로토콜보다 줄일 수 있다.(그림 4.54 참조)

장점은 네트워크 속도의 증가, 특정한 패킷 인식을 통한 높은 품질의 서비스 제공, 데이터 무결성과 비밀의 보장 등을 들 수 있다.

(a) 한 ftp 서버의 IP주소

(b) 한 웹 서버의 도메인 네임

그림 4.53 IP 주소와 도메인 네임

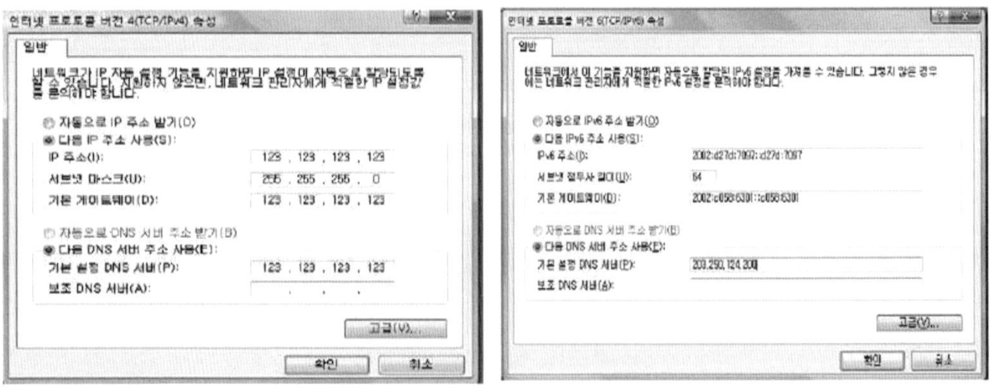

그림 4.54 IPv4와 IPv6의 헤더 구조

4.7.2 도메인 네임(Domain Name)

IP 주소는 203.241.132.36과 같이 숫자로 만들어졌기 때문에 사람이 기억하기 매우 어렵다.

그래서 숫자로 된 IP 주소를 잘 사용하지 않고, 그 대신 yahoo.co.kr, microsoft.com, digital.com 같은 형식으로 표기되는 별명을 사용한다. 이 별명을 도메인 네임(Domainname)이라고 부르며, 이와 같은 도메인 네임은 전세계 어디에도 같은 것이 있어서는 절대로 안 된다. 도메인 네임은 실제 데이터가 전송될 때에는 DNS(Domain Name System)에 의해 IP 주소로 변환되어 사용된다. 도메인 네임은 계층 구조로 이루어져 있으며 IP 주소와 마찬가지로 점(.)으로 구분되어 있다. 그러나 반드시 4개로 구성할 필요는 없다. 점으로 분리된 각각의 필드는 서브 도메인(Sub Domain)이라고 하며, 서브 도메인들의 계층 구조는 오른쪽에서부터 시작된다. 도메인 네임의 형식을 그림 4.55에서 나타내고 있다.

현재 2단계 도메인은 편리성으로 인해 3단계 도메인과 병행해서 사용되고 있다. 예를 들면 www.pknu.ac.kr에서 www.pknu.kr으로 2단계 도메인 사용이 가능하다.

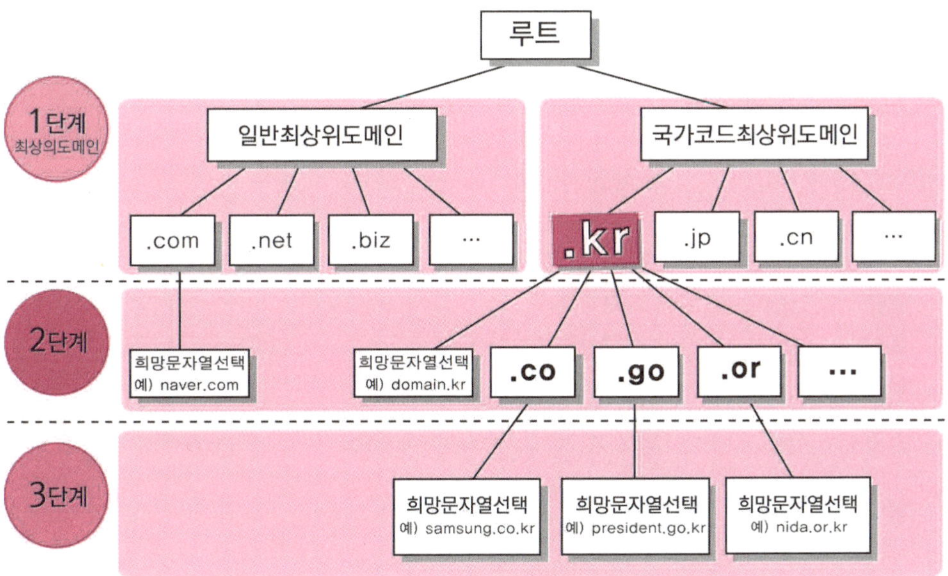

그림 4.55 도메인 네임의 형식 [출처]한국인터넷진흥원

1) 최상위 도메인 (Top Level Domain)

가장 오른쪽에 위치한 필드로 국가 코드 또는 기관 코드를 나타내는 경우가 대부분이고, 국가 코드는 두 자리의 영문, 기관 코드는 세 자리의 영문으로 표기한다. 미국의 경우는 대부분 기관코드를 최상위 도메인으로 사용하며 그 밖의 나라들은 국가 코드를 최상위 도메인으로 사용한다. 최상위 도메인(Top Level Domain, 이하 TDL)을 표 4.4에 나타내었다.

2) 도메인 네임의 주소 형식

❖ 1단계 도메인 (국가)

1단계 도메인은 일반적인 최상위 도메인이다. 최상위 도메인인 kr은 국가코드 ISO 3166에서 정의된 인터넷 도메인 체계에서의 한국을 나타내는 도메인 이름을 의미한다.

❖ 2단계 도메인 (분류)

2단계 도메인은 기관의 성격을 분류한 11개의 도메인과 개인을 위한 1개의 도메인, 그리고 지역명을 기초로 한 16개의 지역 도메인이 있다. 표 4.5에 예를 나타내었다.

표 4.4 최상위 도메인 분류

국가명		TLD	생성 목적	TLD	생성목적
au	호주	deu	교육기관	lnfo	제한없는 사용
fr	프랑스	com	이익단체, 기업	biz	비즈니스
jp	일본	gov	정부기관	name	개인
de	독일	mll	군사기관	pro	회계사, 법조인, 의사
kr	한국	org	그 외 단체기관	aero	항공수송사업
cn	중국	net	네트워크 관리기관 또는 게이트웨이	coop	협동조합
uk	영국	lnt	정부간 국제조약에 의해 설립된 기관	museum	박물관

표 4.5 kr 도메인의 2단계 도메인

2단계 도메인	해당 영역	2단계도메인	해양 영역
co	영리	mll	국방조직
ne	네트워크	ac	대학/대학원
or	비영리	hs	고등학교
re	연구	ms	중학교
pe	개인	es	초등학교
go	정부기관	sc	기타학교

❖ 3단계 도메인

3단계 도메인은 상호명, 상표명을 근거로 하여 전체 이름 또는 영문 약자 등으로 도메인 이름 신청자가 정하여 사용할 수 있다.

4.7.3 전자우편 주소

인터넷을 사용하는 사람의 전자우편 주소는 그 사람이 인터넷 서버로 사용하는 컴퓨터의 도메인 네임과 그 사용자 아이디(ID)를 사용해 표시해야 한다. 사람 ID와 도메인 네임 사이에는'@'를 넣어 표시한다. 여기서 @는 영문으로"at"을 의미한다.

❖ 형식

사용자 아이디(ID) @ 도메인 이름

예) yahoo의 도메인 네임은 yahoo.co.kr이므로 yahoo에서 superman이란 아이디를 사용하는 사람의 인터넷 주소는 superman @yahoo.co.kr 이다.

4.7.4 URL

URL(Uniform Resource Locator)은 인터넷상의 각종 정보의 형태와 위치를 담고 있는 표준 주소이다. 웹 브라우저를 사용하여 특정 인터넷 사이트나 홈페이지를 찾아가 원하는 정보를 보기 위해서는 반드시 URL을 알아야 한다. URL은 웹 브라우저가 읽어올 문서가 있는 컴퓨터의 위치와 컴퓨터 안에 있는 디렉토리 위치, 파일 이름을 표시한다. 인터넷에서 정보를 서비스하는 컴퓨터들은 정해진 포트를 통해서 데이터를 주고받는다. 프로토콜의 종류에 따라서 디폴트로 사용하는 포트번호가 미리 정해져 있기 때문에 포트번호가 명시되지 않으면 정해진 번호를 사용하게 된다. 만약 특정한 프로토콜을 사용하는 정보서비스가 디폴트 포트번호를 사용하지 않는다면 URL에서 포트번호를 반드시 기재해 주어야 정확한 정보의 위치가 된다.

인터넷 서버에 자료를 요청하는 방법에 따라 http, ftp, gopher, telnet, news 등의 프로토콜을 사용하며, WWW에서는 보통 http를 사용한다. URL의 부분별 의미를 표 4.6에 나타낸다.

표 4.6 URL의 부분별 의미

예) http://www. daum.net/Mail-bin/login.html

http: : http 프로토콜을 사용함을 표시
http 대신 ftp, gopher, news 등 사용 가능
// : 인터넷 서버에서 정보를 가져온다는 것을 표시
www.daum.net/ : 서버 이름을 도메인 이름 형태로 표시
숫자 형태로 된 IP Address를 사용해도 무방
Mail-bin/ : 서버에 있는 디렉토리 경로 이름을 표시
Login.html : 가져올 정보를 담고 있는 파일 이름을 표시

❖ 형식

프로토콜://호스트이름[:포트번호][/디렉토리경로]

4.8 인터넷 서비스

4.8.1 VoIP

VoIP(Voice over Internet Protocol)는 인터넷에서 사용하는 IP(Internet Protocol)를 통해 음성(Voice) 신호를 주고받을 수 있는 기술을 의미한다. 일반적으로 이것은 공중교환전화망인 PSTN처럼 회선에 근거한 전통적인 프로토콜들이 아니라, 불연속적인 패킷들 내에 디지털 형태로 음성 정보를 보낸다는 것을 의미한다. VoIP와 인터넷 전화 기술의 주요 장점은 기존 IP 네트워크를 그대로 활용해 전화 서비스를 통합 구현함으로써 전화 사용자들이 시내전화 요금만으로 인터넷·인트라넷 환경에서 시외 및 국제 전화 서비스를 받을 수 있게 된다는 점이다. 음성과 팩스 통신을 인터넷 네트워크에서 처리할 경우 기존 PSTN 팩스 전송보다 훨씬 저렴한 가격으로 통신이 가능하고, 장비 비용도 크게 낮출 수 있다. VoIP의 개념도를 그림 4.56에 나타낸다.

통신업체를 포함해 많은 회사들은 회사 내의 장거리전화, 즉 본점과 지점 간의 통화나 시내전화 요금을 줄이기 위한 해결책을 찾고 있는데, 이 VoIP가 이러한 요구를 충족하는데 적합한 기술로 알려져 있다.

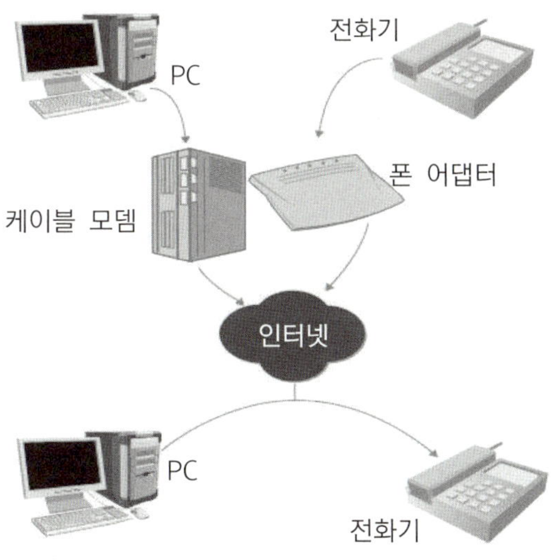

그림 4.56 VoIP의 서비스 개념도

4.8.2 IPTV

IPTV(Internet Protocol TV)는 인터넷을 이용하여 실시간 방송서비스와 통신서비스를 복합적으로 제공하는 방송통신 융합서비스를 받을 수 있는 기술을 말한다. 방송과 통신이 융합한 형태로 네트워크 품질이 보장되고 컴퓨터 대신 텔레비전을 이용하고, 마우스 대신 리모콘을 이용한다는 점이 기존 TV방송과 다른 점이다.

IPTV는 양방향성이 특징으로 함께 설치하는 셋톱박스를 통해 다른 유료매체(케이블TV, 위성TV)에 비해 비교적 많은 콘텐츠를 이용함은 물론 홈뱅킹, 온라인 게임 등 다양한 부가서비스를 즐길 수 있다. 또한 IPTV는 인터넷을 기반으로 하므로 웹에서 동영상을 보듯이 고화질 출력이 가능하고 채널수의 제한 없이 시청자가 편리한 시간에 자신이 보고 싶은 프로그램을 HD급으로 볼 수 있다. 프로그램을 경우에 따라 변형, 저장할 수 있는 기능도 갖추고 있다. 그러나 인터넷 서비스 품질에 따라서 화질이 차이가 날 수 있다는 점과 인터넷 장애가 발생하면 방송이 끊길 수 있다는 점 등이 단점으로 꼽힌다.

IPTV 단말기가 실시간 방송을 네트워크로 수신해서 AV 신호로 보내기 때문에 사용자는 지역 케이블이나 위성방송, 지상파 방송의 튜너를 쓰지 않고 HDMI 입력 기능을 쓴다. 따라서, IPTV 가입자는 HDMI 입력이 지원되는 모니터만 가지고 있다면 IPTV를 볼 수 있다. KT, SK브로드밴드와 LGU+의 UHD IPTV, 셋톱박스는 HDMI 영상 및 음성 통합 단자를 가지고 있으며, 단말기에서는 성인 콘텐츠의 청소년 시청을 제한하는 성인 인증 보안 시스템이 들어있다.

최근에는 TV 단말 내에 운영체제를 직접 탑재해 웹서핑, 앱스토어, 다양한 콘텐츠 등을 사용자가 능동적으로 참여해 생산자과 소비자로서 참여할 수는 있는 스마트TV로 발전하고 있다. 스마트TV는 기존 지상파나 케이블 방송의 시청용 안테나와 인터넷 회선을 동시에 연결하는 형태로 설치하며, 일반 방송을 시청할 때에는 안테나 케이블, 그 외에 양방향 기능을 이용할 때는 인터넷 회선을 통해 데이터를 전달하기 때문에 IPTV와 달리 인터넷이 연결되지 않아도 일반 방송의 시청 자체는 가능하다. 그러나 차세대 IPTV는 스마트TV와 마찬가지로 양방향성과 개인화 및 개방형 플랫폼을 추구하는 방향으로 발전하고 있으므로, 이들 간의 차별성이 점점 모호해지며 경쟁이 더욱 심화될 것으로 예상된다.

4.8.3 우리나라의 통신사업 현황

현재 우리나라에는 대표적인 전송역무 기간통신사업자로는 ㈜케이티, SK브로드밴드(주),(주)LGU+ 있다. 이들 3사는 통신회선설비 임대사업도 겸하고 있다. 3사가 제공하는 인터넷서비스는 대부분이 인터넷, IPTV, 집 전화 그리고 휴대폰(WiFi)을 결합시킨 상품으로 서로 다른 요금체계로 서비스 경쟁을 하고 있다. 이들 상품은 위치, 도로사정, 건물사정으로 광케이블을 이용되는 집과 기존의 전화선을 이용해야 하는 집에 제공되는 서비스 상품 품질이 서로 다르다. 광케이블이 포설된 경우(FTTH)는 다운로드를 할 때와 업로드를 할 때의 속도(100 Mbps)가 비슷해 대칭형 인터넷 서비스라 말하고, 동축케이블이나 기존 전화선을 이용해 다운로드와 업로드가 다른 속도의 경우(업로드:10 Mbps, 다운로드:60~80 Mbps)를 비대칭형 인터넷서비스(ADSL, VDSL)라고 한다. 최근에는 광케이블을 이용해 500 Mbps 이상의 초고속인터넷 상품이 출시되어 소비자가 다양한 요구에 응하고 있다. 통신 3사를 그림 4.57에 나타낸다.

그림 4.57 통신 3사의 회사 로고와 결합 상품

정보통신 보안

5
CHAPTER

- 5.1 정보통신 보안의 개요
- 5.2 보안의 역사
- 5.3 네트워크 보안
- 5.4 웹 보안
- 5.5 악성코드
- 5.6 모바일 보안
- 5.7 사이버범죄와 정보윤리

5.1 정보통신 보안의 개요

보안이란, 각종 위험으로부터 자유로운 상태를 지키고 만드는 모든 활동을 의미한다. 이렇듯 보안은 광범위한 의미를 가지며 적용되는 분야에 따라 구체적 개념과 그 활동이 달라진다. 예를 들어 군에서 다루는 군사보안과 산업현장에서의 산업보안, 정보통신에서의 정보통신 보안은 그 목적과 활동이 다르다. 심지어 한 분야 내의 세부 분야 사이에서도 보안의 개념 및 적용이 크게 달라지기도 한다.

이 장에서는 보안의 역사에 대해 살펴본 후, 네트워크, 웹, 모바일 등 최근 다양한 정보통신 분야에서의 위협들과 이들에 대한 예방 및 대처 방법에 대해 살펴본다. 더불어 정보화 사회에서 요구되는 정보윤리와 규범에 대해 살펴보도록 한다.

그림 5.1　정보통신 보안

5.2 보안의 역사

정보보안이란 정보의 수집, 가공, 저장, 검색, 송신, 수신 도중에 정보의 훼손, 변조, 유출 등을 방지하기 위한 관리적, 기술적 방법들을 의미한다. 이와 같은 정보보안의 목표는 크게 세 가지로 정리된다.

- 기밀성(Confidentiality): 권한이 부여된 사용자만 정보에 접근할 수 있도록 함.
- 무결성(Integrity): 권한을 갖지 않은 사용자가 함부로 정보를 변경할 수 없도록 함.
- 가용성(Availability): 권한을 가진 사용자가 정보에 접근하려 할 때 방해받지 않도록 함.

위 세 목표를 갖는 정보보안의 개념은 인류의 기원부터 함께했다고 볼 수 있다. 고대에서도 정보 표현과 전달은 중요하게 다루어졌고, 이를 원하지 않는 타인이 이해할 수 없도록 표현하는 몸짓, 소리, 신호 등을 일종의 정보보안 행위로 볼 수 있기 때문이다.

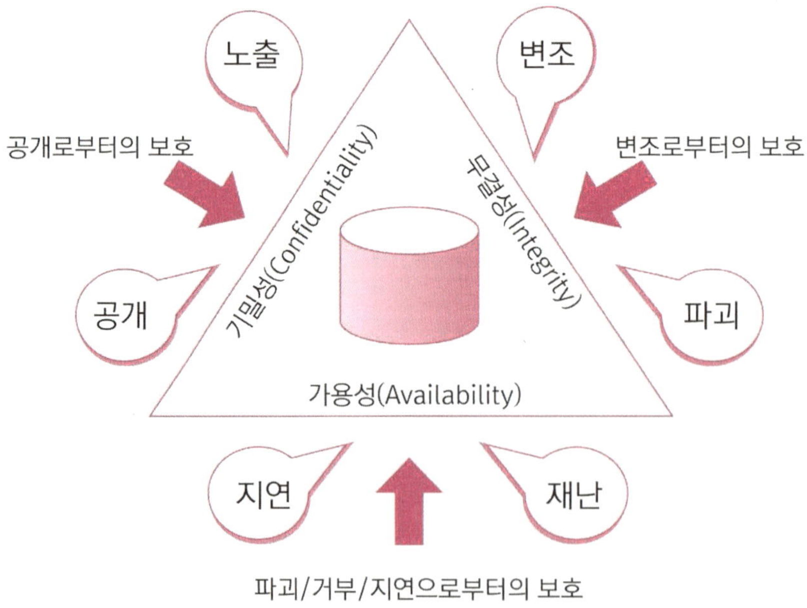

그림 5.2 정보보안의 목표

1) 고대의 정보보안

다양한 정보보안 방법 중 대표적이고 그 역사가 가장 긴 것은 암호이다. 암호(cryptography)의 어원은 그리스어의 비밀이라는 뜻을 가진 크립토스(Kryptos)로 알려져 있다. 이는 평문을 해독 불가능한 형태로 변형하거나 암호화된 메시지를 원래의 해독 가능한 상태로 변환하기 위한 모든 수학적 원리, 수단, 방법 등을 취급하는 기술이나 과학을 말한다. 즉 암호란 제3자가 정보를 원하는 사람들이 알아보지 못하도록 하는 방법을 의미함으로써, 정보보안의 목표 중 하나인 기밀성을 위해 주로 활용된다. 고대 봉건 사회에서는 황제나 군주가 지방 관리에게 보내는 비밀문서, 전쟁 중의 작전 지시와 보고, 첩자들과의 통신 등 전쟁이나 첩보 시, 안전한 정보 전달을 위해 다양한 비밀 통신 기법들이 사용되었다.

역사에 기록된 최초의 암호는 기원전 480년경 스파르타에서 추방되어 페르시아에 살던 데마라토스가 페르시아의 침략 계획을 나무판에 조각하여 적은 후 밀납을 발라 스파르타에 보낸 것 이라고 한다. 이처럼 실제로 전달하고자 하는 정보를 숨기는 방법을 스테가노그래피(Steganography)라고 한다. 이는 '덮다'라는 뜻의 그리스어 스테가노스 (Steganos)와 '쓰다'라는 뜻의 그라페인(Grapein)이 결합된 단어이다. 스테가노그래피에 대한 이해를 돕기 위한 예로써, 레몬즙을 이용한 비밀 편지를 생각해 볼 수 있다. 레몬즙으로 종이에 메시지를 적고 완전히 말리면 작성한 메시지가 보이지 않으나, 그 종이를 불에 살짝 그을리면 레몬즙으로 적은 메시지를 확인할 수 있다. 이렇듯 스테가노그래피는 정보의 존재가 노출되면 누구나 쉽게 정보를 파악할 수 있다는 것이 단점이다.

그림 5.3 레몬즙을 이용한 비밀 메시지

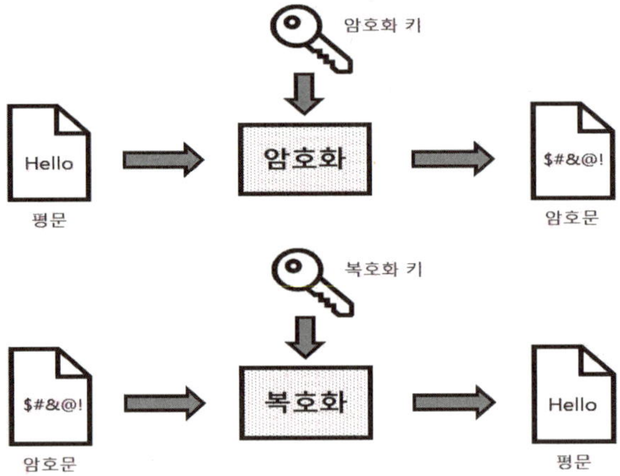

그림 5.4 암호화와 복호화

대부분의 암호는 그림 5.4와 같은 기본 구조를 갖는다. 누구나 쉽게 정보를 알아볼 수 있는 글을 평문, 원치 않는 다른 사람이 알아볼 수 없도록 정보를 숨긴 글을 암호문이라 한다. 평문을 암호문으로 바꾸는 과정을 암호화라고 하며 이때 암호화는 조건/규칙이 명시되어 있는 암호화 키(key)를 이용해 이루어진다. 반대로 암호문에서 정보를 나타내는 평문으로 변환하는 과정을 복호화라고 하며 이 과정에서는 복호화 키를 알고 있어야 한다. 다시 말해, 두 키를 서로 공유하고 있는 사용자 사이에서만 암호화와 복호화 과정을 통한 정보교환이 가능해 진다.

기원전 400년경 고대 그리스의 군사들은 스키테일(Scytale)이라는 전치 암호(Transposition cipher)를 사용해 기밀 정보를 교환하였다. 전치 암호란, 메시지에 있는 문자의 순서를 바꿔 원하지 않는 다른 사람이 알아 볼 수 없게 만드는 암호법을 말한다. 스키테일 암호는 특정 지름을 갖는 막대에 종이를 감고 메시지를 횡으로 쓰는 방법이다. 즉, 메시지가 적힌 종이를 막대에서 풀면 메시지의 각 문자는 재배치되어 정보를 알아볼 수 없게 된다. 이렇게 생성된 암호문은 암호문 작성에 사용된 막대와 동일한 굵기의 막대에 종이를 감음으로써 메시지를 확인할 수 있게 된다. 따라서 막대에 종이를 감아 글을 적는 행위는 암호화, 암호문이 적힌 종이를 막대에 감아 평문을 확인하는 행위는 복호화, 막대의 굵기는 암호화/복호화 키라고 볼 수 있다.

기원전 50년경 로마의 황제 줄리어스 시저(Julius Caesar)는 군사적인 목적으로 시저 암호라고 불리는 치환 암호(Substitution cipher)를 사용하였다. 치환 암호란, 평문의 문자들을 다른 문자로 대체하여 평문을 암호화하는 방법을 말한다. 시저 암호는 가

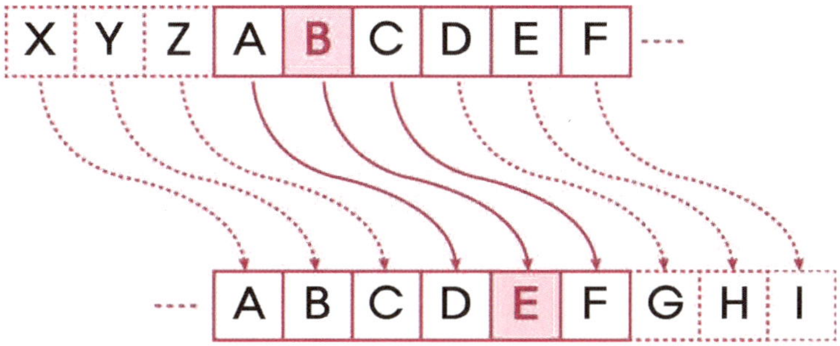

그림 5.5 세 문자를 이동시킨 시저암호

장 간단한 형태의 치환 암호로써, 평문의 각 문자들을 알파벳순으로 1~25 글자씩 물려 적는 방법으로 암호화가 이루어진다. 예를 들어 그림 5.5와 같이 3문자씩 물려 시저 암호화가 적용되었다고 가정하면, 평문에서의 문자 A는 D로, 문자 B는 E로, 문자 C는 F로, …, 문자 Z는 C로 바뀌게 된다. 반대로 복호화는 암호문의 각 문자를 알파벳 순으로 3문자씩 당겨 이루어진다. 따라서 송신자와 수신자는 몇 문자씩 이동할지를 정하고 암호화/복호화를 수행함으로써 제3자로부터 비밀을 유지할 수 있다. 따라서 이동할 문자의 수는 암호화 키로써의 역할을 한다. 다만, 암호화 키가 최대 25가지로 제한적이기 때문에 제 3자가 시저 암호문 임을 안다면 25가지의 키로 각각 복호화를 시도해 봄으로써, 암호화 키를 알지 못해도 암호문으로부터 평문을 얻는 것이 가능하다.

2) 근대의 정보보안

17세기 근대 수학의 발전과 함께 암호 기술도 함께 발전하였다. 프랑스 외교관이던 비즈네르(Vigenere)가 제안한 다중 치환(Polygram substitution) 방식은 한 글자가 암호화 키와의 매핑에 따라 여러 가지 다른 문자로 대체 되는 암호화 기법이다. 즉, 알파벳 A가 하나의 암호문 내에서도 경우에 따라 C가 될 수도, H가 될 수도, Z가 될 수도 있다. 그렇기 때문에 같은 치환 암호라도 복호화 키 없이 암호문으로부터 평문을 얻기가 시저 암호보다 어렵다. 그 밖에도 플레이패어(Playfair)가 고안한 2문자 조합 암호 등 다양한 암호 방식이 제안되었다.

20세기에 들어서는 통신 기술의 발전과 기계식 계산기에 대한 연구를 바탕으로, 두 차례의 세계 대전을 통해 암호 설계와 해독에 대한 필요성이 높아지면서 암호 연구가 더욱 활발히 진행되었다. 1923년 폴란드에서 암호화 기계 에니그마(Enigma)가 상업용

그림 5.6 암호화 기계 에니그마와 암호해독 기계 콜러서스

으로 출시되었다. 에니그마는 당시 강력한 암호화 성능을 제공했으며, 여기에 독일군이 장치를 추가하여 개선하면서 기존 암호해독 기술을 완전히 무력화시켰던 탓에 상당 기간 동안 난공불락의 암호체계를 자랑했다. 에니그마는 타자기와 비슷한 모양으로, 자판으로 평문을 입력하면 암호문이 만들어져 램프로 표시되는 구조이다. 에니그마의 암호문 제작 원리는 무한히 긴 암호화 키 값을 이용하는 다중 치환 암호를 전기공학적으로 구현해내는 데에 있다. 이러한 에니그마는 2차 세계대전 독일군의 보안통신에 사용되었으며 그 당시 독일은 에니그마를 이용한 자신들의 암호 체계가 완벽하여 연합국에서 절대 해독할 수 없으라는 절대적인 믿음을 갖고 있었다. 하지만 1939년 영국은 에니그마의 암호 체계를 해독하기 위해 블리츨리 (Bletchley) 파크에 앨런 튜링을 포함한 당시 최고의 전문가들로 암호해독팀을 구성하고 최초의 컴퓨터 콜로서스(Colossus)를 개발함으로써 에니그마의 해독에 성공하게 된다.

3) 현대의 정보보안

1979년 스티브 워즈니악과 스티브 잡스의 애플 컴퓨터 탄생으로 데스크탑 PC가 일반인들에게 보급되면서 PC 통신을 통한 네트워크 해킹이 시작되었다. 80년대 초 TCP/IP가 표준 통신 프로토콜로 채택되면서 인터넷의 기초를 이루었고, 80년대 후반 각 나라들 간의 주요 네트워크가 연결되면서 인터넷은 전세계적으로 확장되었다. 이에 따라 금융 기관, 관공서 등 민감한 자료를 보관/처리하는 곳에서의 정보보안이 위협 받게 되었다. 이와 같이 원격시스템에 침투하여 정보를 빼오거나 왜곡/삭제하는 네트

그림 5.7 The 414를 모티브로 한 영화

워크 해킹의 대표적인 사건으로 'The 414s'를 들 수 있다. The 414s는 10대 또래 친구 6명으로 이루어진 컴퓨터 해커 그룹으로, 1982년부터 1983년까지 로스알라모 국립연구소(Los Alamos National Laboratory), 슬로안-케터링 암센터(Sloan-Kettering Cancer Center), Security Pacific Bank 등 당시 유명한 컴퓨터 시스템들에 침입하고 데이터를 삭제한 사건이다. 이 사건을 계기로 사람들은 컴퓨터 해킹의 위험성을 인지하게 되었으며 이와 관련된 새로운 법이 제정되었다.

1994년 인터넷 브라우저 넷스케이프가 발표되며 네트워크를 통한 정보의 접근이 보다 수월해 지면서 해커들은 보다 활발히 자신들의 노하우, 프로그램을 공유할 수 있게 되었다. 이에 따라 1990년대에는 해킹 사건의 종류도 다양해지고 사건 발생 숫자 역시 기하급수적으로 늘어나게 되었다.

2000년대에 들어서면서 컴퓨터 네트워크와 인터넷에서의 가장 큰 변화로 볼 수 있는 것은 전자 상거래의 성장이다. 대부분 금융 기관들은 인터넷을 통한 금융 거래 시스템을 확보하였고 개인은 인터넷을 이용하여 상품과 서비스를 구매하였으며 그 비용을 인터넷을 통해 지불할 수 있게 되었다. 이러한 전자 상거래 시장이 커짐에 따라 관련 보안문제도 자연스럽게 뒤따르게 되었다. 2006년 한국의 전자 상거래 본인 인증을 위한 안심클릭 서비스의 제도적, 기술적 취약점을 이용해 타인의 카드번호를 입수한 후 물품을 대신 결재하고 현금을 돌려받는 범죄사건이 발생하였고, 2007년 공인인증서 유출로 인한 시중 은행 불법 현금인출 사건이 발생하였다.

그림 5.8 블루투스의 보안 취약점

2010년대에는 소셜 서비스의 발달과 이동통신을 활용한 네트워크 환경으로 개인의 거의 모든 정보가 인터넷 상에 있을 뿐만 아니라 통신 기기들의 소형화, 무선화로 인해 새로운 형태의 보안문제가 발행하고 있다. 따라서 새로운 네트워크 보안과 정보보호 개념이 생겨나게 되었으며 무선망에 접속된 개인 또는 조직은 유선망에 접속했을 때보다 더 많은 위협에 노출되게 되었다. 대표적인 예로 블루투스(Bluetooth)의 보안상 취약점을 들 수 있다. 블루투스는 휴대용 단말기의 단거리 통신을 위해 사용되는 통신 규약으로써, 작은 전력을 사용하기 때문에 높은 수준의 암호화와 인증을 구현하기가 어렵다. 따라서 블루투스의 인증 취약점을 이용한 블루프린팅 (Blueprinting), 블루스나핑(Bluesnarfing), 블루버그(Bluebugging) 등을 통해 공격자가 피해자의 사적인 정보에 접근하거나 피해자로 하여금 의도치 않은 임의의 행동을 하게 만들 수 있다.

5.3 네트워크 보안

네트워크란 지역적으로 분산된 위치에 있는 시스템 간에 데이터를 교환하기 위한 하드웨어 및 소프트웨어들을 의미한다. 즉, 네트워크는 데이터가 이동하는 통로로써의 기능을 수행한다. 초기의 네트워크는 중앙집중식 형태로써 네트워크의 제어가 간단하고 구축비용도 저렴하다는 장점이 있었지만, 중앙부가 고장 나면 전체 네트워크가 마비된다는 단점을 갖고 있었다. 이에, 미 국방부에서는 핵전쟁에 대처하기 위해 네트워크의 어느 한 부분이 공격을 받더라도 통신이 끊기지 않는 네트워크 통신 기술을 연구하였고, 1969년 패킷 교환기술을 활용한 그물형 네트워크 ARPANET (Advanced research project agency network)을 구축하였다. ARPANET은 초창기에 연구 기관과 국방 관련 사업체 등의 기관 사이 정보 공유를 위해 활용되었으나 1983년 군사부분은 MILNET으로 분리되어 나가고 연구용으로 일반에 공개되면서 현대 인터넷의 근간을 이루었다.

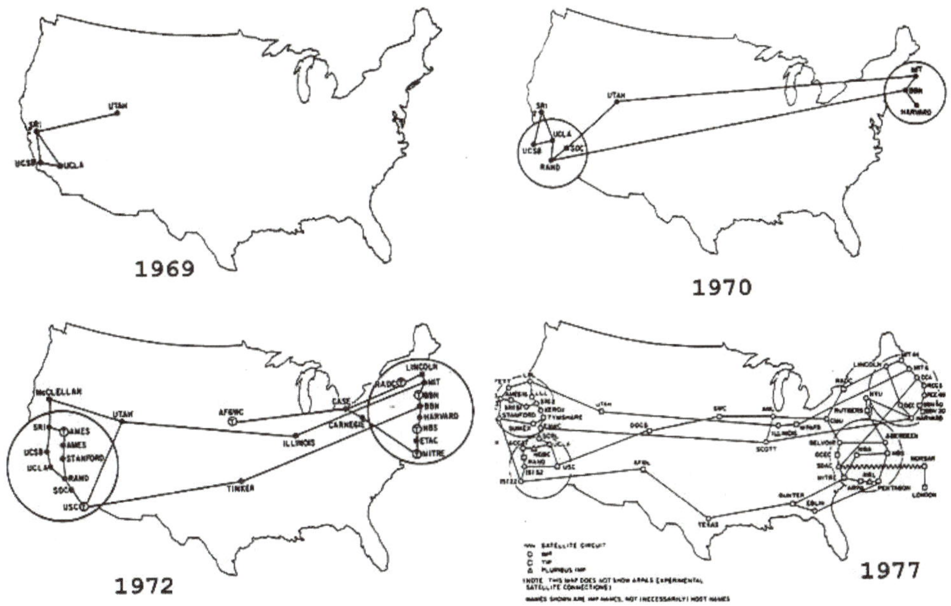

그림 5.9 인터넷의 시작, ARPANET [출처]구글검색

5.3.1 네트워크의 구조

1970년대 후반부터 전세계적의 대학, 정부기관, 연구소 등에서 자체적으로 네트워크를 만들어 운영하였다. 하지만 그 당시 발표된 네트워크들은 다른 네트워크의 구조를 전혀 고려하지 않은 채 개발되어 상호 연동되지 않았다. 다시 말해, 같은 네트워크 내의 컴퓨터들 사이 통신은 가능했지만 서로 다른 네트워크들은 통신 규약, 패킷 사이즈, 전송 속도, 하드웨어 및 소프트웨어가 서로 달라 통신할 수 없었다. 이에 국제표준화기구 ISO (International organization for standardization)는 다양한 네트워크의 호환을 위해 OSI 7계층이라는 참조모델을 제시하였다. OSI 7계층은 물리, 데이터, 네트워크, 전송, 세션, 표현, 응용 프로그램 계층으로 이루어져 있고 각 계층마다 서로 다른 역할을 독립적으로 수행한다.

이와 같은 OSI 7계층은 역할에 따라 크게 하위 계층 (1~4)과 상위 계층 (5~7)으로 나눌 수 있다. 상위 계층은 응용 프로그램에 초점을 맞추고 있는 반면 하위 계층은 데이터 전송에 초점을 맞추고 있다. 데이터 전송과정을 공격하는 네트워크 공격은 주로 1~4계층과 관련이 있기 때문에 네트워크 보안을 위해서는 1~4계층에 대한 충분한 이해를 필요로 한다.

5.3.2 네트워크 공격 및 대응책

1) 유선 네트워크 공격과 보안

❖ 서비스 거부 공격

서비스 거부 공격(Denial of service)은 공격자가 네트워크에 과부하를 주어 네트워크를 마비시킴으로써 다른 사용자들이 통신을 할 수 없게 만드는 공격 방법이다. 네트워크에 과부하가 걸리게 하는 방법에 따라 다양한 종류의 서비스 거부 공격 방식이 있다.

- Land 공격: 일반적으로 데이터를 전송할 때 패킷 단위로 전송하며 각 패킷에는 양방향 통신을 위해 출발지와 목적지의 IP주소를 명시한다. Land 공격은 이러한 패킷의 출발지와 목적지의 IP주소를 모두 공격 대상의 IP주소로 지정하여 전송한다. 이때 패킷을 수신한 공격 대상은 수신한 패킷에 대한 응답 패킷을 출발지 IP주소로 전송하게 되는데, 수신한 패킷에 지정된 출발지 IP주소

는 자신의 주소이기 때문에 스스로에게 응답 패킷을 보내고 또 응답 패킷의 응답패킷을 끊임없이 자신에게 전송하게 되어 과부하가 걸리게 된다. 이와 같은 land공격은 운영체제의 패치 관리나 방화벽의 출발지와 목적지의 IP주소 확인을 통해 방어할 수 있다.

- HTTP GET Flooding 공격: 공격자가 목표로 하는 웹 서버의 특성 페이지를 HTTP의 GET method를 통해 무수히 요청하여 해당 서버에 과부하가 걸리게 하는 공격 방법이다. 때문에 공격을 받는 동안 다른 사용자의 요청을 처리할 수 없게 된다. 이 공격법은 웹 방화벽에서 특정 웹 페이지를 지속적으로 요청하는 사용자를 차단하게 함으로써 방어할 수 있다.
- 분산 서비스 거부 (DDoS) 공격: 분산 서비스 거부(Distributed denial of Service) 공격은 공격자가 한 지점에서 공격을 수행하는 형태를 넘어 다수의 공격 지점에서 동시에 한 곳을 공격하도록 하는 형태의 서비스 거부 공격이다. 즉, 공격자는 특정 일시에 공격 대상을 공격하도록 하는 악성코드를 작성하고 인터넷을 통해 전파되도록 한다. 이때, 악성코드의 확산을 위해 지정한 일시가 될 때까지 별다른 행동을 취하지 않고 잠복한다. 이렇게 악성코드에 감염된 PC를 좀비 PC라고 부르며 공격자가 명령이나 정해진 공격 스케줄에 따라 좀비 PC들이 일제히 공격 대상에 접근하여 과부하가 걸리게 한다. 이와 같은 분산 서비스 공격은 아직까지 확실한 대책이 없으며 공격자의 위치와 구체적 발원지를 파악하는 것도 거의 불가능하다.

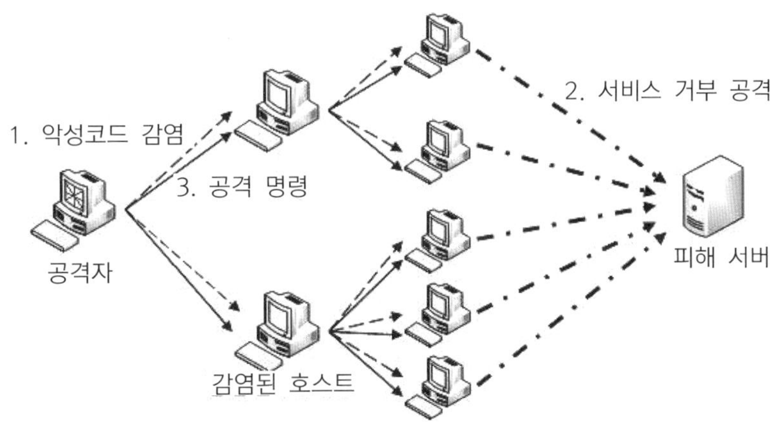

그림 5.10 DDoS 공격 시나리오

❖ 스니핑 공격

스니핑 (Sniffing)이란 공격자가 자신에게 오는 패킷이 아님에도 불구하고 네트워크상에 지나다니는 패킷들의 내용을 훔쳐보는 공격 방법을 말한다. 기본적으로 네트워크에 접속하는 모든 기기들은 설정된 IP 주소 값과 고유한 MAC 주소 값을 갖고 있다. 통신할 때 네트워크 카드는 일반적으로 이 두 가지 주소 정보를 바탕으로 자신의 주소로 전송된 패킷만 수신하고 나머지 패킷은 무시한다. 그러나 스니핑을 수행하는 공격자는 자신이 갖지 말아야 할 정보까지 모두 볼 수 있도록 2, 3계층에서 MAC 주소와 IP 주소로 패킷을 필터링하는 기능을 해제하며, 이를 프로미스큐어스 (Promiscuous) 모드라고 한다. 스니핑으로 인한 피해를 방지하기 위해서는 중요 패킷을 암호화하여 패킷이 공격자에게 넘어가더라도 내용을 알 수 없게 하거나 공격자 감지 툴을 사용해 공격자를 확인해야 한다.

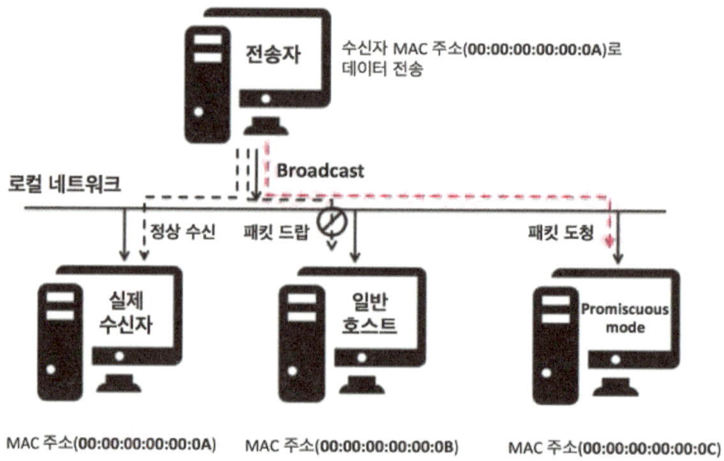

그림 5.11 프로미스큐어스 모드를 이용한 스니핑

❖ 스푸핑 공격

스푸핑(Spoofing) 공격이란, MAC 주소, IP 주소, 포트 등 네트워크 통신과 관련된 식별 정보를 속여 다른 대상 시스템을 공격하는 기법을 말한다. 스푸핑 공격은 주로 스니핑 공격과 결합되며 속이는 식별 정보에 따라 대상 시스템에 다양한 형태의 피해를 입힐 수 있다.

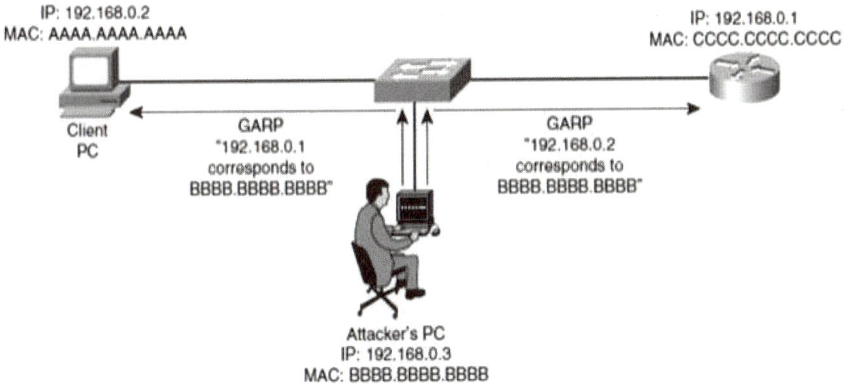

그림 5.12 ARP 스푸핑 원리

- ARP 스푸핑: 공격자가 MAC 주소를 속여 상대방의 데이터 패킷을 중간에서 가로채는 중간자 공격 기법이다. 이 공격은 2계층 데이터 링크 상의 프로토콜인 ARP (Address resolution protocol)을 이용하기 때문에 근거리상의 통신에서만 사용할 수 있는 공격이다. 다음 예시를 통해 구체적인 원리를 살펴보도록 하자. 로컬 네트워크 내에 공격대상 (IP:192.168.0.2, MAC: AAAA.AAAA.AAAA), 라우터 (IP:192.168.0.1, MAC: CCCC.CCCC.CCCC), 공격자 (IP:192.168.0.3, MAC: BBBB.BBBB.BBBB)가 있는 경우를 생각해 보자. 정상적인 경우라면 공격대상과 라우터가 서로의 MAC 주소를 바탕으로 통신을 하게 된다. 이때, 공격자는 ARP프로토콜을 악용하여 공격대상에게는 라우터의 MAC 주소를 자신의 MAC 주소(BBBB.BBBB.BBBB)로 속이고 라우터에게는 공격대상의 MAC 주소를 자신의 MAC 주소 (BBBB.BBBB.BBBB)로 속여 둘 사이 주고받는 패킷을 공격자가 중간에서 받아볼 수 있게 만든다. 이 공격의 경우, 피해자에게 특별한 이상 증상이 나타나지 않기 때문에 감지 도구를 사용하지 않는 이상 자신이 공격당하고 있다는 사실을 확인하기 어렵다. 이와 같은 ARP 스푸핑 공격을 방지하기 위해 MAC 주소가 임의로 변경될 수 없도록 사전에 IP주소와 MAC 주소를 고정시키는 방법이 있다.
- IP 스푸핑: 다른 사용자의 IP주소를 마치 자신의 IP주소인 것처럼 속여 권한을 획득하는 공격방법을 말한다. 유닉스 계열 운영체제는 사용자가 접근을 시도할 때 아이디와 패스워드 같은 인증정보를 기록해 두고 해당 사용자가 접근할 때 IP주소만 확인하여 로그인과정 없이 접속을 허락해 주는 신뢰 인증법을

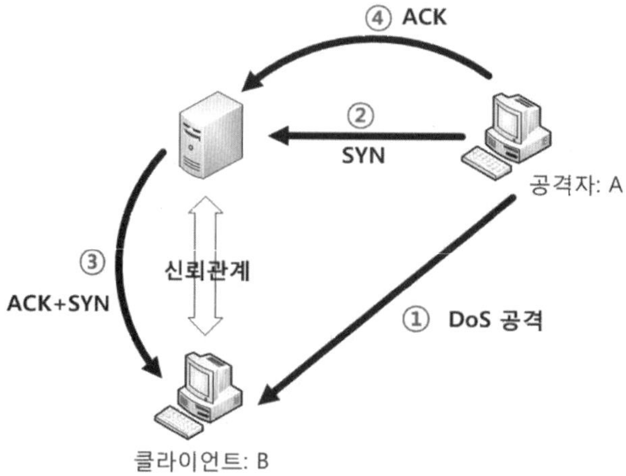

그림 5.13 IP스푸핑 원리

사용한다. 이와 같은 신뢰 인증법은 인증이 IP주소를 통해서만 이루어지기 때문에 공격자가 신뢰관계에 있는 사용자의 IP주소를 사용해 접속하면 아이디/패스워드와 같은 인증정보 없이 쉽게 접속할 수 있다는 문제점이 있다. IP 스푸핑의 원리를 살펴보면 그림 5.13과 같다. 우선 공격자는 서버와 신뢰관계에 있는 클라이언트를 DoS공격을 통해 작동하지 못하게 만든다. 그 후 공격자는 접속 요청 패킷 (SYN)의 출발지 IP를 신뢰관계에 있는 클라이언트의 IP로 속여 전송한다. 서버는 클라이언트에서 온 패킷으로 오인하고 클라이언트에게 응답패킷 (SYN/ACK)을 보낸다. 하지만 클라이언트는 DoS 공격의 피해로 SYN/ACK 패킷에 대해 응답하지 못하기 때문에 공격자는 응답패킷(ACK)을 대신 보내 마치 자신이 클라이언트인 것처럼 속이며 서버에 접속할 수 있게 된다.

2) 무선 네트워크 공격과 보안

무선 랜은 사용의 편리함으로 점차 많은 분야에 걸쳐 활용되고 있다. 무선 랜의 가장 큰 장점은 무엇보다도 이동성에 있다고 할 수 있다. 국내 유선 인터넷 서비스는 2006년을 기점으로 포화상태에 있지만, 무선 인터넷 사용자는 꾸준한 증가세를 보이고 있다. 하지만 무선 랜의 이러한 장점과 동시에 전송 매체의 특성상 다수의 보안 취약점을 갖고 있다.

❖ 도청

무선 랜이 갖는 취약점의 가장 큰 문제점이라고 할 수 있는 것이 도청이다. 케이블을 통해 통신이 이루어지는 유선 랜과 달리 무선 랜의 경우 전자기파 방사를 통해 통신이 이루어지기 때문에 불특정 다수가 신호수신이 가능하게 된다. 이 때, 만일 데이터가 암호화 되어있지 않거나 단순한 암호화 기법을 사용하고 있다면 제 3자가 쉽게 전송 데이터의 내용을 확인하게 되는 보안 문제가 발생하게 된다. 도청은 기본적으로 무선 랜 카드가 탑재된 기기는 모두 가능하지만 일반적으로 암호 해독을 위한 노트북과 신호 수신을 위한 안테나 등을 통해 이루어진다. 무선 전송 데이터의 도청에 이용되는 소프트웨어는 인터넷을 통해 쉽게 구할 수 있으며, 이를 이용해 탐지되는 무선 랜의 기본적인 구성을 파악할 수 있다. 예를 들어 대표적인 무선랜 분석 프로그램인 NetStumbler는 주변의 무선 랜 목록, 암호가 걸려있는지 여부, 암호화 방식, 신호감도 등의 정보를 제공한다.

이와 같은 도청을 방지하기 위해서는 AP (공유기)의 전파가 적절한 서비스 지역 내에 한정되도록 출력을 조정해야 한다.

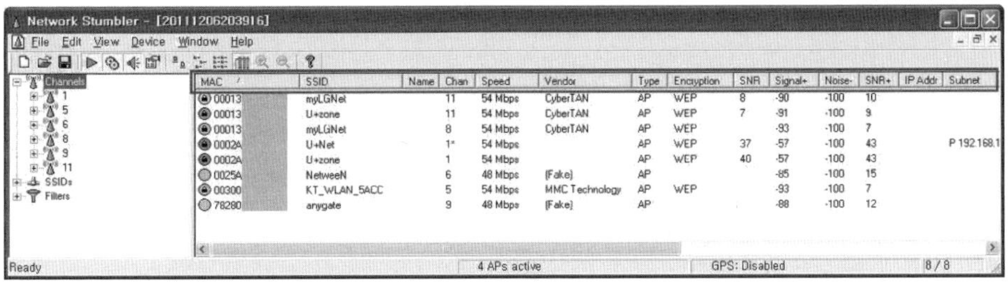

그림 5.14 NetStumbler를 활용한 무선 랜 정보수집 [출처]NetStumbler

❖ 서비스 거부

그림 5.15와 같이 무선 랜이 사용하는 주파수 대역에 강한 방해전파를 전송하거나 의미 없는 대량의 무선 패킷을 AP (공유기)에 전송하여 다른 사용자가 무선 랜을 사용할 수 없게 하는 서비스 거부 공격이 있다. 이러한 서비스 거부 공격은 실제 내부 네트워크로의 침입으로까지 발전되지는 않지만 무선 랜을 이용해 실시간으로 업무가 이루어지는 장소에서는 무선 랜의 마비가 심각한 문제를 유발할 수 있다. 따라서 무선 랜에 대한 의존도가 큰 곳에서는 서비스 중지 시 대체할 수 있는 별도의 유선 랜을 준비하여 만일의 경우에 대비하는 것이 필요하다.

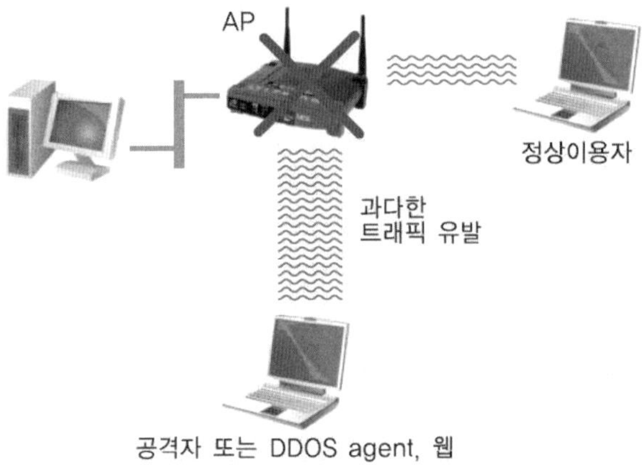

그림 5.15 무선랜 서비스 거부 공격

❖ 로그 AP

인터넷 사용자의 개인 정보 수집을 위해 공격자가 불법적으로 설치해둔 AP를 로그 AP(Rogue AP)라고 한다. 즉, 사용자가 로그 AP를 통해 인터넷에 접속하면 인터넷 사용 정보가 해커에게 넘어가게 된다. 이를 통해 개인의 사적인 정보, 아이디 / 비밀번호가 유출된 경우에는 다른 범죄행위에 활용될 이어질 수 있기 때문에 추가적인 피해를 유발한다. 이용자는 수상한 AP에 접속하지 않도록 주의를 기울여야 하고 관리자 차원에서는 무선 랜이 적용된 지역에 로그 AP가 설치되지 않도록 감시/점검하여 로그 AP가 설치될 수 있는 위험성을 줄여야 한다.

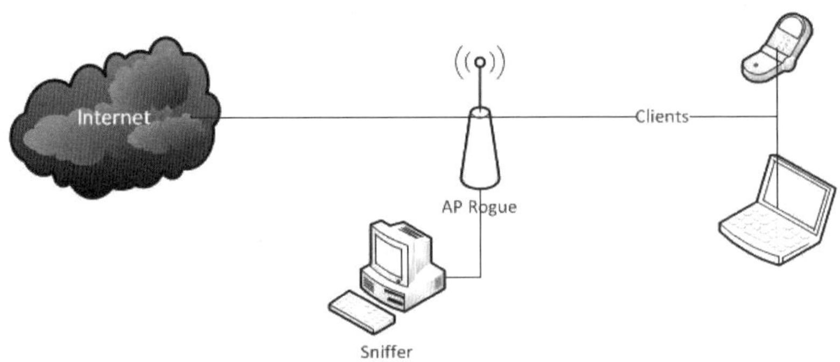

그림 5.16 로그 AP를 이용한 정보수집

❖ 무선 암호화 방식

무선 랜 통신을 위한 암호화에 가장 기본적이고 많이 사용되고 있는 방식은 WEP (Wired equivalency protocol)로, 64비트의 암호화키를 이용한 RC4 알고리즘으로 암호화가 이루어진다. 하지만 짧은 길이의 암호화키가 반복적으로 사용되기 때문에 암호화키를 모르더라도 여러 패킷들을 수집하면 암호화키를 짧은 시간 내에 유추할 수 있다는 단점이 있다. 이러한 WEP의 취약점을 보완하기 위해 WPA/WPA2 (Wi-Fi protected access) 방식이 대안으로 나오게 되었다. WEP와는 달리 무선 데이터 전송 시 고정된 키값을 반복적으로 사용하지 않아 단순히 무선 전송 데이터 패킷의 수집을 통해서는 암호화키를 유추해 낼 수 없다. 하지만 이 방식도 최초 인증단계의 패킷들이 노출되면 해독이 가능하다는 단점을 갖고 있다. 보다 안전한 무선 랜의 운영을 위해서는 WEP 대신 WPA/WPA2를 사용하되 가능한 긴 길이의 암호를 설정하거나 추가적인 인증 서버의 운영이 권고된다.

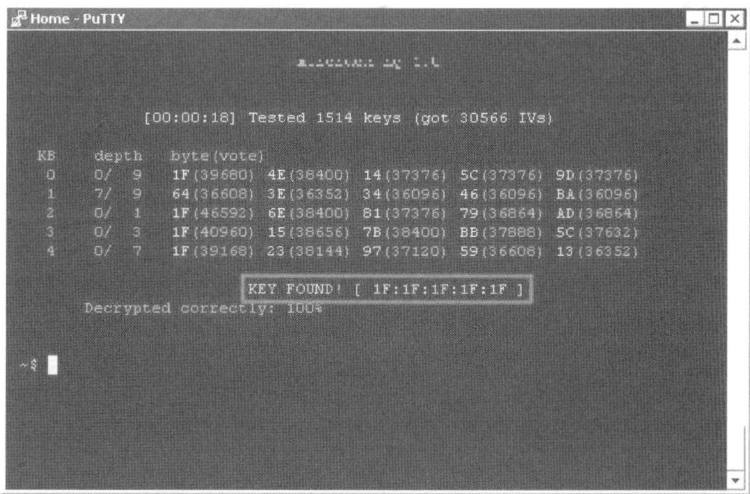

그림 5.17 해킹툴을 이용한 WEP 암호화키 추적

5.4 웹 보안

5.4.1 인터넷과 웹

웹 사이트 주소의 일부로 많이 사용되는 WWW는 '월드 와이드 웹 (World Wide Web)'의 줄임말로써, 세계 규모의 거미집 또는 거미집 모양의 망이라는 의미를 갖는다. 웹은 대중적으로 가장 많이 사용되는 인터넷 서비스이다 보니 인터넷과 동의어로 쓰이는 경우가 많으나 엄밀히 말해 서로 다른 개념이다. 인터넷은 전 세계를 연결하고 있는 국제 통신망이고 웹은 이메일, 텔넷, FTP 등과 같이 인터넷 상에서 동작하는 하나의 서비스일 뿐이다. 1969년 인터넷의 시초로 여겨지는 ARPANET의 개발로 전 세계 주요 거점을 연결하는 네트워크가 처음 만들어진 이후 인터넷은 꾸준히 발전하였으며, 웹 서비스는 1989년 유럽 입자 물리 연구소(CERN)의 소프트웨어 공학자인 팀 버너스리(Tim Berners Lee)의 제안으로 신속한 연구정보 교환을 위해 개발되었다. 이후 1992년 모자이크라는 웹 브라우저의 개발로 마우스클릭을 할 수 있는 하이퍼링크가 최초로 구현되면서 웹 서비스의 이용을 더욱 쉽게 하여 초기 인터넷 붐을 일으키는 역할을 했다.

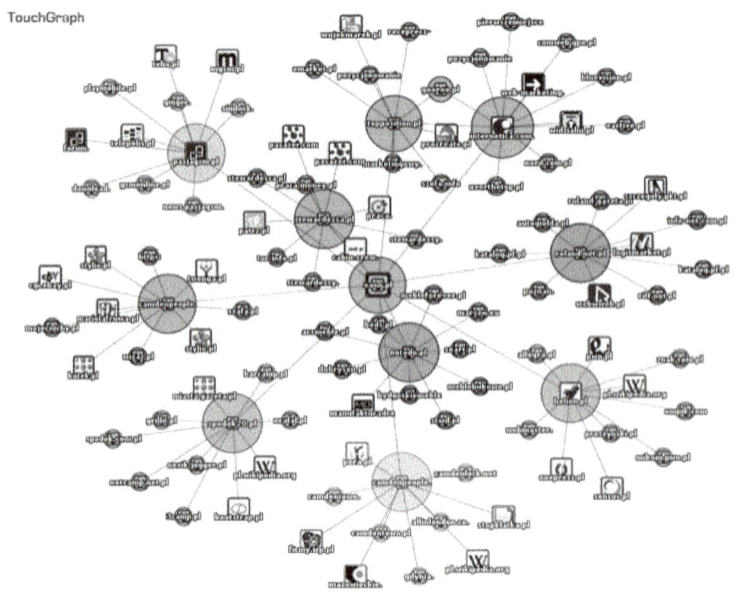

그림 5.18 웹 사이트간 연결관계

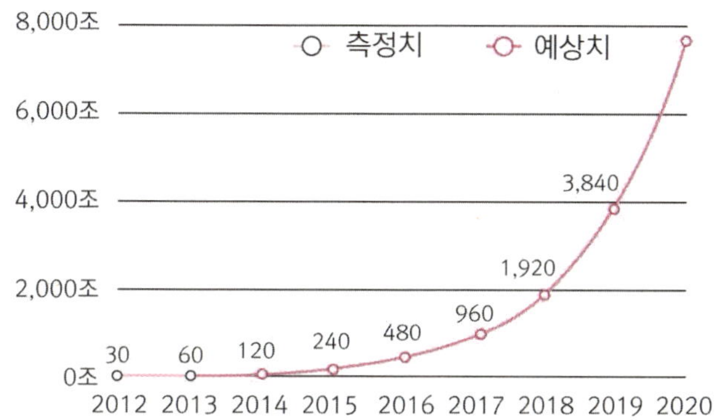

그림 5.19 전세계 웹 페이지 숫자 변화 추이

웹상에는 수많은 웹사이트들이 있고 각 웹사이트는 여러 웹 페이지로 구성된다. 웹 페이지는 글, 그림, 동영상 등으로 이루어진 정보를 담고 있으며 마우스 클릭을 통해 관련된 정보가 있는 다른 웹 페이지로 이동할 수 있는데 이를 하이퍼링크 (Hyperlink)라 한다. 결국 하이퍼링크를 통해 각 웹 페이지들은 서로 연결되어 그 관계가 그림 5.18처럼 거미집과 같은 형태를 띤다.

웹은 인터넷의 가장 대표적인 서비스이고, 최근 컴퓨터 외에도 웹서비스에 접근할 수 있는 스마트폰, 태블릿 PC, 텔레비전 등 다양한 전자기기가 생겨남에 따라 웹 서비스에 대한 수요는 빠르게 증가하고 있는 추세이다. 그림 5.19는 구글이 검색 정보 수집을 위해 발견한 URL 숫자 변동 추이를 보여주고 있다. 2013년에는 60조 개로 측정되었으며, 향후 2020에는 약 120배 증가한 7600조 개에 달할 것으로 예측되고 있다. 이 정보를 통해 웹상에는 수십조 개 또는 수십조 개의 웹 페이지가 존재하고 그 숫자가 기하급수적으로 증가한다는 것을 알 수 있다.

5.4.2 웹 공격 및 대응책

1) 정보 수집

각 웹사이트마다 구조가 다르기 때문에 공격자는 본격적으로 공격을 수행하기 이전에 대상 웹 사이트의 관련 자료들을 수집하여 구조와 동작 원리를 이해하는 과정이 필요하다.

웹 공격을 위해 가장 손쉽게 정보를 수집할 수 있는 방법은 검색엔진을 사용하는 방법이다. 다양한 검색 엔진이 있지만 가장 대표적이고 많은 검색 결과를 보여주는 구글(google)을 기준으로 살펴보도록 하겠다.

구글은 다양한 고급 검색 기능을 제공한다.

- intitle: 특정 문자열을 제목에 포함하고 있는 웹 페이지를 검색할 때 사용되는 검색 인수이다. 이 검색은 주로 디렉토리 리스팅(Directory listing) 공격에 사용된다. 디렉토리 리스팅이란, 웹사이트의 모든 파일 목록을 보여주는 페이지가 외부에 공개되는 것을 말한다. 디렉토리 리스팅으로 인해 노출되지 않아야 할 파일들을 사용자가 열람할 수 있게 됨으로써 사이트의 구조나 취약점이 그대로 드러나게 된다. 예를 들어 구글에서 *intitle:index.of admin*을 검색하게 되면 웹 페이지 제목에 'admin'이라는 문자열을 포함한 디렉토리 리스팅 페이지를 찾아 보여준다. 일반적으로 admin 디렉토리에는 서버 관리자가 클라이언트에게 숨기길 원하는 파일을 저장하기 때문에 문제가 될 수 있다.
- inurl: 웹사이트의 주소 (URL)에 특정 문자열을 포함하고 있는 웹 페이지들을 검색해 보여준다. 예를 들어 *inurl:/admin/*을 검색하면 주소에 '/admin/'이 포함된 웹 페이지들을 보여준다.

그림 5.20 intitle을 이용한 검색 결과

- site: 검색 범위를 특정 웹사이트로 한정하여 검색할 때 사용되는 검색 인수이다. 예를 들어 구글에서 검색하면 웹사이트 'pknu.ac.kr' 내에서 관리자'라는 문구를 포함하고 있는 웹페이지 검색결과를 표시해 준다.
- filetype: 특정 확장자를 가진 파일을 검색할 때 사용하는 검색 인수이다. 예를 들어 filetype: txt password 구글에서 검색하면 'password'라는 단어를 포함하고 있는 확장자 txt 파일들을 보여준다.
- link: 특정 링크를 포함하고 있는 웹 페이지를 검색할 때 사용되는 검색 인수이다. 예를 들어 link: ice.pknu.ac.kr 구글에서 검색하면 해당 주소의 링크를 포함하고 있는 웹 페이지들을 보여준다.

하지만 검색 엔진이 웹사이트 내 모든 페이지들을 검색할 수 있는 것은 아니다. 웹사이트가 robots.txt 파일을 포함하고 여기에 정보 수집을 막는 명령어가 적혀 있으면 검색 엔진은 해당 사이트에서 수집 거부한 항목들에 대해서는 정보를 수집하지 않는다. 따라서 서버의 robots.txt파일을 적절히 작성해 놓음으로써 구글 검색으로 인한 불필요한 정보 유출을 막을 수 있다.

공격 대상으로 하는 웹사이트의 구조나 취약점을 파악하기 위해 웹프록시 (Web Proxy)라는 툴을 사용할 수 있다. 웹 프록시의 동작은 그림 5.21과 같다. 웹프록시는 클라이언트에 설치되어 제어된다. 일반적인 웹 서비스에서는 클라이언트의 웹 브라우저와 웹 서버가 패킷을 주고받으며 이루어지지만 웹 프록시를 사용하게 되면 웹 서버에서 브라우저로 전달되는 패킷과 웹 브라우저에서 웹 서버로 전달되는 패킷 모두 웹 프록시를 거쳐 전달되게 된다. 이때 웹프록시는 이렇게 주고받는 패킷의 흐름을 막아

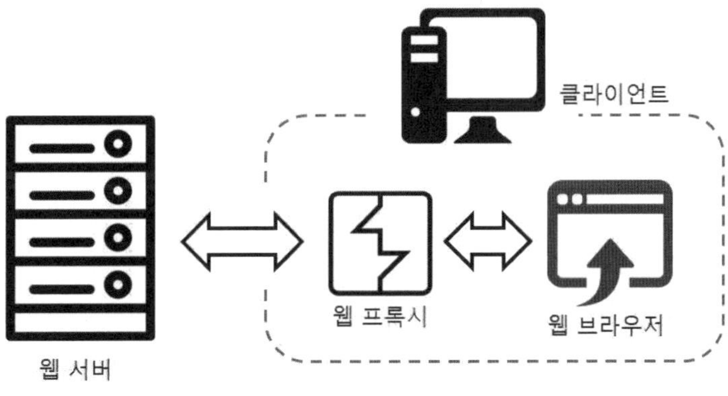

그림 5.21 웹 프록시의 동작

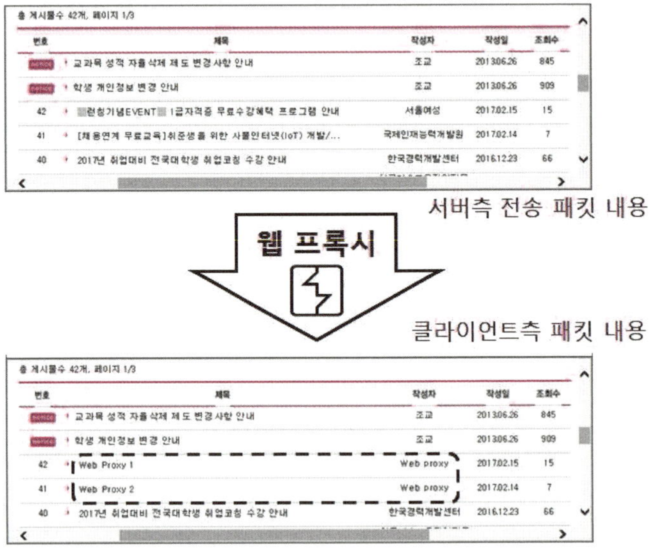

그림 5.22 웹프록시를 이용한 웹 페이지 변조

클라이언트가 패킷의 내용을 확인할 수 있게 한다. 이렇게 웹 서버와 브라우저 사이의 패킷 내용을 확인해 봄으로써 서버의 취약점을 유추할 수 있는 정보를 얻을 수 있다.

2) 웹 공격

정보수집뿐만 아니라 웹프록시를 이용해 보안 취약점이 있는 웹사이트 공격도 가능하다. 즉, 클라이언트가 서버로부터 오는 패킷을 웹프록시로 수정하여 웹 브라우저에 보이는 내용을 그림 5.22와 같이 변경할 수 있다. 이는 클라이언트가 수신한 패킷의 데이터를 수정한 것으로써 웹 서버 측에 직접적으로 영향을 미치지는 않지만 Active X 등의 형태로 프로그램이 클라이언트에 설치되어 동작하는 웹사이트의 경우에는 이 프로그램을 속여 서버 측의 비정상적인 동작을 유발할 수 있다.

그 밖에 주요한 웹 보안 공격들을 살펴보면 다음과 같다.

- 명령 인젝션 (injection) 공격: 클라이언트의 요청을 처리하기 위해 전송받는 인수에 특정 명령을 실행할 수 있는 코드를 포함시켜 서버 측에서 입력된 인수를 코드로 해석하게 함으로써 비정상적으로 동작하게 만드는 공격법이다. 다양한 명령 삽입 공격 중에서 가장 대표적인 것이 SQL인젝션 공격이다. SQL

은 데이터베이스를 구축하거나 활용하기 위해 사용하는 언어이다. 웹사이트의 사용자 아이디와 비밀번호는 데이터베이스에 저장하여 관리하게 되는데, 만약 공격자가 SQL 인젝션 취약점이 있는 서버 웹사이트의 아이디와 패스워드를 입력하는 로그인 란에 데이터베이스의 명령어를 입력하면 입력된 아이디와 패스워드를 SQL 언어로 이해하여 아이디와 패스워드 없이 로그인을 가능하게 하거나 데이터베이스의 내용을 임의로 수정할 변경할 수도 있게 된다. 이와 같은 인젝션 공격은 웹 서버가 입력받는 인수의 내용을 적절히 필터링함으로써 방지 할 수 있다.

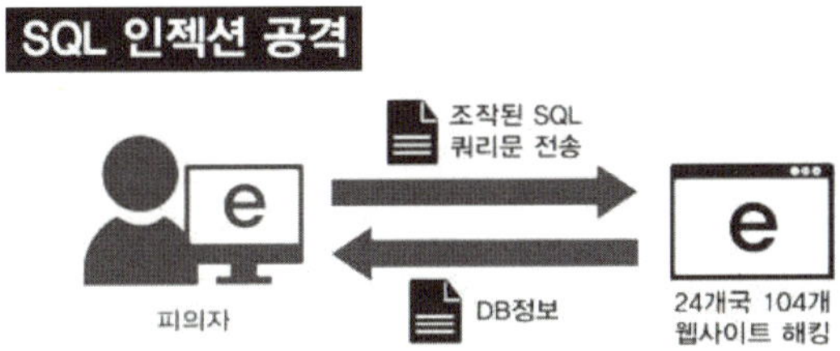

그림 5.23 SQL 인젝션 공격

- 크로스사이트 스크립트 (XSS) 공격: 공격자에 의해 작성된 코드가 다른 사용자에게 전달되고 실행하게 하는 공격 방법이다. 예를 들어 그림 5.24와 같이 공격자가 게시판에 악의적인 명령어가 포함된 글을 게시한다. 임의의 피의자가 해당 게시물을 클릭하면 명령어를 포함한 게시 내용이 피해자로 넘어가 공격자가 의도한 행동을 수행하게 된다. 따라서 이러한 공격 방법을 이용해 피해자의 개인 정보를 탈취하거나, 피해자를 악의적인 피싱 사이트로 강제 이동시키는 등 주로 추가 범죄에 이용된다. 이와 같은 XSS 공격은 웹 서버 측에서 포스팅 되는 글 내용에서 악의적인 명령어를 필터링 함으로써 방지할 수 있다.

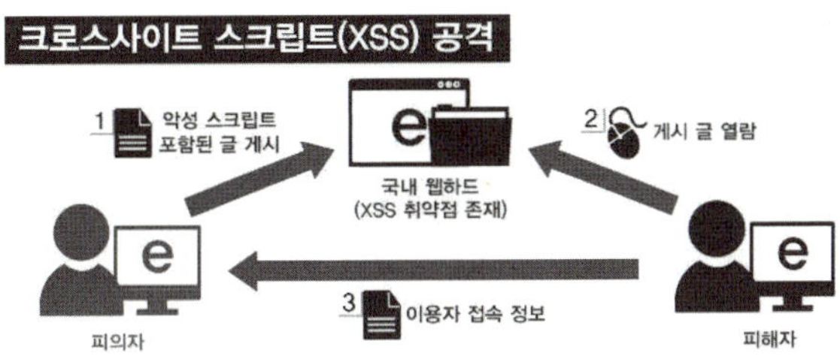

그림 5.24 크로스사이트 스크립트 공격

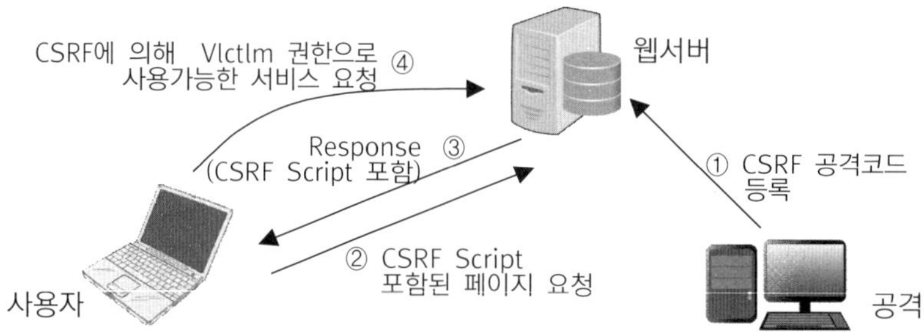

그림 5.25 사이트 간 요청 위조

- 사이트 간 요청 위조 (CSRF): 공격자가 입력한 코드를 웹사이트 방문자가 실행하게 함으로써, 로그인되어 있는 방문자의 권한을 이용해 서버에 공격자가 의도한 요청을 하도록 만드는 공격 방법이다. CSRF는 앞서 살펴본 XSS와 유사한 원리를 갖지만 XSS 공격은 코드의 실행이 클라이언트에서 이루어지는 반면 CSRF는 피해자의 권한을 이용해 서버에 악의적인 요청을 하도록 만든다는 점에서 차이가 있다. 예를 들어 그림 5.25와 같이 공격자가 인터넷 게시판에 광고글을 쓰게 만드는 코드를 포함한 게시물을 등록한다. 피해자가 해당 게시물을 열람하게 되면 사용자는 그 코드를 수신하게 되며 수신한 코드에 따라 피해자는 자신의 권한으로 광고를 게시하게 된다. CSRF도 XSS와 유사하게 서버 측에서 게시물의 내용을 필터링 함으로써 어느 정도 방어가 가능하다.

- URL 접근 제한 실패: 사용자 인증이 필요한 페이지의 주소가 추측이 쉽게 설정되고 해당 페이지 접속 시 추가적인 사용자 인증이 없다면 공격자가 인증을 우회해 페이지에 접속할 수 있는 취약점이다. 예를 들어 정상적으로는 http://ice.pknu.ac.kr/login.asp를 통해 성공적으로 로그인해야 http://ice.pknu.ac.kr/admin/profile.html 페이지에 접근할 수 있도록 해야 하는데, 공격자가 로그인 다음의 페이지 주소를 추측하여 http://ice.pknu.ac.kr/admin/profile.html으로 바로 접근할때 해당 페이지에 인증처리가 없을 경우 로그인 없이 페이지 내용을 확인 할 수 있다. 이와 같이 페이지에 사용자 검증 로직을 생략하면 공격자가 중간에 끼어들어 인증을 거치지 않고 원하는 기능을 사용할 수 있게 되므로 웹 사이트의 모든 페이지 앞부분에 인증로직을 만들어 놓아야 해당 공격을 방어할 수 있다.

5.5 악성코드

멀웨어(Malware)는 악성 소프트웨어(Malicious software)의 줄임말로, 사용자에게 피해를 주고자 제작된 모든 악의적 목적의 소프트웨어를 말하며 국내에서는 주로 악성코드로 총칭된다. 악성코드는 사용자의 명령이나 승인 없이 설치되거나 실행되며, 시스템의 성능 저하 또는 개인 정보 유출 등의 악의적인 행위를 수행한다. 바이러스'(Virus), 웜(Worm), 트로이목마(Trojan horse), 스파이웨어(Spyware), 루트킷(Rootkit) 등이 모두 이에 속한다.

악성코드의 전파는 초기 플로피 디스크와 같은 저장매체를 통해 이루어졌으나 최근 인터넷 사용이 일반화되면서 네트워크를 통한 악성코드 전파가 보다 보편화되었다. 이는 보안이 취약한 사이트접속, 전자우편, 메신저 등 네트워크를 통해 서비스되는 다양한 매체들을 통해 악성코드가 전파됨을 의미한다. 또한 다양한 산업들이 IT산업과 융합되고 인터넷을 통해 많은 컴퓨팅 장치들이 연결되면서 악성코드의 제작 및 유포 목적이 점점 구체화되고 있다. 이에 따라 악성코드에 의한 피해규모가 크게 증가하였으며, 피해대상이 다양해졌다. 최근 한국인터넷진흥원의 보고서에 따르면, 알려진 악성코드의 피해 건수가 2013년 1,345건에서 2016년 8월 기준 4,200건을 돌파하며 2016년 피해 건수가 3년 전보다 3배 이상 될 것으로 예측하였다.

(단위 : 건)

구분	'13년	'14년	'15년	'16.1~8월
악성코드	1,356	2,720	4,426	4,287

* 분석된 악성코드는 신고된 악성코드와 국정원 등 정부기관, 유관기관과의 공조를 통해 집계

5.5.1 악성코드의 종류

악성코드는 자기 복제 능력과 감염 방법, 혹은 증상에 따라 바이러스, 웜, 트로이목마 등으로 분류된다.

1) 바이러스

악성코드 중 가장 기본적인 형태로, 본래는 악성코드라는 단어보다 바이러스라는 단어가 먼저 생성되어 사용되었다. 다른 악성코드와 구분되는 바이러스 가장 큰 특성은

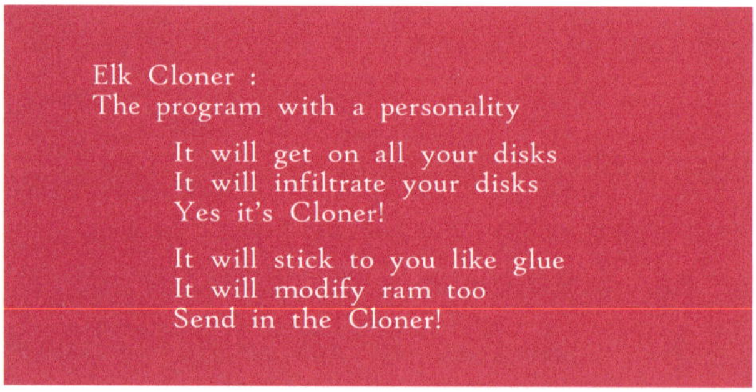

그림 5.26 엘크 클로너 감염 화면

자기 복제하며 다른 프로그램들을 감염시킬 수 있다는 점이다. 즉, 바이러스는 시스템에 침투하여 프로그램이나 파일을 변형시키고, 자기 자신 또는 자신의 변형을 복사하여 또 다른 대상을 감염시킴으로써 컴퓨터 시스템과 파일을 파괴하는 프로그램이다. 일반적으로 최초의 바이러스는 브레인 바이러스로 알려져 있지만 자기복제라는 개념을 갖고 나타난 최초의 바이러스는 1982년에 만들어진 엘크 클로너(Elk Cloner)라는 바이러스이다. 엘크 클로너는 당시 애플 시스템에서만 동작하는 바이러스로 컴퓨터의 메모리에 상주해 있다가 감염되지 않은 새로운 플로피 디스크가 연결되면 그 플로피 디스크를 감염시키는 방식으로 전파되었다. 감염 후 플로피 디스크를 50번 실행하면 그림 5.26과 같은 짧은 글을 보여주는 정도로 초창기 바이러스들은 해커들의 자기 능력 과시 목적으로 주로 제작되었다.

1980년대 중반부터 본격적으로 다양한 바이러스들이 제작•전파되어 세계각지에서 바이러스로 인한 피해가 속출하기 시작되었으며, 2005년 무렵부터는 금전적인 이익을 위해 바이러스가 제작되기 시작한다. 바이러스 프로그램이 위치하는 영역, 즉 감염 부위에 따라 바이러스는 크게 4가지로 분류할 수 있다.

❖ 부트 바이러스 (Boot virus)

컴퓨터가 처음 가동되면 저장 공간의 가장 처음 부분인 부트섹터에 위치한 프로그램이 가장 먼저 실행되는데, 이곳에 자리 잡는 바이러스를 부트 바이러스라고 한다. 초창기 컴퓨터의 경우 하드 디스크가 없어 플로피 디스크를 이용해 부팅을 수행했는데, 감염된 플로피 디스크를 여러 컴퓨터에 사용하게 됨으로써 전염이 이루어졌다. 브레인(Brain)과 지금까지 많은 피해를 주고 있는 원숭이(Monkey), 감염 빈도가 높은 Anti-CMOS등을 대표적인 부트 바이러스로 들 수 있다.

❖ 파일 바이러스 (File virus)

실행 가능한 프로그램을 감염시키는 바이러스로, 하드디스크가 컴퓨터에서 보편화되어 부팅 디스크를 사용하지 않게 되면서 나타나게 되었다. 이때 감염되는 대상은 확장자가 COM, EXE인 실행파일이 대부분이다. 국내에서 발견된 바이러스의 80% 정도가 파일 바이러스에 속할 정도로 가장 일반적인 바이러스 유형이다. 예루살렘(Jerusalem), 일요일(Sunday)을 시작으로, 1997-1998년 적지 않은 피해를 주어 잘 알려진 전갈(Scorpion), 까마귀(Crow)가 있으며, 2000년대 초반 아시아 지역에 많은 피해를 주었던 Win95/CIH를 대표적인 파일 바이러스로 들 수 있다.

❖ 부트/파일 바이러스 (Multipartite virus)

부트/파일 바이러스는 부트섹터와 파일에 모두 감염되는 바이러스로 대부분 크기가 크고 피해 정도가 크다. 국내에서 발견된 바이러스는 1990년 처음 발견된 침입자(Invader)를 시작으로 안락사(Euthanasia), 에볼라(Ebola) 등이 대표적인 부트/파일 바이러스이다.

❖ 매크로 바이러스 (Macro virus)

새로운 파일 바이러스의 일종으로, 감염 대상이 실행 파일이 아니라 마이크로소프트(MS)사의 오피스 프로그램에서 사용하는 문서 파일이다. MS 오피스 프로그램의 매크로 기능을 이용하여 감염되는 형태로 매크로를 사용하는 문서를 읽었을 때 감염된다는 점이 이전 바이러스들과는 다르다. 매크로 바이러스의 증상은 다음과 같다.

- 문서가 정상적으로 열리지 않거나 암호가 설정되어 있다.
- 문서 내용에 깨진 글자나 이상한 문구가 포함되어 있다.
- 도구 메뉴 중 매크로 메뉴가 실행할 수 없게 잠겨 있다.
- 엑셀이나 워드 작업 중 비주얼 베이직 편집기의 디버그 모드가 실행된다.

일반적으로 실행 파일을 다룰 때보다 주의를 덜 하기 때문에 피해가 더 크며, 엑셀-라룩스(Laloux)와 멜리사(Melissa)가 대표적인 매크로 바이러스이다.

바이러스 예방을 위해선 여타 다른 악성코드들과 다를 것 없이, 우선 백신 소프트웨어를 활성화하고 항상 주기적으로 업데이트하며 윈도우 보안 업데이트를 설치해야 한다. 또한 의심스러운 사이트나 프로그램 등은 실행 전 충분한 경계가 요구된다. 바이러스의 치료는 백신 소프트웨어를 통해 감염되어 변형된 파일에서 바이러스 부분만 제거하여 원래 파일로 되돌려 놓으며 이루어진다. 만약 감염된 파일을 삭제 한다면 바이러스를 제거할 수 있지만 기존 프로그램이 정상적으로 동작하지 않게 된다.

2) 웜 (Worm)

자기 스스로 증식하여 전파되는 악성코드이다. 자기복제가 가능하다는 점에서는 바이러스와 비슷하지만 바이러스가 다른 파일을 감염시키고 사용자에 의해 감염된 파일이 실행되었을 때 전파되는 반면, 웜은 감염시킬 다른 프로그램을 필요로 하지 않고 독립적으로 실행된다는 점에서 다르다. 따라서 웜은 사용자와의 상호작용 없이 컴퓨터 시스템의 취약점을 공격하며 스스로 네트워크를 통해 전파될 수 있다.

웜은 전파 형태에 따라 크게 세 가지로 분류할 수 있다.

특성	바이러스	웜
자기복제	O	O
독립실행	X	O
전파	X	O
파일감염	O	X

❖ MASS Mailer형 웜

자신을 포함하는 대량의 메일 발송을 통해 확산되는 웜이다. 사용자가 MASS Mailer 웜이 포함된 메일을 읽었을 때 감염되는데 치료하지 않으면 시스템에 기생하면서 메일 주소를 수집하고 복제된 웜을 수집된 메일 주소로 보낸다. MASS Mailer 웜의 주요 증상은 다음과 같다.

- 메일로 전파되기 때문에 감염된 시스템이 많으면 SMTP 서버 (전자메일을 발신하는 서버)의 네트워크 트래픽이 증가한다.
- 시스템에 임의의 파일을 생성한다.
- 웜 파일을 실행할 때 'Can't find a viewer associated with the file'과 같은 가짜 오류 메시지를 출력한다.

베이글(Bagle), 넷스카이(Netsky), 두마루(Dumaru), 소빅(Sobig) 등이 대표적 MASS Mailer 웜이다.

❖ 시스템 공격형 웜

운영체제 고유의 취약점을 이용해 내부 정보를 파괴하거나, 컴퓨터를 사용할 수 없는 상태로 만들거나, 혹은 외부의 공격자가 시스템 내부에 접속할 수 있도록 백도어를 설치하는 웜이다. 시스템 공격형 웜의 주요 증상은 다음과 같다.

- 전파 시 과다한 네트워크 트래픽이 발생한다.
- Windows, system32, winnt 등의 폴더에 SVCHOST.EXE 파일을 설치한다.
- 공격 성공 후 특정 포트를 열어 외부 시스템과 통신한다.
- 시스템 파일 삭제, 정보 유출 (프로그램 시리얼키)이 가능하다.

아고봇(Agobot), 블래스터(Blaster), 웰치아(Welchia) 등이 대표적인 시스템 공격형 웜이다.

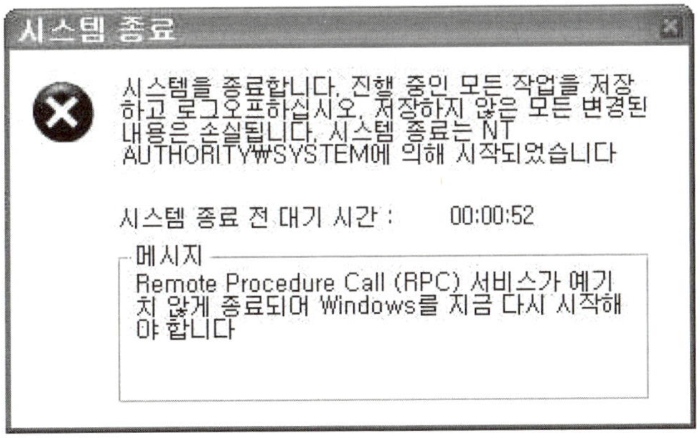

그림 5.27 블래스터 웜 [출처]나무위키

❖ 네트워크 공격형 웜

감염된 시스템으로 하여금 특정 네트워크나 시스템에 서비스 거부 공격(DoS)을 수행하도록 하는 웜이다. 최근 분산 서비스 거부 공격(DDoS)을 위한 봇(Bot)과 같은 형태로 발전하고 있으며 주요 증상은 다음과 같다.

- 네트워크가 마비되거나 급속도로 느려진다.
- 네트워크 장비가 비정상적으로 동작한다.

저봇(Zerbot), 클레즈(Klez) 등이 대표적인 네트워크 공격형 웜이다. 그림 5.28은 마이크로소프트에서 제공하는 웜 감염 사례와 예방책을 보여주고 있다.

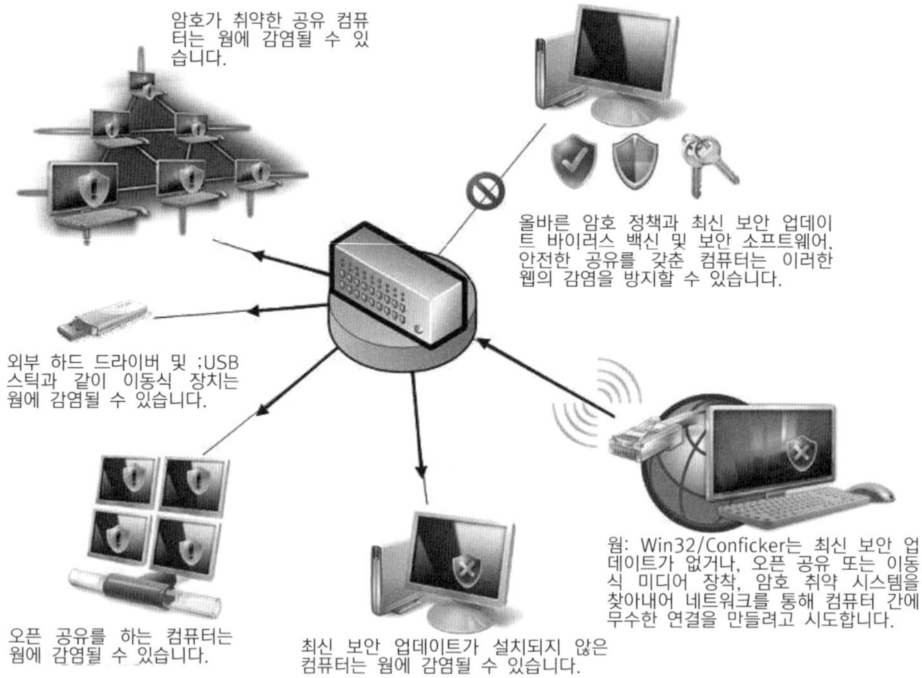

그림 5.28 웜 감염 사례와 예방책

3) 트로이 목마 (Trojan Horse)

악의적인 행동을 하는 것을 의도적으로 숨긴 프로그램으로, 겉보기에는 정상적인 프로그램으로 보이지만 실행하면 숨겨져 있는 악의적 행동을 수행한다. 이 이름은 트로이 목마 이야기에서 따온 것으로, 겉보기에는 평범한 목마 안에 사람이 숨어 있었다는 것에 비유한 것이다. 즉, 정상적인 프로그램으로 위장하여 램에 상주하며 시스템 내부 정보를 공격자의 컴퓨터로 빼돌리거나, 컴퓨터 파괴, 시스템 파일 삭제 등의 피해를 입히는 프로그램이다. 트로이 목마는 바이러스와는 달리 직접 전파 능력이 없으며, 웹하드, P2P, 메일 등의 간접적 전파 경로로 사용자에게 전달된다. 트로이 목마 감염을 예방하기 위해서는 다음과 같은 주의 사항이 필요하다.

- 최신 백신설치 및 주기적 점검
- 운영체제 비밀번호 설정

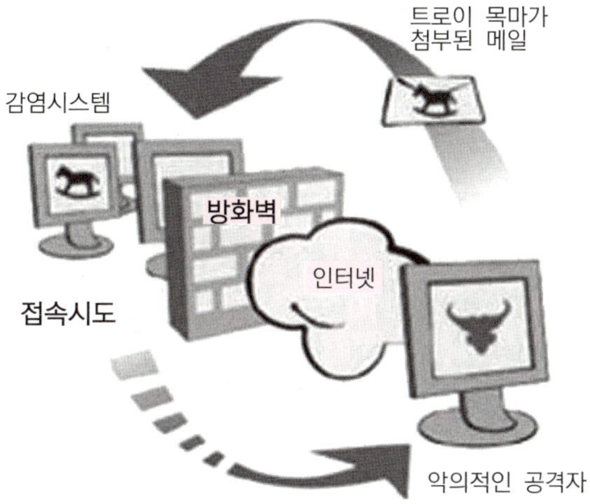

그림 5.29 트로이 목마

- 네트워크 공유 시 읽기 기능으로만 공유하고 비밀번호 설정
- 자료다운 시 백신으로 확인

바이러스와는 달리 자기복제를 하거나 다른 정상적인 파일에 자기 자신을 덮어 씌우지 않기 때문에 해당 트로이 목마 프로그램을 삭제함으로써 치료가 가능하다.

4) 스파이웨어 (Spyware)

사용자의 동의 없이 설치되어 컴퓨터의 정보를 수집하고 전송하는 악성 소프트웨어이다. 미국의 광고회사인 라디에이트(Radiate)가 사용자가 광고를 보고 있는지 확인하기 위해 개발한 도구였지만 최근에는 그 목적이 변질되어 악용되고 있다. 스파이웨어의 종류와 목적에 따라 특징은 다양하지만, 이들의 대표적인 활동은 다음과 같다.

- 저장된 개인정보 수집 및 전송
- 사용자의 행동 감시 및 전송
- 실시간 서버와 연결되어 악성코드 설치
- 해킹과 연계되어 좀비PC의 원인이 되기도 함

보통 인터넷에 무료로 공개되는 소프트웨어를 다운받거나 특정 웹사이트를 접속할 때 함께 설치된다. 대부분의 정식 백신 프로그램들은 스파이웨어를 감지하고 치료하기

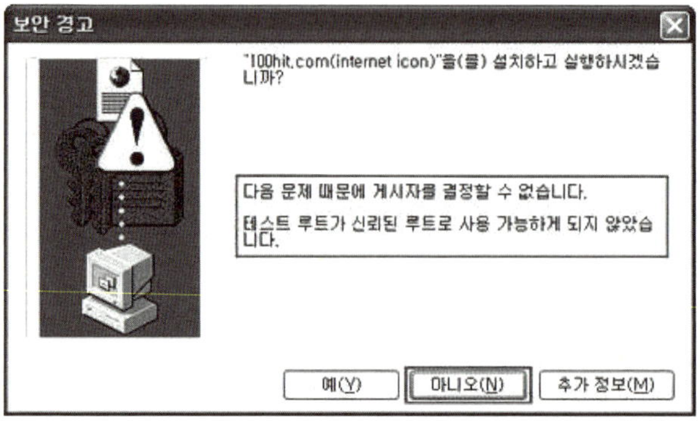

그림 5.30 ActiveX를 통한 스파이웨어 설치

때문에 검증된 최신 백신 프로그램을 설치해 주는 것으로 예방이 가능하다. 최근 악독한 프로그래머들에 의해 많은 수의 가짜 안티 스파이웨어들이 공개되었다. 이들은 웹 배너 광고를 통해 스파이웨어에 감염되었다는 경고 메시지를 사용자에게 보여주며 실제로는 오히려 스파이웨어를 설치하도록 한다. 이런 프로그램들은 보통 그림 5.30과 같이 인터넷 익스플로러의 ActiveX를 이용해 설치되는 경우가 많으므로 ActiveX설치 시 많은 주의를 요한다.

5.6 모바일 보안

최근 다양한 모바일 기기들과 무선 서비스들의 등장으로 네트워크는 예전과 비교할 수 없을 정도로 규모가 확장되고 구성이 복잡해졌다. 이와 같은 새로운 형태의 네트워크에서는 이전 유선 네트워크 장비와 랜선을 통한 보안 기법 외에 새로운 형태의 보안 방안을 필요로 한다. 이 절에서는 모바일의 특성과 이로 인해 생기는 보안 위협, 예방 대처방안에 대해 살펴보도록 한다.

5.6.1 모바일 운영체제

스마트폰은 컴퓨터와 유사하게 운영체제(OS)를 통해 스마트폰의 주변 장치와 자원, 응용 프로그램을 관리한다. 최근에는 컴퓨터 운영체제와 모바일 운영체제가 통합된 형태로 발전이 되고 있다. 모바일 운영체제의 종류와 역사 그리고 각 운영체제의 장단점을 살펴보도록 하자.

1) 심비안 (Symbian)

1998년 심비안이라는 회사에서 만들어진 운영체제로서 원래는 PDA(스마트폰이 나오기 전에 들고 다니는 미니컴퓨터라는 개념으로 개발된 기기)용으로 개발되었다. 이후 스마트폰 운영체제의 선두주자로써 삼성, 모토로라, 소니 에릭슨, 노키아와 같은 대기업의 스마트폰의 모델에 적용되어 사용되었으며, 2009년 노키아에 인수되었다.

심비안은 2010년까지 세계적으로 가장 많이 사용되는 스마트폰 운영체제였지만 이후 구글의 안드로이드와 애플의 iOS에 시장을 뺏기며 급속도로 쇄락 한다. 심지어 2011년 노키아마저 심비안 OS개발을 더 이상 포기하고 윈도우 OS를 사용하면서 심비안은 역사 속으로 사라지게 되었다. 심비안은 기본적으로 피처폰 시절의 하드웨어에 적합하게 시작한 OS라서 빠르게 발전하는 스마트폰 추세에 대응하지 못한 것이 쇠퇴하게 된 주요 원인으로 꼽히고 있다.

그림 5.31 심비안OS를 탑재한 스마트폰

2) 윈도우 모바일 (Window Mobile)

1996년 마이크로소프트는 윈도우 CE운영체제가 내장된 모바일 기기를 출시하면서 모바일 운영체제 시장에 진입하였다. 윈도우CE는 PDA용 버전인 포켓PC를 거쳐 윈도우 모바일로 발전하였다. 사용 환경이 PC 윈도우와 유사한 점이 많아 기존 윈도우에 익숙한 사용자라면 쉽게 적응할 수 있다. 예를 들어 파일 탐색기나 마우스 오른쪽 버튼, 시작 메뉴와 비슷한 개념이 존재한다. 하지만 운영체제의 불안정성, 작업표시줄이 없어 멀티태스킹 시 불편한 점, 그리고 굉장히 느린 PC와의 동기화 작업이 윈도우 모바일의 대표적인 단점이다. 그리고 이러한 단점들이 크게 개선되지 않고 라이센스비용이 비싸 안드로이드와 iOS에 밀려 점유율을 점차 떨어지고 있는 추세이다.

그림 5.32 윈도우 모바일

3) 블랙베리 OS (Blackberry OS)

1999년 블랙베리 사의 전신인 림(RIM)에서 블랙베리 단말기의 출시와 함께 발표된 모바일 운영체제이다. 이 OS의 특징은 바로 철저한 보안이다. 안드로이드나 iOS의 경우 탈옥과 같은 보안 제약을 우회하기 위한 편법이 존재하나 블랙베리 OS의 경우 아직 알려진 바가 없다. 특히 PC와 유사한 문자입력 방식(qwerty)을 사용하고 이메일 사용에 있어 매우 높은 보안성을 제공한다는 점 때문에 비지니스용으로 많이 사용된다. 이메일 전송시 내용을 암호화하고 수신단에서 확인할 때 해제하여 보여주는 방식이다. 이와 같은 이메일의 높은 보안성 때문에 검열이 심한 중동 및 아시아 일부 국가에서는 블랙베리 판매를 금지하기도 하였다. 하지만 역으로 이러한 높은 보안도 때문에 어플리케이션 사용에 제약이 많이 생기게 되고 암호화와 복호화에 시간이 오래 걸리게 되어 일반 사용자들의 큰 관심을 끌지는 못하고 있다. 블랙베리 OS는 2016년 기준으로 점유율 0.1%를 차지하고 있다.

그림 5.33 블랙베리

4) 안드로이드 (Android)

2005년 구글이 미국의 작은 벤처기업인 안드로이드사를 인수하며 개발한 스마트폰 운영체제로써, 2007년 여러 칩 제조업체, 통신사업자 및 스마트폰 제조업체 등과 함께 오픈 핸드셋 얼라이언스를 구성하여 시장에 공개되었다. 안드로이드는 새 버전을 공개할 때마다 디저트 이름을 코드명으로 붙이고 있다. 이러한 코드명은 알파벳순으로 발표되는데, 2017년까지 발표된 안드로이드 버전들은 다음과 같다.

Apple pie → Banana Bread → Cupcake → Donut → Eclair → Froyo →Gingerbread → Honeycomb → Ice Cream Sandwich → Jelly Bean → KitKat → Lollipop → Marshmallow → Nougat

안드로이드가 다른 스마트폰 운영체제들과 차별화되는 점은 완전 개방형 플랫폼이라는 것이다. 종전에는 스마트폰 제조업체와 서비스업체마다 운영체제가 달라 개별적으로 응용프로그램을 만들어야 했지만 안드로이드는 소스 코드를 공개함으로써 누구라도 이를 이용하여 소프트웨어와 기기를 만들어 판매할 수 있도록 하였다. 따라서 개발자들은 이를 확장, 대체 또는 재사용하여 사용자들에게 풍부하고 통합된 모바일 서비스를 제공할 수 있게 된 것이다. 이러한 장점으로 안드로이드는 2016년 기준 88%의 점유율을 기록하고 있다. 하지만 이와 동시에 각 제조사에서 운영체제를 자체적으로 최적화하면서 안드로이드 운영체제가 서로 호환되지 않아 생기는 운영체제의 파편화 현상이 발생하고 있다. 더불어 어플리케이션의 배포를 애플이 주도하는 아이폰 생태계와는 다르게 개발자가 어플리케이션 배포를 주도하고 어플리케이션을 배포하는 장터가 일원화되어 있지 않아 악성코드의 배포가 상대적으로 쉽다는 보안상의 단점을 갖고 있다.

그림 5.34 구글 안드로이드

5) iOS (iphone OS)

2007년 애플사에서 아이폰을 발표하면서 공개된 애플 기기 전용 운영체제이다. 첫 공개 당시에는 OS X라는 이름에서 iPhone 3까지는 iPhone OS라는 이름을 사용하다가 2010년 아이팟 터치, 아이패드, 애플 TV까지 이 운영체제를 이용하면서 이름을 iOS로 바꾸게 된다. iOS는 안드로이드와는 달리 탈옥을 하지 않는다면 모든 어플리케이션을 앱스토어라는 애플 통제 하의 플랫폼을 통해서만 설치할 수 있다. 따라서 모든 어플리케이션은 반드시 애플의 검수를 거쳐야하며, 덕분에 보안과 안정성, 질적 측면에서 장점을 갖고 있다. 뿐만 아니라 하드웨어, 운영체제, 소프트웨어 싱크툴까지 전적으로 애플에 의해서만 생산과 관리가 되기 때문에 타 경쟁 운영체제와 비교했을 때 파편화가 적어 기기간 호환 및 최적화 면에서 뛰어나다. 반면 안드로이드에 비해 동영상, 음악을 넣을 때 아이튠스를 이용해야하므로 까다로우며 파일을 스마트폰에 저장하거나 내부 파일을 열어보는 것이 불가능하고 보안상의 이유로 제한되는 기능이 많아 안드로이드에서는 가능하지만 iOS에서는 사용 불가능한 어플리케이션이 있다는 것이 단점이다. 2017년 기준으로 iOS의 점유율을 10%정도로 안드로이드의 뒤를 이어 두 번째로 많이 사용되는 스마트폰 운영체제이다.

5.6.2 스마트폰 보안위협

가장 대표적인 모바일 디바이스인 스마트폰이 개인과 기업에서 활용도가 높아지고 이를 이용한 다양한 서비스가 출시됨에 따라 스마트폰 보안이 주요 사회이슈로 부각되고 있다. 기존 PC환경에서 제공되던 인터넷 서비스가 스마트폰에서도 사용가능하게 되면서 PC환경의 보안 위협이 스마트폰 환경에서도 나타날 뿐만 아니라, 24시간 인터넷과 연결되어 있는 특성과 휴대성으로 새로운 보안 위협에 항상 노출되어 있다.

기존 PC에서의 보안 위협과 구별되는 스마트폰 보안위협의 특징은 크게 세 가지 원인에서 기인한다.

1) 개방성

스마트폰과 일반 휴대폰을 구분 짓는 가장 큰 특징은 개방성이다. 스마트폰은 일반 휴대폰과는 다르게 무선인터넷 및 외부 인터페이스를 개방하여 제공하며, 개발자의 애플리이션 개발을 위한 소프트웨어 개발 키트(SDK)를 제공한다. 스마트폰의 다양한 외부 인터페이스는 사용자에게 다양한 네트워크 서비스를 지원하고 SDK는 편리한 애플리캐이션 개발환경을 제공하지만, 이를 보안적인 측면에서 생각하게 되면 다양한 외부 인터페이스 제공은 악성코드 전파 경로의 다양성을 제공할 수 있고 SDK를 통한 내부 API 인터페이스 제공은 악성코드가 은닉된 모바일 애플리캐이션 제작을 용이하게 만드는 취약점을 갖고 있다. 결국, 이와 같은 악성 애플리캐이션은 구글 안드로이드 마켓과 같은 개방형 애플리캐이션 마켓을 통해 자유롭게 유통됨으로써 피해가 발생하게 된다.

2) 휴대성

스마트폰은 휴대 편의성으로 인해 분실 및 도난율이 높다. 특히나 스마트폰은 연락처, 문자내역, 위치정보, 이메일, 사진, 개인메모 등의 개인 사생활과 업무와 관련된 중요 정보를 많이 포함하고 있어 분실하거나 도난당하였을 경우 2차적인 피해로 이어질 수 있다. 이에 따라 스마트폰에 저장된 정보를 암호화하거나 분실이나 도난 시 저장된 정보를 원격에서 삭제하는 기술들이 등장하고 있다. 예) 블랙베리-원격잠금, 안드로이드-원격 기기 초기화, iOS-icloud

3) 제한된 성능

스마트폰은 PC에 비해 적은 전력을 사용하며 연산속도 및 저장 공간도 PC에 비해 좋지 않다. 따라서 PC환경에서 제공하는 보안 소프트웨어를 스마트폰에 적용하기에는 무리가 있다. PC는 보안위협에 대응하기 위해 지속적인 모니터링으로 악성코드를 탐지하지만 스마트폰은 전력 및 성능적 제약으로 백신을 비롯한 보안 소프트웨어 적용에 어려움이 있다.

위와 같은 원인으로 발생한 보안위협은 크게 네 영역으로 나누어 생각할 수 있다.

영역	보안위협유형
디바이스	이동 저장매체 감염, 분실 및 도난, 데이터 노출 등
네트워크	데이터 스니핑 및 변조, WiFi 해킹, DDoD 공격, 음성 도감청, 비인가 AP, 모바일 VoIP에 기존 VoIP 취약점 적용 및 스니핑 등
OS	PC 연결을 통한 악성코드 전파 및 접근, 외장 메모리를 이용한 악성코드 전파, 루팅 및 탈옥, OS 보안 취약점 등
애플리케이션	악의적 개발자에 의한 악성 프로그램 유포, 보안 매커니즘을 우회한 악성 프로그램 등록, GPS를 통한 위치 정보 노출, 이메일을 통한 악성코드 첨부 및 스팸메일 발송, 웹사이트를 통한 피싱 및 악성코드 다운로드, 개인 정보 유출, 장치이용 제한, 부정과금 유발, IoT 연결 기기에 대한 컨트롤 장악, 패스워드 크랙, 애플리케이션 취약점 악용, 애플리케이션 설치 동의 우회

5.6.3 모바일 악성코드

모바일 악성코드는 모바일 단말의 정보유출, 파괴, 불법과금 등의 악의적인 행위를 수행하기 위한 악성 프로그램이다. 모바일 악성코드는 모바일 단말 시장의 성장과 더불어 규모면에서 빠르게 증가하고 있으며, 위협요인도 다양화되고 있다. 그림 5.35에서 보여주는 바와 같이 2016년 기준으로 모바일 악성코드의 상당수는 안드로이드를 타깃으로 하고 있다. 이는 높은 시장 점유율과 악성코드 제작 및 유포의 용이성 때문이다. 다시 말해, 안드로이드는 오픈소스 운영체제로 모든 사람에게 소스코드가 개방되어 있고, 정상적인 마켓을 포함한 다양한 설치 경로가 있기 때문에 악성코드 분포가 타 OS보다 수월한 특징이 있다. 따라서 공식 앱스토어인 구글 플레이에서 아무리 보안절차를 강화한다 하더라도 악성코드 제작 및 유포 방지에 큰 영향을 미치지 못한다.

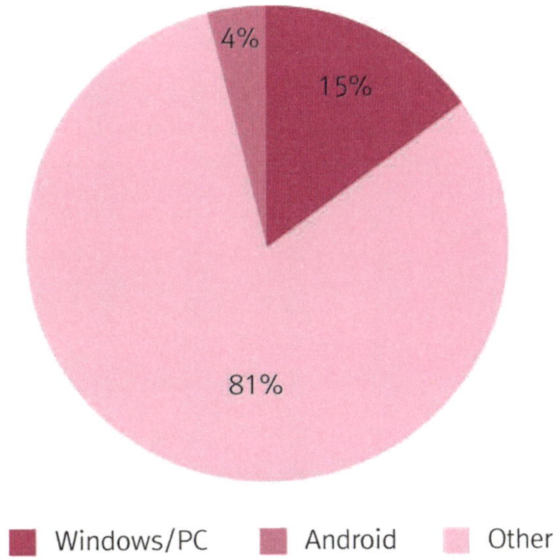

그림 5.35 OS별 모바일 기기 악성코드 감염 비중

모바일 악성코드는 활동별 특성을 기준으로 다음과 같이 크게 6가지로 구분할 수 있다.

1) 단말 장애 유발형

스마트폰 기기에 장애를 불러일으키거나 심한 경우 사용 자체를 불가능하게 하는 악성코드의 유형이다. 2004년에 발견된 Skull이 대표적이다. 이 악성코드의 경우 스마트폰의 모든 아이콘들을 해골 모양으로 변경시키고 통화 외의 모든 기능을 마비시켰다.

2) 과금유발형

스마트폰의 SMS 서비스나 송신 서비스를 지속적으로 시도하여 과금을 발생시키는 악성코드 유형이다. 2006년 유포된 RedBrowser가 대표적이다. 감염된 기기는 사용자가 모르게 불특정 다수에게 SMS를 이용함으로써 금전적인 피해를 입히는 악성코드이다. 이와 유사하게 2010년 국내에서 최초로 발생한 스마트폰 악성코드인 WinCE/TerDial은 게임 내 숨겨진 행태로 존재하면서 국제전화를 송신해 사용자에게 피해를 입혔다.

3) 정보유출형

스마트폰 기기의 정보나 저장된 사용자 개인정보를 외부로 유출시키는 악성코드 유형이다. 2008년 처음 유포된 Infojack이 대표적이다. 이 악성코드는 합법적으로 애플리케이션이 기기에 다운로드 될 때 함께 일부가 설치된 후, 외부의 특정 웹서버에 접속하여 악성코드의 나머지 부분을 다운로드 받아 재설치하는 지능적인 수법을 사용했다. 감염된 기기는 보안설정이 변경되고 기기의 정보를 외부로 전송하여 추가적인 공격을 용이하게 한다. 최근 구글 안드로이드폰을 겨냥한 AdroidOD.Tapnake도 사용자 위치정보를 빼가는 정보 유출형 악성코드에 속한다.

4) 배터리 소모형

스마트폰의 전력 사용을 지속적으로 유발해 배터리를 빠르게 고갈시키는 악성코드 유형이다. 2004년 블루투스를 통해 전파되었던 최초의 모바일 악성코드 Cabir가 대표적이다. 이 악성코드는 지속적으로 주변 블루투스 장치를 스캐닝하고 검색된 블루투스를 통해 악성코드를 전파하는 기능을 갖고 있었다. 감염된 모바일 기기는 지속적으로 스캐닝을 수행하게 됨으로써 빠르게 배터리를 소모되게 된다.

5) 금전 요구형

감염된 스마트폰의 화면을 잠그거나 저장되어 있는 데이터를 암호화한 후 사용자에게 치료프로그램을 전송해주는 대가로 금전을 요구하는 악성코드를 말하며, 모바일 랜섬웨어라고 불린다. 기존 대부분 악성코드의 경우 사용자의 설치를 통해 감염이 이루어지는 반면 랜섬웨어는 웹사이트 접속만으로도 감염이 이루어지고 있어 피해자가 급증하는 추세이다. 대표적으로 2015년 국내 유명 IT커뮤니티 사이트를 통해 랜섬웨어의 일종인 Cryptolocker가 유포되면서 피해가 발생하기도 했다.

5.6.4 모바일 침해방지 방법

1) 백신 프로그램 사용

PC에서 악성코드의 공격을 방지하기 위해 백신 프로그램을 사용하는 것과 같이, 모바일에서도 악성코드를 사전에 차단하거나 활동을 감지하기 위해 모바일용 백신을 이용하여 보안위협을 방지할 수 있다. 이러한 백신은 기존의 나와 있는 악성코드를 대비하기 위한 것으로써, 새로운 공격패턴의 악성코드는 방지할 수 없다.

2) 공식 앱스토어를 이용한 애플리케이션 설치

공격자들은 계속해서 새롭고 지능적인 악성코드를 제작하여 백신프로그램을 우회하여 공격하기 때문에 모바일 보안 솔루션을 활용한다 하더라도 완벽한 차단은 불가능하다. 특히, 안드로이드의 경우 공식 앱스토어 외에 서드파티 앱스토어들이 많이 존재하고 이런 앱스토어의 경우 상당수가 엄격한 검증과정 없이 애플리케이션을 등록할 수 있어 파일의 안정성에 대한 문제가 지속적으로 발생하고 있다. 따라서, 악성코드의 설치를 방지하기 위한 일차적인 수단으로써 애플리케이션 설치는 공식 앱스토어를 통해 설치하는 것이 좋다.

3) 주기적인 데이터 백업

발생 건수가 급증하고 있는 랜섬웨어의 경우 중요 파일들을 암호화하여 금전을 요구하기 때문에, 감염 시 이에 대처하기 위한 수단으로써 중요한 데이터들은 외부 저장장치에 주기적으로 백업해 두는 것이 중요하다.

5.7 사이버범죄와 정보 윤리

5.7.1 사이버범죄의 분류

사이버범죄는 크게 그림 5.36과 같이 사이버테러형 범죄와 일반 사이버범죄로 구분하고 있다. 해킹, 바이러스 유포와 같이 고도의 기술적인 요소가 포함되어 정보통신망 자체에 대한 공격행위는 사이버테러형범죄로 분류되고, 전자상거래 사기, 프로그램 불법복제, 불법사이트 운영, 개인정보침해 등과 같이 사이버 공간이 범죄의 수단으로 사용된 경우는 일반형사이버범죄로 분류된다. 사이버테러형범죄의 경우, 앞 절에 이미 설명되었기 때문에 본 절에서는 일반형사이버범죄에 대해 살펴보도록 하겠다.

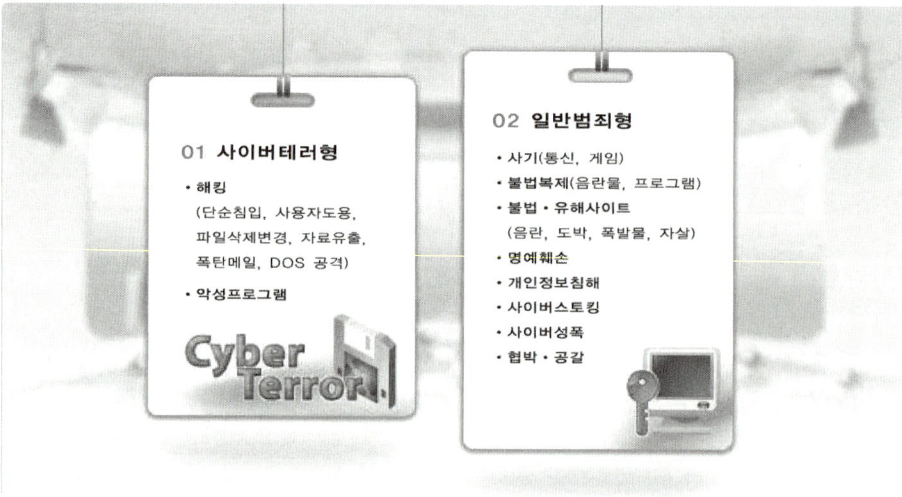

그림 5.36 사이버범죄의 분류

5.7.2 일반형 사이버범죄

1) 전자 상거래 사기

인터넷을 통하여 물건을 사고파는 과정에서 발생하는 것으로 인터넷의 보급이 확대됨에 따라 그 규모는 날로 팽창하고 있다. 인터넷 화면을 보면 마우스 클릭만으로 주문에서 결제, 배송까지 확인 할 수 있다는 편리성 때문에 온라인쇼핑몰 이용자들이 급증하는 추세지만, 통상'先결제'라는 인터넷 거래의 특성을 악용하여 인터넷 쇼핑 사이트를 그럴듯하게 만들어 놓고 유명한 상품을 시중 가격에 비해 싸게 판매하는 것처럼 광고 한 후 고객으로부터 선불금을 받은 뒤 잠적해버리거나, 상대방이 확인하기가 힘들다는 점을 악용하여 물건을 가지고 있지 않거나 팔 생각이 없으면서도 거래를 하기로 한 후 돈만 받고 연락을 끊어버리는 등의 수법을 이용한 사기 사건이 급증하고 있다.

게임사기는 인터넷 게임인구가 늘어나고 게임시장이 점점 확대됨에 따라 게임 사이트에서 실제 돈으로 게임머니를 충전해 주거나 사이버 상에서 통용되는 게임머니나 게임아이템 등이 게임 매니아 사이에서 실물처럼 거래되고 있는 실정으로, 게임머니나 아이템을 거래하기로 하는 과정에서 사기피해가 발생하고 있다.

2) 불법복제

불법복제는 저작권법 및 컴퓨터프로그램보호법상의 창작물에 대한 저작권을 침해하는 행위이다. 인터넷의 발달로 불법복제가 쉬워지면서 과거 불법 복제되어 오프라인에서 거래되던 컴퓨터프로그램·영화·음반CD들이 최근에는 인터넷을 통해 파일 형태로 유포되거나 인터넷을 매개로 판매되는 등, 불법복제물의 유포 및 판매가 사이버범죄의 한 형태로 나타나고 있다. 특히 최근에는 자신의 컴퓨터에 관련 프로그램만 설치하면 동일한 프로그램을 사용하는 다른 사람의 컴퓨터에 보관되어 있는 자료를 공유할 수 있는 P2P(peer to peer) 방식의 인터넷 자료공유 서비스가 확산되면서 자료공유를 원하는 네티즌들 사이에 범죄의식 없이 불법 복제된 컴퓨터 프로그램이나 영화 및 음반들이 유포되고 있다.

3) 불법, 유해사이트

공공의 안녕, 질서 또는 미풍양속을 해하는 등 반사회적 내용을 담고 있는 사이트로 개설목적 자체가 법률에 위반되거나 범죄수단으로 사용하는 위법사이트를 포함한다. 접근의 제한이나 이용의 제약이 없는 인터넷을 이용하여 각종 불법행위에 대한 정보교환 등이 이루어지고 있으며 특히 자살사이트나 마약거래를 위한 사이트는 물론이고 최근에는 청부살인이나 폭력을 의뢰하는 심부름센터 사이트까지 생겨나 인터넷으로 정보를 주고받음으로써 오프라인 범죄의 모태가 되기도 한다. 누구나 접근할 수 있는 사이버 공간에 이러한 유해정보를 제공하는 것은 청소년이나 기타 일반 네티즌 등에게 범죄의 유혹을 제공함으로써 사회적으로도 큰 물의를 빚게 된다.

4) 사이버 명예훼손

인터넷 게시판에 타인의 명예를 훼손하는 글, 사진 등을 게시하거나 전자우편을 등을 통해 유포하는 것을 말한다. 불특정 다수인의 무제한 접근이 가능한 인터넷의 특성상 인터넷 게시판 등에 해당 내용이 일단 게재되면 시간이나 공간의 제한 없이 단 시간 내에 급속도로 유포될 수 있기 때문에 그로 인한 피해가 심각하다. 이러한 이유로 정보통신망이용촉진 및 정보보호 등에 관한법률에서는 사이버 명예훼손죄를 일반 명예훼손죄보다 더 무겁게 처벌하도록 규정하고 있다.

5) 개인정보침해

쇼핑, 오락, 교육, 행정, 금융업무 등 생활 전반이 온라인을 통해 이루어짐에 따라 온라인에서 개인의 성명, 주민등록번호, 주소 및 전화번호 등과 같은 개인정보의 중요성이 커지고 있다. 개인정보침해 범죄의 심각성은 단순히 개인정보가 유출된 것으로 끝나는 것이 아니라 유출된 개인정보가 다른 범죄에 사용될 수 있는 것에 있으며 이러한 개인정보는 범죄의 표적이 되고 있다. 개인정보는 재화로서의 가치를 갖고 유통되기도 하기 때문에 법에서는 정보통신서비스 제공자가 이용자의 동의 없이 개인정보를 수집하는 경우나 개인정보를 취급하거나 취급하였던 자가 개인정보를 타인에게 누설하거나 제공하는 경우 등과 같은 조직적인 개인정보침해행위도 규제하고 있다.

6) 피싱(Phishing)

피싱 사고는 인터넷을 통해 국내외 유명기관을 사칭하여 개인정보나 금융정보를 수집한 뒤 이를 악용하여 금전적인 이익을 노리는 신종 사기의 일종이다.

❖ 사례1. 악성코드를 이용해 게임아이디와 비밀번호 유출

○○게임 사이트 게시판에 아이템 거래 글을 게시하고, 거래대금을 받으려면 당사자 확인이 필요하다고 속여, 미리 준비해둔 B은행 위장 사이트로 접속하도록 했

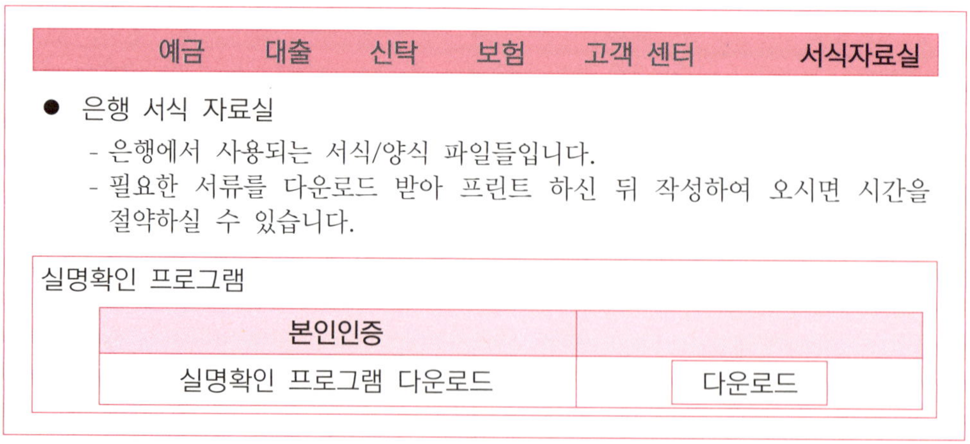

피싱 사례 1

다. 실명확인 프로그램이라며 악성코드를 다운로드 받아 설치하도록 한 뒤 원격에서 조종하는 수법으로 77명의 게임 아이디와 비밀번호를 유출하는 사고가 발생하였다.

❖ 사례 2. 대출을 미끼로 한 금융사기

국내 유명 포털사이트 게시판에 신용과 관계없이'예금 잔액 1000만 원 이상 있는 고객에게는 1억까지 대출가능'게시물을 올려놓고, 연락해 오는 사람들에게 신용확인을 해야 한다고 속여 위장사이트로 접속하도록 하였고, 피해자들은 자기가 거래하는 A은행 홈페이지와 비슷한 화면이 나오자 별다른 의심 없이 개인정보를 입력했다. 보안카드 번호가 틀린 경우 은행직원을 사칭해 전화로 확인하는 수법으로 12명의 계좌에서 1억 2천여만 원을 인출한 사고가 발생하였다.

❖ 사례 3. 이벤트를 가장한 게임 아이디/비밀번호 유출

국내 유명 온라인게임인 C게임사 홈페이지를 모방한 사이트를 개설하여'무료 게임 아이템 제공 이벤트'중인 것처럼 공지하고 게임 아이디와 비밀번호를 입력하도록 하는 수법으로, 약 2개월 동안 1,700여명의 개인정보를 빼내는 사고가 발생하였다. 특히 로그인을 시도하면 오류가 발생한 것처럼 메시지를 표시하여 접속장애로 생각 하도록 구성해 의심을 피해 온 것으로 밝혀졌다.

피싱 사례 3

❖ 사례 4. 로또 당첨을 미끼로 한 사기

해외 로또업체를 사칭하여'최고 1억 4000만 달러 복권에 당첨될 수 있는 기회'를 준다는 메일이나 국제우편을 발송하였고, 회원등급이 높을수록 당첨확률이 높다고 현혹하여 많은 가입비를 송부하도록 하는 사고가 발생하였다. 한국 피해자들의 피해액이 5만~10만 달러에 이를 것으로 예상된다고 한다.

또 다른 예로 "축하합니다! 귀하가 100만 파운드 상금의 주인공으로 당첨되었습니다."라는 제목으로, 전 세계 5천만 명의 인터넷 메일 주소를 대상으로 컴퓨터 추첨을 실시한 결과, 당신이 거액의 상금에 당첨되었으니 인적사항을 알려주고 수수료를 지불하면 상금을 보내주겠다는 내용으로 사기행각을 벌인 사고도 발생하였다.

❖ 사례5. 포털사이트 로그인 페이지를 위장한 개인정보 수집

국내 대형 포털사이트의 로그인 페이지를 위장한 사이트를 개설하고"당신의 계정이 도용되었으니 확인하라"는 내용으로 메일을 발송하여 로그인정보를 입수하였다. 메일내용에 현혹되어 메일에 연결되어 있는 주소창을 그대로 클릭한 피해자들은 위장된 페이지에 로그인 정보를 입력하였고, 공격자는 수십만 명의 개인정보를 수집하여 돈을 받고 판매하였던 것으로 밝혀졌다.

5.7.3 정보 윤리

현대사회에서는 모든 분야에서 정보화가 급속도로 진행되어 보호해야할 가치 있는 정보가 축적되고 정보기술에 대한 의존도가 증가하여 정보보호가 사회 기반을 유지하는 필수적인 역할을 수행한다. 하지만 정보보호를 저해하는 범죄는 계속 지능화, 악성화 되고 있으며 그 피해의 규모 또한 커지고 있다. 더욱이 많은 사람들이 정보사회에서 새롭게 요구되는 윤리, 도덕 및 법규를 정확히 인지하고 있지 못해 자신도 의도치 않게 사이버범죄를 일으키기도 한다. 따라서 정보보호를 위한 기술발전 못지않게 법과 제도의 정비, 정보윤리 인식이 중요하다. 그림 5.37은 방송통신심의위원회의 홈페이지로, 청소년 유해정보 담당 및 불건전 인터넷 사용을 감시하는 역할을 한다.

그림 5.37 방송통신심의위원회 홈페이지

5.7.4 정보통신 윤리강령

우리는 정보통신 기술의 발달로 시간과 공간을 넘어서 세계가 하나 된 시대에 살고 있다. 정보통신 기술은 우리의 생활을 편리하게 하고 창조적 지식정보의 창출을 도와 새로운 가능성과 밝은 미래를 열어주고 있다.

우리는 그동안 다함께 뜻을 모으고 힘을 기울여 정보통신 강국으로 우뚝 서게 되었다. 하지만 그 위상에 걸맞지 않게 우리 사회에는 불건전 정보 유통, 사이버 명예훼손, 개인정보 침해, 인터넷 중독 등 정보 역기능 현상이 나타나고 있다. 최고의 정보통신 인프라와 함께 건전한 정보이용 문화가 확립될 때에 비로소 세계를 선도하는 진정한 정보통신 강국이 될 것이다.

우리 모두는 지식정보사회의 주인으로서 인류의 행복과 높은 이상이 실현되는 사회를 만들어 나가야 할 사명이 있다.

우리는 정보를 제공하고 이용할 때에 서로의 인권을 존중하고 법과 질서를 준수함으로써 타인에 대한 배려가 넘치는 따뜻한 디지털 공동체를 만들어 나가야 한다. 또한 개인의 사생활과 지적 재산권은 보호하고 유용한 정보는 함께 가꾸고 나누는 건전한 정보 이용 문화를 확산해 나가야 한다.

우리는 궁극적으로 모두의 행복과 자유, 평등을 추구하며 인류가 정보통신 기술의 혜택을 고루 누릴 수 있도록 정보통신 윤리를 지켜 나가야 한다는 데 뜻을 모으고 이 뜻이 실현되도록 성실하게 노력할 것을 다짐한다.

- 우리는 타인의 자유와 권리를 존중한다.
- 우리는 바른 언어를 사용하고 예절을 지킨다.
- 우리는 건전하고 유익한 정보를 제공하고 올바르게 이용한다.
- 우리는 청소년의 성장과 발전에 도움이 되도록 노력한다.
- 우리 모두는 따뜻한 디지털 세상을 만들기 위하여 서로 협력한다.

미래정보통신 기술

6

CHAPTER

6.1 미래정보통신 개요

최근 4차 산업혁명에 대한 관심이 고조되고 있는데 4차 산업혁명의 키워드는 '스마트 공장 (smart factory)' 으로 알려져 있는데 이는 공장의 물리적인 과정을 모니터링하고 상호 혹은 실시간으로 무선통신을 이용하여 통신 및 협력하는 개념을 말한다. 따라서 기계, 기기 및 센서 등 상호 연결되어 운용될 수 있는 상호운용성 (Interoperability), 센서 등을 통해 입수한 정보를 물리적인 정보로 재생이 가능하도록 하는 정보의 투명성, 문제 해결이 용이하도록 지원하는 기술적 지원 및 중앙집중식이 아닌 분산 시스템이 포함될 수 있다. 그러나 새로운 시스템으로 집중화하고 접속하게 함으로써 데이터 보안 문제, 컴퓨터 기반의 알고리즘에 의해 모니터링 되는 통신 시스템의 안정성 및 신뢰성 및 고용 감소 등이 문제가 될 수 있다.

6.2 클라우드 컴퓨팅

6.2.1 클라우드 컴퓨팅 기술 개념

클라우드 컴퓨팅은 인터넷 기반의 컴퓨팅 형태로서 컴퓨터 혹은 디바이스의 요구에 따라 공유하고 있는 컴퓨팅 자원과 데이터를 제공하는 기술이다. 다시 말해 유비쿼터스 (Ubiquitous) 형태의 액세스 요구에 따라 컴퓨팅 자원의 공유 풀 (pool) 에 접속이 가능하게 하는 모델로 볼 수 있다. 여기서 컴퓨팅 자원이라 함은 컴퓨터 네트워크, 서버, 저장공간 혹은 서비스를 말한다. 따라서, 다른 컴퓨팅 기술과의 차이점은 사용자에서 볼 때는 자원이 가상적이고 한계가 없다는 것이며 소프트웨어를 구동하는 물리적인 시스템이 모두 추상화되어 있다는 것이다. 현재 클라우드 컴퓨팅에서 정확하게 제공되어야 하는 서비스 혹은 구성 요소에 대해 아직 정확한 표준은 없는 상태이나 최소한 신속하고 비용 효율적인 서비스를 제공하는 새로운 패러다임으로 고려되고 있다.

클라우드의 형태는 NIST(National Institute of Standards and Technology)의 정의에 따르면 아래 3개의 모델로 나누어진다.

1) 공공 클라우드

대규모 산업 혹은 공공의 사용을 위한 클라우드로서 클라우드 서비스를 제공하는 기관에서 소유하고 있다.

2) 개인 클라우드

어느 특정 기관에서 독점적으로 사용하는 클라우드로서 해당 기관 혹은 제3의 기관에서 운영할 수 있다. 이러한 개인 클라우드는 건물내 혹은 별도의 건물에 설치될 수 있다.

3) 하이브리드 클라우드

다중 클라우드 (개인, 공공 등) 로서 특정 목적으로 운영되는 클라우드이다. 클라우드 개념은 컴퓨팅 서비스가 제공되고 소비되는 측면에서 혁신적인 변화라고 볼 수 있으며 일종의 패러다임(paradigm)의 변화로도 볼 수 있다. 이를 위해 클라우드 서비

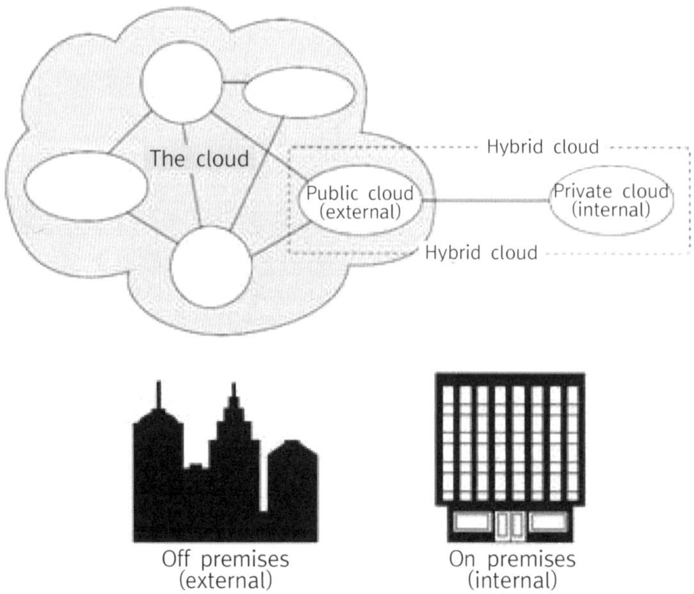

그림 6.1 클라우드 형태

스 제공자는 거대한 데이터 센터, 컴퓨터, 저장공간 및 네트워크 용량을 보유하고 있다. 특히 데이터 센터는 엄청난 비용이 수반되는 시설로서 첨단 마이크로칩 제조 시설이 약 2조에서 5조사이라고 하면 첨단 클라우드 컴퓨팅 데이터 센터 시설은 하나의 데이터 센터가 천억원 정도인데 아마존 웹서비스 클라우드는 약 20개 정도, 구글의 클라우드는 약 35개의 데이터센터를 전 세계적으로 운영하고 있다. 여기서 데이터센터의 설립 요건을 살펴보면 다음과 같은 조건이 만족되어야 한다.

- 저비용 전력
- 재생 가능한 전력
- 풍부한 물
- 초고속 네트워크 백본 연결
- 저렴한 부지 비용
- 세금 감면 혜택
- 최적화된 시스템 지연시간

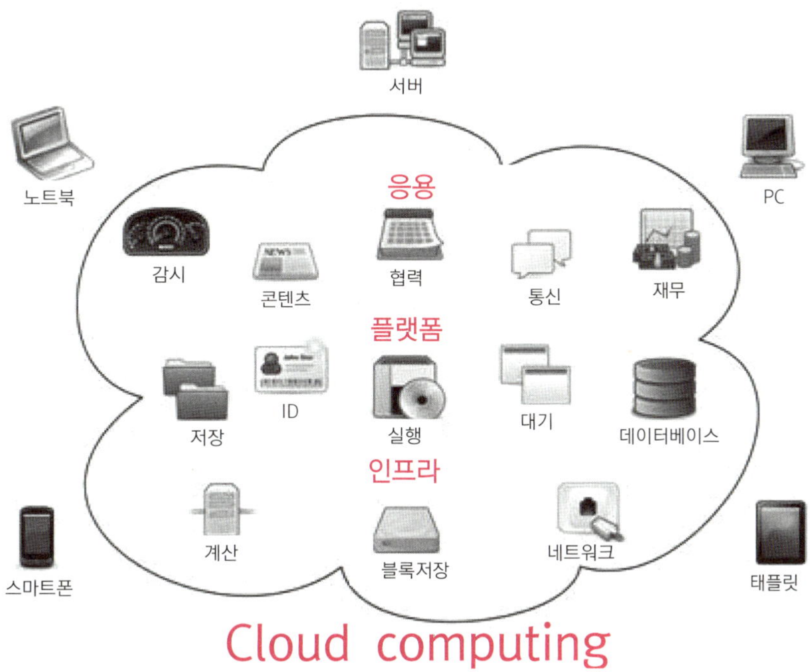

그림 6.2 클라우드 컴퓨팅

6.2.2 클라우드 컴퓨팅 서비스

클라우드 컴퓨팅은 상대적으로 전문적이고 다양한 컴퓨팅 자원을 보유하고 있으면서 효율적으로 관리하는 제3자에게 IT 서비스를 아웃소싱하는 개념이다. 클라우드 컴퓨팅 운영자는 하드웨어, 네트워킹, 저 장공간 및 소프트웨어 시스템을 보유하고 있으면서 운영인력, 물리적인 공간, 전기, 방재시설 등 기반 시설을 동시에 포함하고 있다. 따라서 결국 이러한 컴퓨팅 시설을 임차하는 개념으로 이해할 수 있다. 클라우드 컴퓨팅이 제공하는 서비스는 크게 소프트웨어, 플랫폼 및 기반 서비스로 구분할 수 있다.

- 소프트웨어 서비스는 DMS, 포털, 웹오피스 서비스가 여기에 해당된다.
- 플랫폼 서비스는 응용빌더, 프로세스 디자이너, 리포트 에디터 및 응용 엔진을 고려할 수 있다.
- 기반 서비스는 클라우드 컨트롤러, 확장 가능한 저장공간, 확장 가능한 데이터베이스 등이 있다.

그리고 클라우드 컴퓨팅은 사용자에게 IT 시스템의 운영 효율을 극대화할 수 있다.

클라우드의 5대 응용분야는 협력 응용분야, 웹 응용/서비스, 클라우드 백업, 사업 응용 및 개인생산성 응용 분야로 나눌 수 있다. 최근에는 일상생활에서 클라우드 컴퓨팅 응용에 의한 서비스 및 생산성 극대화가 이루어지고 있음을 볼 수 있다.

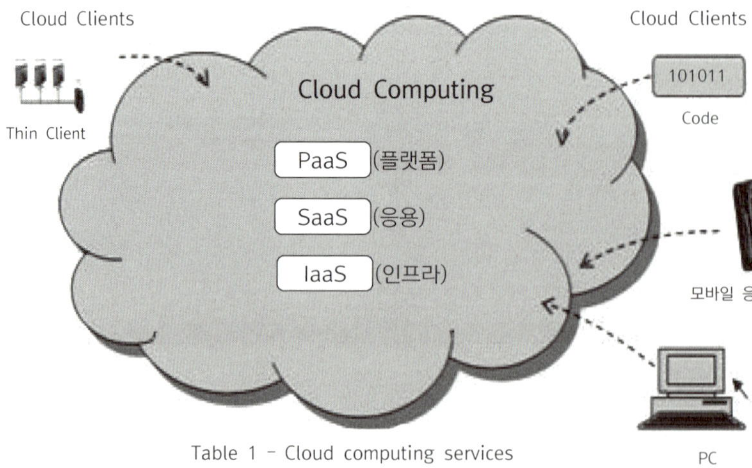

그림 6.3 클라우드 컴퓨팅 서비스

6.2.3 클라우드 컴퓨팅 기술의 전망

클라우드 기술의 전망에 앞서 NIST에서 정의하는 클라우드 컴퓨팅의 핵심 서비스는 다음과 같다.

1) 수요에 따른 자가 서비스(On-demand self-service)

클라우드 서비스 제공자와의 별도 연결할 필요 없이 컴퓨터 자원을 제공

2) 광의의 네트워크 접속(Broad network access)

클라우드 자원에 대한 접근은 플랫폼과 독립적인 접속을 통해 제공

3) 자원 풀링(Resource pooling)

다중 사용자를 지원하는 시스템에서 풀링 서비스로 제공

4) 신속한 탄력적 서비스(Rapid elasticity)

자원을 보다 탄력적으로 제공하며 클라우드 컴퓨팅 자원은 거의 무제한에 가까울 정도로 제공

5) 서비스 측정(Measured service)

클라우드 컴퓨팅 서비스 사용은 사용량에 따라 과금이 되고 보고되는 서비스 이러한 서비스를 제공하면서 추가적인 장점은 다음과 같이 설명할 수 있다.

6) 낮은 비용

클라우드 네트워크는 높은 효율로 운영되기 때문에 비용이 매우 절감된다.

7) 편리한 사용

사용자 입장에서는 하드웨어, 소프트웨어를 구현할 필요가 없다.

8) 서비스 품질

클라우드 서비스 제공자로부터 일종의 계약에 의해 품질을 보장받을 수 있다.

9) 신뢰성

일반 조직에서 얻을 수 있는 신뢰성 보다 부하 균등화 (load balancing) 등의 기능을 통해 훨씬 더 높은 신뢰성 있는 서비스 가능

10) 외주 IT 관리

비즈니스를 운영하면서 컴퓨팅 인프라를 외주를 통해 해결할 수 있으며 IT 관련 소요 인건비를 대폭 줄일 수 있다.

11) 용이한 관리 및 업그레이드

컴퓨팅 시스템이 중앙 집중화 되어 있기 때문에 패치 혹은 업그레이드가 용이하고 항상 최선 소프트웨어 버전을 사용할 수 있다.

12) 낮은 진입 장벽

컴퓨팅 서비스 관련하여 초기 지출비용을 대폭 줄일 수 있다.

그러나 이러한 장점에도 불구하고 많은 단점도 가지고 있는 것이 사실이다. 응용 혹은 서비스를 클라우드 컴퓨팅으로 사용할 경우 사용자가 원하는 대로 설정할 수 없으며 클라우드 컴퓨팅 응용 프로그램이 광범위하게 많이 설치되어 있지만 아무래도 사용자의 조직에서 사용하는 응용 소프트웨어보다 적을 수 있다. 그리고 클라우드 응용은 원천적으로 연결하는 과정에서 지연이 발생한다는 것이다. 특히 많은 데이터를 주고받는다든지 대규모의 처리 과정이 수반되는 경우에는 더욱 더 많은 지연현상이 발생할 것이다. 그리고 무

엇보다도 클라우드 컴퓨팅 서비스를 이용하는데 있어서 가장 큰 이슈는 프라이버시 와 보안이라고 할 수 있다. 이는 데이터가 사용자가 컨트롤할 수 없는 공간에 저장이 된다는 것은 그만큼 다른 사람에 의한 가로채기 혹은 불법행위에 취약할 수 밖에 없을 것이다.

현재 클라우드 컴퓨팅 기술은 매우 초기단계의 개발을 하고 있는 상태이며 시험적이고 단계적인 기술개발을 모색하고 있다. 2020년정도에 아마도 기업의 주요 컴퓨터 인프라로 자리 잡을 것으로 예상되고 있다. IT 기업의 수요와 더불어 클라우드 기술의 발전도 진행 되고있는데 프로세싱 처리능력 증가로 좀 더 저렴한 클라우드 서비스가 제공될 것으로 예상된다. 또한 클라우드 기반의 도구와 새로운 서비스 창출등도 전망할 수 있다. 좀 더 구체적으로 클라우드 컴퓨팅 기술의 발전 전망을 살펴보면 다음과 같이 예상할 수 있다.

첫째로 클라우드를 통해 하드웨어로부터 떨어진 소프트웨어 개념을 생각할 수 있다. 즉 보이지 않는 컴퓨팅 기술로 여겨지게 될 것이며 상당히 추상적인 공간에서 플랫폼 기반의 다양한 응용 소프트웨어를 구동할 수 있는 기술이 될 것이다.

둘째로 클라우드 컴퓨팅 환경에서는 개인별 응용 프로그램이 복잡해지고 규모도 커질 것으로 전망된다.

셋째로 페이스북과 같은 소셜 미디어 응용은 클라우드 컴퓨팅 환경에서 자동적으로 필요에 따라 클라우드가 하드웨어 및 소프트웨어와 연결이 될 것이다. 따라서 소셜 미디어의 새로운 진화가 예상된다.

클라우드 컴퓨팅은 컴퓨팅 수요를 외주를 통해 충족시켜주는 장점을 가지고 있는 신개념 컴퓨팅 서비스이나 만병통치약은 아니니다. 또한 많은 컴퓨터 응용 프로그램에 대해 실용적이거나 경제적으로 합리적인 것도 아닌 것이 사실이다. 소위 컴퓨팅 서비스의 확장성도 클라우드 제공 업체의 피크 사용량에 있어서 리소스 한계를 드러낼 수밖에 없을 것이다. 이는 결국 전력회사가 전력수요 피크 상황에서 정전 혹은 전력공급 감축을 통해 조절할 수 밖에 없는 것과 마찬가지 일 것이다. 일반적으로 클라우드 컴퓨팅 공급 업체는 매우 안정적인 네트워크를 운용하며 클라우드 부하를 분산시키면서 운용을 하고 있다. 그러나 클라우드 컴퓨팅 공급업체 조차도 서비스 중단을 겪고 있으며 최종적으로 리소스 관리는 사용자의 몫이며 결국 사용자는 한정적이고 불완전한 컴퓨팅 관리 서비스를 받게 되기도 할 것이다.

6.3 빅데이터 컴퓨팅

6.3.1 빅데이터 개념

빅데이터는 일반적인 데이터 처리 응용 프로그램으로는 처리가 불가능한 엄청난 규모와 복잡한 데이터 셋 (Data set)을 가리킨다. 즉 빅데이터는 분석, 캡쳐, 검색, 공유, 저장, 시각화 및 정보 프라이버시 등을 아우르는 용어로서 어느 특정 데이터셋으로부터 가치 있는 정보를 추출해내는 고급 데이터 분석, 예측 분석 및 사용자 패턴 분석을 가리킨다.

이러한 빅데이터 분석은 전염병 예방, 범죄 예방 혹은 비즈니스 추세 분석 등에 다양하게 연관이 있다. 현재 데이터 셋은 저렴하고 다양한 정보센싱 이동 단말기, 원격 센싱, 소프트웨어로그(log), 카메라, 마이크, RFID 및 무선 센서 네트워크를 통해 엄청난 속도로 그 규모가 증가하고 있다. 데이터 생성 속도가 2017년을 기점으로 볼 때 약 12.5 exabytes (12.5x1018)로 알려져 있으며 기업의 생태계를 결정할 수도 있는 빅데이터에 대해 많은 관심을 가지고 있다.

빅데이터의 처리를 위해서는 수백 혹은 수천 개의 서버를 동시에 구동하여야 하며 도구, 역량에 따라 빅데이터의 분석 가치가 달라지게 된다. 빅데이터는 얼마나 많은 양의 데이터를 가지고 분석하는 것이 중요한 것이 아니라 빅데이터를 통해 무엇을 할 것인가가 더 중요하다. 즉 빅데이터를 통해 다음과 같은 목표를 달성하는 것이 필요하다.

1) 비용절감
2) 시간 절약
3) 신규 제품 개발 및 최적 제품 제안
4) 스마트 결정

그리고 빅데이터를 비즈니스 업무와 연관지어 고려하면 다음과 같은 분석도 가능하다.

1) 실패의 원인 규명, 실시간 불량률
2) 소비자의 구매 습관에 따른 실시간 쿠폰 발행
3) 위험 포트폴리오 계산
4) 조직에 위해적인 불순 행동 사전 감지

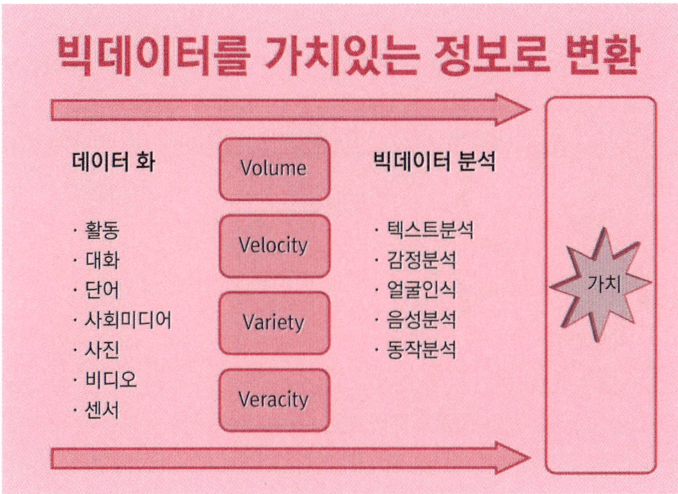

그림 6.4 클라우드 컴퓨팅

6.3.2 빅데이터 활용 서비스

빅데이터 서비스는 서비스로서의 빅데이터 (Big Data as a Service: BDaaS) 경쟁적인 장점을 얻고자 엄청난 양의 정보 세트를 통해 조직에 도움을 주는 혹은 예견을 하는데 도움을 주는 정보 혹은 그러한 통계적인 분석 도구를 제공하는 것을 말한다. 일반적으로 엄청난 양의 비구조화된 (unstructured) 정보를 토대로 분석하고 관리하는 것으로 예측 분석 기법을 활용함으로써 조직의 자원을 불필요하게 할당할 필요가 없어서 유리하다. 데이터 분석가와의 계약을 통해 혹은 데이터 처리 과정을 거쳐 소프트웨어적으로 서비스가 이루어진다.

빅데이터는 조직의 데이터를 계속 접근하기 위해서 클라우드 저장공간을 활용할 수도 있으며 정보 소유자 혹은 제공자와 협업을 통해 서비스를 제공한다. 그래서 클라우드 기반의 빅데이터 서비스를 일반적으로 고려하고 있다. 현재 클라우드 기반의 서비스 혹은 빅데이터 서비스는 2021년쯤에는 약 15% 에서 35% 까지 성장할 것으로 예상되고 있으며 글로벌 빅데이터 시장은 약 880억 달러 정도로 예상하고 있다.

빅데이터 서비스는 매일 생성되고 저장되는 정보를 분석하여 사업 성장을 촉진하기 위한 현명한 예상 혹은 통찰 능력을 얻고자 하는데 그 목적이 있다. 결국 주어진 데이터를 조사하고 분석하는 도구의 제공과 데이터의 제공등을 통해 실제적인 분석과 보고서를 제공하는 것이 서비스의 요체가 된다. 따라서 빅데이터 서비스의 장점으로는 엄청난 양의 데이터를 효과적으로 활용할 수 있으며 굳이 하드웨어 혹은 구동 소프트웨어등 시간과 자원에 대해 투자하지 않고도 새로운 비즈니스 전략을 세울 수 있을 것이다.

6.3.3 빅데이터 기술의 미래

전술한 바와 같이 데이터는 끊임없이 생성되고 있으며 그 성장세는 엄청나다고 할 수 있다. 빅데이터는 다르게 표현하면 데이터의 크기 때문에 전통적인 데이터 처리응용 도구나 전통적인 데이터베이스 혹은 소프트웨어 기술로는 정보를 분석해내거나 수집 (mining)할 수 없는 데이터를 가리킨다고 해도 과언이 아니다. 또한 데이터가 엄청 빠르게 움직이거나 처리용량을 넘어서는 경우에 해당된다고 볼 수 있다. 여기서 데이터는 구조화 되어 있거나 혹은 일부 구조화 혹은 완전히 구조화가 되어 있지 않을 수도 있다. 따라서 이런 방대한 데이터가 실제 그 데이터를 이용해서 정보를 추출 해낸다고 했을 때 모두 중요하다고 볼 수 없는 것이다.

일반적으로 기업은 빅데이터가 잘 활용될 때 얼마나 큰 가치가 있을 수 있는지 이해해야 한다. 데이터를 분석하고 일종의 미래 통찰 혹은 예견할 수 있는 능력을 얻음으로써 비즈니스 운영을 크게 개선하고 고객 참여를 최적화하며 새로운 수익원을 활용하고 정보에 입각한 의사 결정을 내릴 수 있다. 이러한 예견할 수 있는 능력은 비즈니스 및 고객에 대한 사기 혹은 위협을 예방할 수도 있다. 빅데이터는 대량의 다양하고 빠르게 움직이는 정보 자산이므로 정보를 처리하여 의사 결정 프로세스에서 더 나은 예견력과 지원을 위해 혁신적이고 비용 효율적인 방법을 사용해야 한다.

빅 데이터가 비즈니스 세계에 큰 영향을 미쳤고 향후 미칠 것이라는 사실은 틀림이 없는 것 같다. 여기서 빅데이터의 미래를 한번 살펴보자.

첫째로 데이터 양은 계속 증가할 것이다. 이는 데이터 생성이 중단되지 않을 것이며 최근 모바일 및 인터넷 연결 장치가 향후 몇 년 안에 기하급수적으로 증가할 것으로 예상됨에 따라 점점 더 많은 양의 데이터를 생성할 것으로 생각할 수 있다.

둘째로 데이터 분석 개선이 될 것이다. 데이터 분석은 빅 데이터를 이해하고 복호하는데 매우 중요한 역할을 하기 때문에 빅 데이터 분석을 위한 도구가 증가할 것이며 빅데이터 분석 방법이 크게 향상될 것으로 예상된다.

셋째로 기계 학습 (machine learning) 이 증가할 것이다. 기업 등 조직에서는 데이터 준비 및 예측 분석을 위해 기계 학습에 중점을 둘 것이다. 기계 학습을 선택하는 기업의 수가 증가할 것입니다.

넷째로는 데이터가 하나의 서비스로서 대중화 될 것이다. 이 점은 이미 많은 기업들의 주목을 받고 있는 사항인데 향후 데이터를 통해 수익을 창출하려는 비즈니스가 점점 더 늘어날 것이고 이는 결코 놀랄 일이 아닐 것이다.

다섯째로 새롭게 알고리즘 시장이 표면화 될 것이다. 기업은 데이터 분석을 쉽게하기 위한 다양한 방법을 찾게 될 것이고 알고리즘을 프로그래밍하고 자체 데이터를 추가하는 대신 알고리즘을 구매하는 것을 선호하게 될 것이며 알고리즘 시장은 이러한 필요를 충족시킬 것이다.

여섯째로는 기업분석 소프트웨어에는 2020까지 절반 이상이 필요한 지능을 포함할 것이다.

일곱번째로는 프라이버시는 여전히 중요한 과제가 될 것이다. 보안은 여전히 우려하고 있는 중요한 문제이며 개인 정보 관리 및 절차는 계속적으로 수정되어 이러한 문제에 대응하게 될 것이다.

전반적으로 빅데이터는 여전히 일련의 문제가 존재하겠지만 시간이 지나면서 하나씩 성공적으로 해결될 것으로 기대되며 빅데이터의 크기는 오늘날의 규모보다 훨씬 더 커질 것이고 기업들은 대규모 빅데이터를 받아들여야 할 것이다. 만일 이러한 빅데이터 미래를 따라가지 못한다거나 빅데이터에서 얻을 수 있는 것에 무관심하다면 지금보다 훨씬 더 뒤떨어질 수 있다. 데이터 량의 증가를 대비하고 이러한 데이터를 통해 경쟁력을 제고하는 계획을 세워야 할 것이다.

6.4 사물인터넷

6.4.1 사물인터넷 기술의 정의

사물인터넷을 간단히 정의하면 인터넷 연결을 위한 IP 주소를 가지고 있는 물리적 객체들의 네트워크라고 말할 수 있으며 이러한 객체와 다른 인터넷 장치 및 시스템과 통신이 이루어진다. 결국 센서, 액추에이터 및 네트워크 연결을 통해 이러한 객체가 데이터를 수집하고 교환할 수 있게된다. 2013년에 IoT-GSI(Global Standards Initiative on Internet of Things)에서는 IoT를 "정보 사회의 인프라"로 정의하였으며 IoT를 사용하면 기존 네트워크 인프라에서 원격으로 객체를 감지하거나 제어할 수 있고 물리적 세계를 컴퓨터 기반 시스템에서 보다 직접적으로 통합할 수 있는 기회를 제공하여 결과적으로 인간의 개입을 줄이면서 효율성, 정확성 및 경제적 이익을 향상시켜 준다. IoT에 센서 및 액추에이터가 추가되면 이 기술은 스마트 그리드, 스마트 홈, 지능형 교통 및 스마트 도시와 같은 기술을 포괄하는 가상의 물리적 시스템이 되는 것이다. 각 사물은 임베디드 컴퓨팅 시스템을 통해 고유하게 식별할 수 있으며 기존 인터넷 인프라 내에서도 상호 운용할 수 있다. 전문가들은 IoT가 2020년까지 약 500 억개의 객체로 구성될 것이라고 추정하고 있다.

사물인터넷의 주요 특징은 다음과 같다.

1) 인공지능

IoT는 거의 모든 사물을 스마트하게 하며 데이터 수집, 인공지능 알고리즘 및 네트워크 등 생활의 모든 면에서 있어서 향상시켜 줄 것이다.

2) 연결성

네트워킹을 위한 새로운 가능성을 열어주는 기술로서 실용적이고 훨씬 소규모이면서 저렴한 네트워크로 존재하게 된다.

3) 센서

센서가 없으면 IoT는 존재하지 못한다. 일반적인 수동의 장치를 실세상과 융합하는 능동적인 시스템으로 바꿔주는 도구 역할을 한다.

4) 능동적 참여

현재 수동적인 상호 작용에 의해 연결 기술이 존재하지만 IoT 는 능동적인 콘텐츠, 제품 및 서비스 참여를 만들어내는 새로운 패러다임을 창출한다.

5) 소형 장치

장치는 이제 더 작아지고 저렴해지면 시간이 지날수록 더 강력해지고 있다. IoT는 정확하고 확장성 및 범용성을 가지는 특수 목적의 소형 장치를 활용한다.

사물인터넷의 장단점을 살펴보면 다음과 같다.

우선 사물인터넷의 장점은 모든 사업 및 생활에 걸쳐 찾을 수 있는데 주요 장점을 살펴보면 다음과 같이 설명할 수 있다.

- 고객 참여가 활성화될 것이다. 즉 기존의 수동적인 정보 전달 혹은 정보 오류로 인해 분석 능력이 제한되었지만 사물인터넷을 통해 더욱 더 효과적이고 능동적인 접근이 가능하다.
- 기술의 최적화가 가능하다. 사용자 경험을 개선할 수 있는 데이터 혹은 기술이 기기의 사용을 편리하게 하고 기술적 개선에도 기여하게 된다. 즉 사물인터넷은 기능적이고 실험적 데이터를 제공하는 계기가 될 것이다.
- 폐기물 감소가 가능하다. 사물인터넷은 개선할 수 있는 영역을 명확하게 규정하고 분석을 통해 우리에게 실제 정보를 제공하여 효율적 자원 관리가 가능해진다.
- 향상된 데이터 수집이 가능하다. 현대의 데이터 수집은 수동적인 사용을 위해 설계 혹은 제한되어 있으나 사물인터넷을 통해 이러한 개념에서 벗어나 세상을 분석하여 인간이 원하는 정확한 장소에 두게 되어 전체적인 개념을 제공할 수 있다.

이러한 장점은 사물인터넷의 발전을 더욱 가속화할 것으로 예상되고 있다. 그러나 사물인터넷도 단점을 가지고 있다. 크게 5가지의 단점을 고려할 수 있다.

❖ 보안

네트워크상에서 통신을 위한 연결된 기기가 끊임없이 생태계를 구축하므로 보안대책에도 불구하고 통제가 어렵다. 이는 결국 사용자에게 각종 공격에 노출되는 결과를 초래하게 된다.

❖ 프라이버시

사물인터넷은 사용자의 능동적인 참여없이 많은 개인적인 데이터를 매우 상세히 제공하게 된다.

❖ 복잡성

사물인터넷은 다양한 기술과 많은 첨단 기술의 적용으로 볼 때 설계, 설치 및 유지에 있어서 복잡한 시스템이다.

❖ 유연성

사물인터넷을 다른 시스템과의 통합을 하려고 할 때 유연성에 대해 우려하고 있다. 서로 충돌 또는 잠김 (locked systems) 현상이 발생할 수 있다.

❖ 규정준수

사물인터넷은 비즈니스 영역의 다른 모든 기술과 마찬가지로 규정을 준수해야 하며 그 복잡성으로 인해 규정 준수 문제가 엄청나게 어려워 보인다.

6.4.2 사물인터넷의 구성 요소

❖ 사물인터넷 하드웨어

- 센서 : 사물인터넷에서 가장 중요한 하드웨어는 센서이다. 센서는 다양한 모듈로 구성되어져 있는데 에너지, 전력관리, RF, 센싱 모듈로 구성되어져 있다. 특히 RF 모듈은 신호처리, WiFi, ZigBee, Bluetooth, 무선 트랜시버 (radio transceiver), 듀플렉서과의 통신을 관리한다.

측정을 위한 센서 (혹은 기기) 의 종류는 다음과 같다.

표 6.1 측정을 위한 센서의 종류

accelerometers	temperature sensors
magnetometers	proximity sensors
gyroscopes	image sensors
acoustic sensors	light sensors
pressure sensors	gas RFID sensors
humidity sensors	micro flow sensors

그림 6.5 클라우드 컴퓨팅

- 웨어러블 전자장치 : 목, 머리, 팔, 다리 혹은 몸통에 부착할 수 있는 소형기기를 말하는 것으로 다양한 종류가 존재한다. 그림 6.6은 웨어러블 전자장치를 예시하고 있다.
- 스마트워치: 사물인터넷의 시스템으로 항상 연결시켜 주며 생산성 향상을 위한 필요한 접속을 가능하게 해준다.
- 스마트 안경: 다양한 서비스 및 미디어 연결이 가능한 웨어러블 장치로서 그림 6.7에서와 같이 개발이 가능하다.

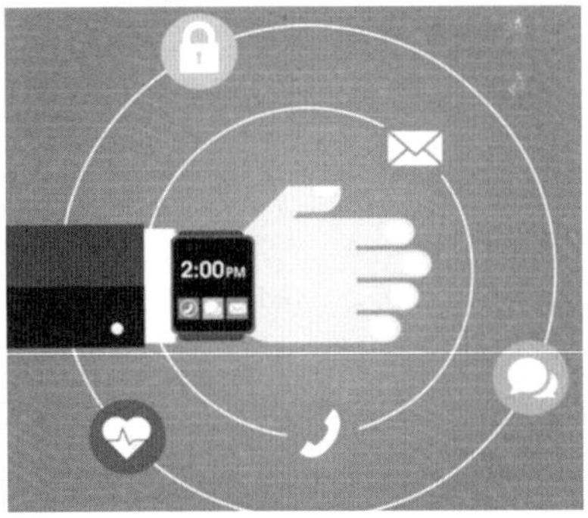

그림 6.6 웨어러블 전자장치(스마트워치)

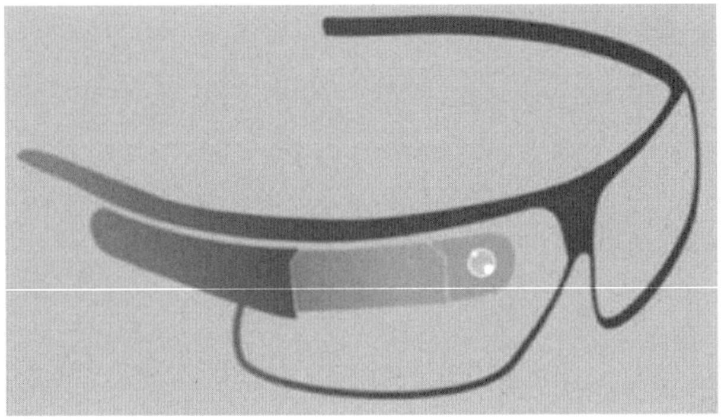

그림 6.7 웨어러블 전자장치(스마트안경)

❖ 사물인터넷 소프트웨어

사물인터넷의 소프트웨어는 네트워킹, 플랫포옴을 통한 실행, 임베디드 시스템, 파트너 시스템 및 미들웨어를 관장한다. 주요 기능은 데이터 수집, 기기 통합, 실시간 분석 및 사물인터넷 네트워크상에서의 응용 및 처리과정이다.

1) 데이터수집

센싱, 측정 및 데이터 필터링, 데이터 보안등이 해당되며 다양한 기기를 통해 수집하고 배분하기도 한다.

2) 장치통합

통합을 지원하는 소프트웨어는 모든 시스템 장치를 바인드 (종속 관계) 하여 IoT 시스템의 필요한 협력과 안정적인 네트워킹을 보장하며 이러한 응용 프로그램은 IoT 네트워크를 정의하는 소프트웨어 기술이 된다.

3) 실시간 분석

데이터 혹은 각 장치로 부터의 입력 데이터를 사용자 분석을 위해 특정 패턴 혹은 행동으로 변환하여 제공한다.

4) 응용 및 처리 확장

현재의 시스템을 확장하여 더 많은 시스템과의 접속을 허용하고 특정 목적을 위한 장치와 통합하여 생산성을 높인다.

6.4.3 사물인터넷의 응용

❖ 미디어, 마케팅 및 광고 분야

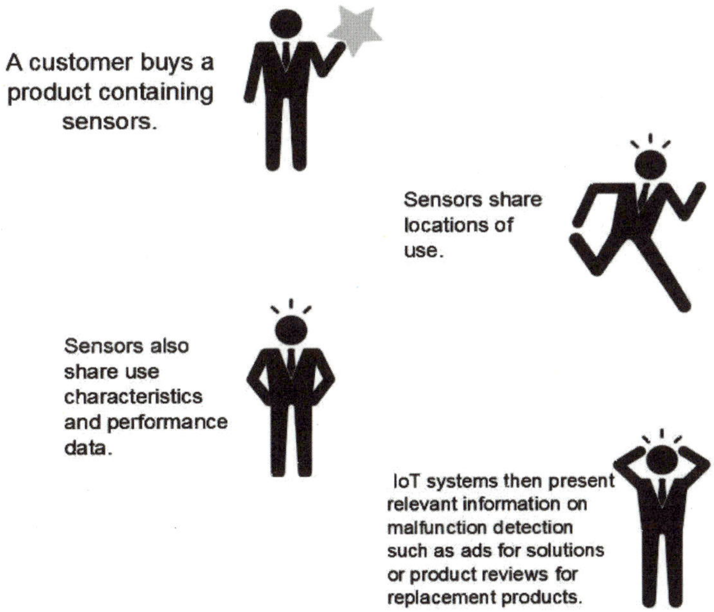

그림 6.8 사물인터넷 마케팅 분야

❖ 환경 모니터링 분야

수질, 대기오염 및 극한 일기상황에 대해 사물인터넷을 활용할 수 있다. 또한 상용 농산업에도 적용이 가능하다.

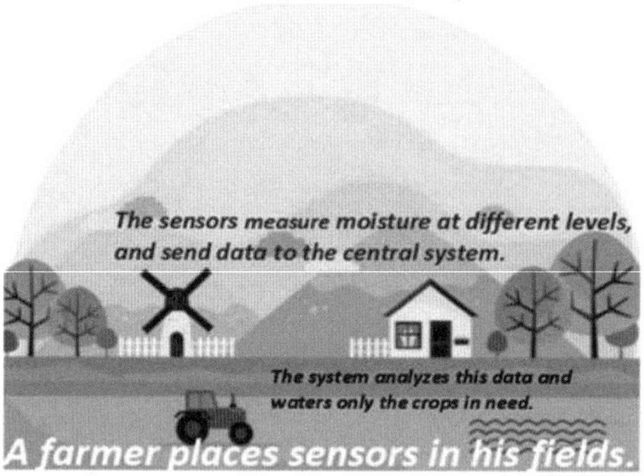

그림 6.9 사물인터넷 환경 모니터링 분야

❖ 제조산업, 헬스케어, 교통 분야

지능형 제품 개발, 시장수요에 능동적 대처를 들 수 있으며 저렴한 비용과 최적의 자원을 활용을 통한 생산 그리고 폐기물 감소 효과를 얻을 수 있다.

❖ 교육 분야

RFID 칩이 내장된 ID 카드를 통해 출석 체크가 가능하다.

그림 6.10 사물인터넷 교육 분야

6.5 5 G 이동통신 시스템

5 G 이동통신 시스템은 현재의 4 G (LTE, LTE-A) 시스템의 차세대 이동통신 표준으로 제안되어 표준화 작업이 진행 중에 있다. 5 G 는 기본적으로 현재의 4 G 보다 훨씬 더 높은 용량, 광대역 서비스 밀집도를 가지면서 초신뢰성의 기계 (혹은 기기) 상호 통신을 지향하고 있으며 초저전력으로 배터리 소모를 줄이고 매우 낮은 지연시간으로 사물인터넷의 구현에 적합한 통신 시스템으로 개발하는 것을 목표로 하고 있다. 현재 차세대 이동 망 동맹 (Next Generation Mobile Networks Alliance) 에서는 구체적적인 5 G 의 목표를 다음과 같이 규정하고 있다.

- 수만 명의 동시 사용자 데이터 속도가 수십 Mbps
- 도심에서 데이터 속도가 100 Mbps
- 사무실 (동일 층내) 에서 1 Gbps 의 데이터 속도
- 수십만 개의 무선 센서 동시 연결
- 4 G 에 비해 훨씬 개선된 주파수 효율과 저지연 (low latency)

따라서 5 G 시스템의 표준을 그림 6.11과 같이 요약할 수 있다.

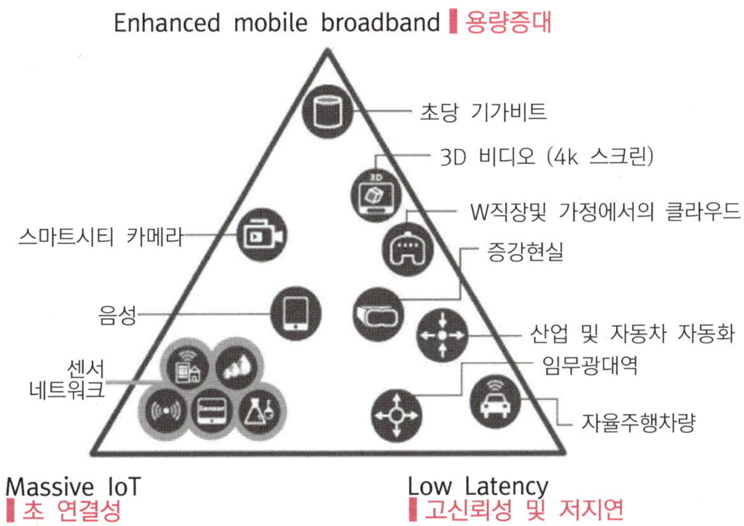

그림 6.11 5G 시스템의 표준

그림 6.12 스몰 셀 통신의 개념

현재 5G 시스템의 목표를 달성할 수 있는 기술로서 밀리미터파 통신, 스몰 셀 (small-cell) 통신, 대규모 MIMO (massive MIMO), 빔 형성 (beamforming) 기술 및 전이중성 (Full duplex) 등이 고려되고 있다.

밀리미터파 통신은 밀리미터 주파수 대역인 30GHz부터 300 GHz 대역의 스펙트럼을 사용하여 고용량의 이동통신 서비스를 제공하는 통신 시스템으로 전파의 직진성은 매우

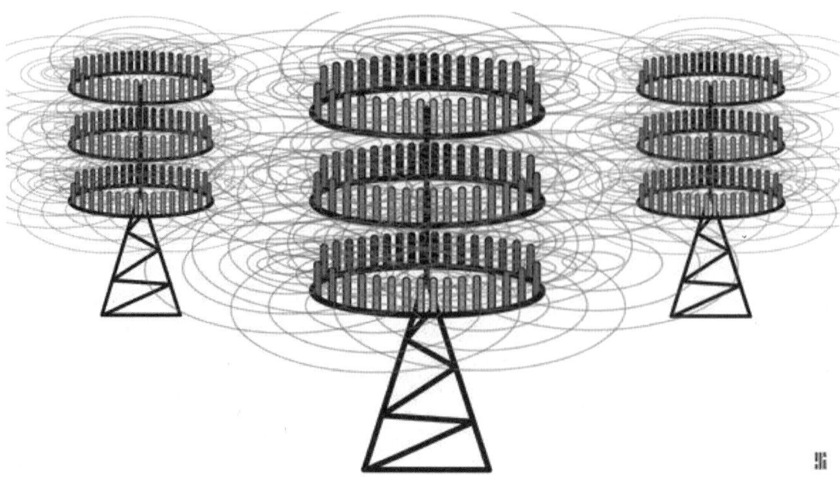

그림 6.13 대규모 MIMO 시스템

높으나, 산란성이 강하여 가시경로파 전송만이 가능하다. 이는 전송 경로상에 아주 작은 장애물 (나무잎, 물 분자 등) 이 있어도 통신이 어려운 단점이 있다. 그리고 스몰 셀 통신은 아주 작은 셀 단위로 밀리미터파 통신을 제공하는 개념으로 그림 6.13은 그 개념도를 보여주고 있다.

그리고 대규모 다중입출력 (MIMO) 시스템은 많은 송수신 안테나를 이용한 다이버시티 효과를 통한 고용량 시스템을 말하고 있다. 그러나 많은 안테나로 인한 상호 간섭을 줄이기 위해 빔 형성 기술의 적용이 필요하다.

참고문헌

(1) 고응남, New 정보통신개론, 한빛아카데미, 2016
(2) 김덕환 외 5인, 정보통신개론과 데이터통신, 문운당, 2005
(3) 김석태 외 3인, 컴퓨터와 인터넷활용, 영한출판사, 2002
(4) 김영탁 외 3인, 데이터 통신 및 컴퓨터 네트워크, 정익사, 2017
(5) 김치하 외 1인 옮김, 데이터통신 및 컴퓨터통신, 피어슨에듀케이션 코리아, 2007
(6) 마크 스탬프 지음, 안태남, 손용락, 이광석 옮김, 정보보안 이론과 실제, 한빛아카데미, 2015
(7) 양대일, 정보 보안 개론과 실습: 시스템 해킹과 보안, 한빛아카데미, 2013
(8) 이만영 외 5명,“ 전자상거래 보안기술”, 생능출판사, 2001
(9) 이영석, 정보 보안 개론, 크라운출판사, 2017
(10) 이윤배, 멀티미디어 이해 및 활용, 홍릉과학출판사, 2000
(11) 정승혁, ICT 정보통신 기술기반 4차 산업기술 종합백서, 워밍, 2017
(12) 정진욱 외 3인, 정보통신 배움터, 생능출판사, 2015
(13) 조성은 외, 4차 산업혁명 기획시리즈, 정보통신정책연구원, 2017
(14) 차동완, 개념으로 풀어본 정보통신 세계, 영지문화사, 1998
(15) 황성운, 정보 보안 원리 및 실습, 생능출판사, 2017
(16) Annabel Z.DODD, The Essential Guide to Telecommunications, Prentice Hall,2000
(17) B.A.Miller and C.Bisdikian, Bluetooth Revealed, Prentice Hall, 2001
(18) Barrie Sosinsky, Cloud Computing Bible, Wiley Publishing Inc., 2011
(19) GSMA Intelligence, Understanding 5G: Perspectives on future technological advancements in mobile, Report
(20) J.D.Parsons, The Mobile Radio Propagation Channel, Pentech Press, 1992
(21) MaranGraphics, Teach Yourself Networking Visually, IDG Books World wide, 1997
(22) Optimized Cloud Resource Management and Scheduling, Chapter 2, Elsevier Inc., 2015

참고문헌

(23) Stephen McGloughlin, Multimedia, Prentice Hail, 2001

(24) Stephen Northcutt, Judy Novak 저(조대일, 송규철, 노병규 역), “네트워크침입탐지와 해킹분석 핸드북”, 인포북, 2001

(25) W.Stallings, Data and Computer Communications, 5th Edition, Prentice Hall

(26) ISO/IEC 14496-2 Coding of audio-visual objects - Part2: Visual, 20110° 01

(27) ISO/IEC 14496-10 and ITU-T Rec. H.264, Advanced Video Coding, 2003

(28) ISO/IEC 10918-1 / ITU-T Recommendation T.81, Digital Compression and coding of continuous-tone still images, 1992(JPEG)

(29) ISO/IEC 11172, Information Technology - coding of moving picture and associated audio for digital storage media at up to about 1.5 Mbit/s, 1993 (MPEG-1)

(30) ISO/IEC 13818 Information Technology : generic coding of moving pictures and associated audio information, 1995(MPEG-2)

(31) "방송통신심의위원회" http://www.kocsc.or.kr/

(32) "방송통신위원회" http://www.kcc.go.kr/user.do

(33) 국제통신연합(ITU) 홈페이지 http://www.itu.int

(34) 교육부, 통신 시스템, 고등학교 교과서, 2003

(35) 에이미디어 홈페이지 http://www.airmedia.co.kr

(36) 한국인터넷진흥원 https://www.kisa.or.kr/main.jsp

(37) https://www.ddengle.com

(38) "AhnLab" http://www.ahnlab.com

(39) https://en.wikipedia.org/wiki/Internet_of_things

(40) https://insidebigdata.com/2016/10/02/taking-a-peek-into-the-future-of-big-data/

(41) https://www.tutorialspoint.com Internet of things, Simply Easy Learning, 2016

그림출처

1. 구글검색
2. 네이버블로그(ID:브릭봇)
3. 노키아 위협인텔리전스 보고서, 2016하반기
4. 마이크로소프트
5. 보호나라
6. 클라우드 컴퓨팅 바이블
7. 한국인터넷진흥원(KISA)
8. 한민족과학기술자네트워크
9. Bernard Marr
10. CNN
11. dbguide.net
12. nfbkids.ca
13. SalesforceTutorial
14. TouchGraph.com
15. XBee
16. https://www.youtube.com
17. http://5g.ieee.org/standards
18. http://doie.hanbat.ac.kr
19. http://hablife.tistory.com
20. http://m.seoul.co.kr
21. http://review.cetizen.com
22. http://secretofsh.tistory.com/53
23. http://www.chinalawinsight.com
24. http://www.ktword.co.kr
25. http://www.lockheedmartin.com
26. http://www.rfdh.com
27. http://www.w3ii.com

그림출처

28. http://www.yonhapnews.co.kr
29. https://ko.wikipedia.org
30. https://m.blog.naver.com
31. https://www.google.com
32. https://www.quora.com
33. http://www.doopedia.co.kr

찾아보기

찾아보기

찾아보기

찾아보기

찾아보기

찾아보기

찾아보기

부경대학교 정보통신과 교수
김석태 · 윤종락
정연호 · 홍준표

4차 산업혁명 시대의 정보통신

2018년 3월 05일 초판 인쇄
2018년 3월 10일 인쇄 발행

저 자	김석태·윤종락·정연호·홍준표
발 행 인	송기수
발 행 처	도서출판 GS인터비전
편 집 처	도서출판 GS인터비전
인 쇄 처	도서출판 GS인터비전
등록번호	제 25100-2016-000050호
I S B N	979-11-5576-194-6 (93560)

주 소	서울 은평구 증산로 15길 69 2층
전 화	02-976-7898
팩 스	02-6468-7898
홈페이지	gsintervision.co.kr
E-Mail	gsinter7@gmail.com

정 가 22,000원